X射线脉冲星导航中的信号处理方法

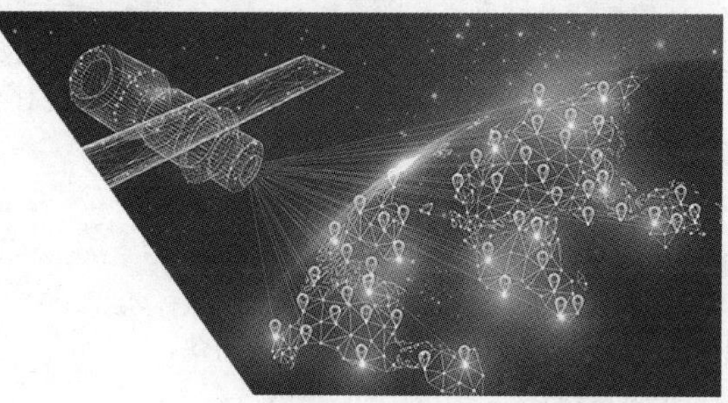

X SHEXIAN MAICHONGXING DAOHANG ZHONG DE XINHAO CHULI FANGFA

刘劲　康志伟　武达亮　著

湖南大学出版社

·长沙·

内容简介

针对X射线脉冲星导航这一重大课题，本书在总结多年科研成果的基础上，全面、系统、深入地论述了X射线脉冲星导航中的信号处理方法，为我国X射线脉冲星导航提供理论基础和技术支持。本书按照X射线脉冲星信号流的顺序，构建X射线脉冲星信号处理框架。全书共八章，主要内容包括：X射线脉冲星导航的基本原理、X射线脉冲星到达时间估计、X射线脉冲星周期估计、X射线脉冲星导航滤波与组合导航，以及X射线脉冲星候选体选择方法等。

本书面向工程实际，结合压缩感知、量子信息处理、深度学习等新兴信号处理方法，研究实用性与先进性兼具的X射线脉冲星信号处理方法。

本书既可作为航天领域工程技术人员的参考书，也可作为高等院校自动化、电子信息工程、航空航天等专业高年级本科生和研究生的教学参考书，还可作为本科毕业设计、研究生学术论文的参考资料。

图书在版编目(CIP)数据

X射线脉冲星导航中的信号处理方法/刘劲，康志伟，武达亮著．—长沙：湖南大学出版社，2023.5
ISBN 978-7-5667-2835-7

Ⅰ．①X…　Ⅱ．①刘…②康…③武…　Ⅲ．①X射线—脉冲星—卫星导航—数字信号处理　Ⅳ．①TN967.1

中国国家版本馆CIP数据核字(2023)第018985号

X射线脉冲星导航中的信号处理方法
X SHEXIAN MAICHONGXING DAOHANG ZHONG DE XINHAO CHULI FANGFA

著　　者：刘　劲　康志伟　武达亮
责任编辑：黄　旺
印　　装：湖南众鑫印务有限公司
开　　本：787 mm×1092 mm　1/16　**印　　张**：14　**字　　数**：315千字
版　　次：2023年5月第1版　**印　　次**：2023年5月第1次印刷
书　　号：ISBN 978-7-5667-2835-7
定　　价：48.00元

出 版 人：李文邦
出版发行：湖南大学出版社
社　　址：湖南·长沙·岳麓山　**邮　　编**：410082
电　　话：0731-88822559(营销部)，88821315(编辑室)，88821006(出版部)
传　　真：0731-88822264(总编室)
网　　址：http://www.hnupress.com

前　言

深空探测是人类探索宇宙奥秘、寻求支撑人类社会长远发展的必由之路，也是衡量一个国家综合实力和科技发展水平的重要标志。中国航天事业历经 60 多年的努力和发展，取得了辉煌的成就，达到了世界先进水平。2020 年 7 月 23 日，“天问一号”火星探测器发射升空，其搭载的“祝融”火星车成功着陆。此次任务的成功实施，是我国航天事业发展中里程碑式的新跨越。正如《2016 中国的航天》白皮书中所说：“探索浩瀚宇宙，发展航天事业，建设航天强国，是我们不懈追求的航天梦。”《2021 中国的航天》白皮书指出，未来五年，中国将继续实施月球探测工程、行星探测工程、推进新技术的工程化应用、开展空间科学探索和空间环境下的科学实验等。

在深空探测任务中，航天器自主导航技术具有重要作用。随着在轨航天器的增多、空间任务的日益复杂以及人类对空间探测的不断深入，航天器自主导航技术的重要性也越加凸显。各航天大国也都在积极研发各种不依赖地面设备的天文自主导航技术。X 射线脉冲星导航是一种新兴的天文导航方式，近年来已成为一个研究热点。X 射线脉冲星导航利用 X 射线脉冲星，以其独有的特点和优势为不同的空间探测任务提供高自主性、高精度、高安全性和实时的导航服务，并且易于工程实现，极有可能成为未来天文导航的主要方式之一。

本书针对 X 射线脉冲星导航这一重大课题，面向工程实际，全面、系统、深入地研究了面向 X 射线脉冲星导航的兼具实用性与先进性的信号处理方法。本书按照 X 射线脉冲星信号流的顺序，构建 X 射线脉冲星信号处理框架。全书共八章。第 1 章综述了国内外深空探测发展现状，以及 X 射线脉冲星导航的基本原理。第 2 章介绍了本书涉及的信号处理方法，包括压缩感知、经验模态分解、遗传方法、分数阶傅立叶变换、自归一化神经网络、最小二乘法、卡尔曼滤波等。第 3 章和第 4 章分别研究时域和变换域的 X 射线脉冲星到达时间估计方法。第 5 章专门研究脉冲星周期估计以及脉冲星 TOA 和周期联合估计方法。第 6 章专门研究脉冲星导航滤波，以及测角/脉冲星组合导航与多普勒/脉冲星组合导航。第 7 章专门研究脉冲星候选体选择方法。第 8 章，对 X 射线脉冲星导航的发展趋势进行展望。

本书是作者及其所在科研团队近年来在国家自然科学基金（61772187、61873196、61501336）、科技创新 2030-“量子通信与量子计算机”重大项目（2021ZD0303400）等的支持下，对所取得的科研成果的梳理和提炼，可为未来 X 射线脉冲星导航技术的发展和工程应用提供理论依据与指导，也可供从事深空探测工程的科研工作者和高等院校相关师生参考。

本书于 2021 年冬开始筹划，历时一年，几易其稿，终在 2022 年冬完稿。在本书付梓之际，特别感谢房建成院士、田金文教授、马杰教授多年来的悉心培养与指导，感谢吴伟仁院士、宁晓琳教授、吴谨教授、张伟研究员、方宝东研究员、杨照华教授、孙海峰副教授、桂明臻副教授、马辛助理教授、陈晓研究员、尤伟研究员、李连升研究员、石永强副研究员等多年来的关怀、指导与帮助，感谢贺鸿才、吴春艳、饶源、吴杨坤、刘兰兰、徐星满、刘拓、喻子原、冯园、贾运泽、陈俭锋、彭浩宇、张洹梓等研究生在本书编写过程中付出的辛勤劳动，感谢湖南大学出版社的大力支持与帮助，感谢出版社编辑付出的辛勤劳动与努力。

由于作者水平所限，书中不足之处在所难免，敬请读者批评指正。

作　者

2022 年 12 月

目　录

第 1 章　绪论……………………………………………………………………………… (1)

1.1　深空探测 ……………………………………………………………………… (1)

1.1.1　国外深空探测活动 ……………………………………………………… (1)

1.1.2　国内深空探测活动 ……………………………………………………… (3)

1.2　X 射线脉冲星导航基本原理 ………………………………………………… (4)

1.2.1　X 射线脉冲星的基本物理特性 ………………………………………… (4)

1.2.2　X 射线脉冲星信号的模型和轮廓恢复 ………………………………… (6)

1.2.3　X 射线脉冲星的计时模型 ……………………………………………… (8)

1.2.4　X 射线脉冲星定位和定速的基本原理……………………………………(10)

1.3　X 射线脉冲星导航空间实验……………………………………………………(12)

1.4　本章小结…………………………………………………………………………(13)

第 2 章　信号处理方法 ……………………………………………………………… (14)

2.1　压缩感知…………………………………………………………………………(14)

2.1.1　压缩感知基本思想…………………………………………………………(14)

2.1.2　压缩感知数学模型…………………………………………………………(15)

2.2　经验模态分解……………………………………………………………………(16)

2.3　遗传方法…………………………………………………………………………(17)

2.4　分数阶傅立叶变换………………………………………………………………(19)

2.4.1　分数阶傅立叶变换发展历程………………………………………………(19)

2.4.2　分数阶傅立叶变换定义……………………………………………………(20)

2.4.3　分数阶傅立叶变换性质……………………………………………………(21)

2.5　人工神经网络……………………………………………………………………(22)

2.5.1　基本原理……………………………………………………………………(22)

2.5.2　自归一化神经网络…………………………………………………………(23)

2.6　快速最小二乘法…………………………………………………………………(25)

2.6.1　自适应滤波器………………………………………………………………(25)

2.6.2　快速横向滤波递归最小二乘法……………………………………………(28)

2.6.3 稳定快速横向滤波递归最小二乘法 …………………………… (30)
2.7 小波变换 …………………………………………………… (32)
2.7.1 连续小波变换 …………………………………………… (32)
2.7.2 离散小波变换 …………………………………………… (33)
2.7.3 小波基函数的特点 ……………………………………… (33)
2.8 卡尔曼滤波器 ……………………………………………… (35)
2.8.1 标准卡尔曼滤波器 ……………………………………… (35)
2.8.2 扩展卡尔曼滤波器 ……………………………………… (37)
2.8.3 无迹卡尔曼滤波器 ……………………………………… (38)
2.8.4 无迹 RTS 平滑器 ……………………………………… (40)
2.8.5 H 无穷滤波器 …………………………………………… (41)
2.8.6 联邦滤波器 ……………………………………………… (43)
2.9 本章小结 …………………………………………………… (45)

第 3 章 脉冲星到达时间的时域估计 …………………… (46)

3.1 基于固有模态函数—压缩感知的脉冲星到达时间估计 …………… (46)
3.1.1 固有模态函数—压缩感知 ……………………………… (47)
3.1.2 遗传算法优化 …………………………………………… (48)
3.1.3 计算复杂度分析 ………………………………………… (49)
3.1.4 仿真实验与结果分析 …………………………………… (50)
3.2 基于快速最小二乘法的脉冲星到达时间估计 ………………… (57)
3.2.1 脉冲星到达时间估计的方法流程 ……………………… (58)
3.2.2 计算复杂度分析 ………………………………………… (59)
3.2.3 仿真实验与结果分析 …………………………………… (59)
3.3 基于小波与递归最小二乘法的脉冲星到达时间估计 ………… (63)
3.3.1 基于小波与递归最小二乘法的脉冲星到达时间估计 …… (63)
3.3.2 仿真实验与结果分析 …………………………………… (65)
3.4 基于两级压缩感知的脉冲星到达时间估计 …………………… (72)
3.4.1 脉冲星轮廓稀疏表示 …………………………………… (72)
3.4.2 观测矩阵选取 …………………………………………… (73)
3.4.3 脉冲星到达时间估计的流程 …………………………… (74)
3.4.4 计算复杂度分析 ………………………………………… (75)
3.4.5 仿真实验与结果分析 …………………………………… (75)
3.5 本章小结 …………………………………………………… (80)

第 4 章 脉冲星到达时间的变换域估计 …………………… (81)

4.1 基于分数阶傅立叶变换的脉冲星到达时间估计 ……………… (81)

4.1.1　广义加权互相关估计 …………………………………………………… (81)
4.1.2　基于分数阶傅立叶变换的广义加权互相关估计 ……………………… (83)
4.1.3　仿真实验与结果分析 …………………………………………………… (87)
4.2　基于小波—双谱的快速脉冲星到达时间估计 ………………………… (91)
4.2.1　双谱估计 …………………………………………………………………… (91)
4.2.2　基于小波—双谱方法的流程 …………………………………………… (94)
4.2.3　仿真实验与结果分析 …………………………………………………… (96)
4.3　本章小结 ……………………………………………………………………… (104)

第5章　脉冲星周期估计及联合估计 …………………………………… (105)

5.1　脉冲星周期估计的基本理论 ……………………………………………… (105)
5.1.1　基于轮廓对比的脉冲星到达时间估计 ……………………………… (105)
5.1.2　χ^2周期估计 ………………………………………………………… (106)
5.1.3　畸变脉冲星轮廓模型 …………………………………………………… (106)
5.2　基于少量快速蝶形历元折叠的脉冲星周期估计 ……………………… (109)
5.2.1　快速蝶形历元折叠 ……………………………………………………… (109)
5.2.2　脉冲星周期估计的方法流程 …………………………………………… (111)
5.2.3　计算复杂度分析 ………………………………………………………… (114)
5.2.4　仿真实验与结果分析 …………………………………………………… (115)
5.3　基于遗传—量子—压缩感知的脉冲星TOA和周期联合估计 ……… (120)
5.3.1　量子压缩感知的工作原理 ……………………………………………… (120)
5.3.2　遗传算法优化 …………………………………………………………… (125)
5.3.3　计算复杂度分析 ………………………………………………………… (128)
5.3.4　仿真实验与结果分析 …………………………………………………… (129)
5.4　基于准极大似然和最小二乘法的脉冲星位置和速度联合估计 ……… (137)
5.4.1　联合估计的方法流程 …………………………………………………… (137)
5.4.2　克拉美罗下界 …………………………………………………………… (139)
5.4.3　计算复杂度分析 ………………………………………………………… (140)
5.4.4　仿真实验与结果分析 …………………………………………………… (141)
5.5　本章小结 ……………………………………………………………………… (143)

第6章　脉冲星导航滤波与组合导航 …………………………………… (144)

6.1　测角/Crab脉冲星浅组合导航 …………………………………………… (144)
6.1.1　天文测角 …………………………………………………………………… (145)
6.1.2　地球与太阳卫星轨道动力学模型 ……………………………………… (146)
6.1.3　导航信息融合 …………………………………………………………… (147)

6.1.4 仿真实验与结果分析 …… (148)
6.2 测角/Crab 脉冲星深组合导航 …… (151)
6.2.1 历元间差分法 …… (152)
6.2.2 无迹/H 无穷卡尔曼滤波器 …… (153)
6.2.3 导航信息融合 …… (154)
6.2.4 仿真实验与结果分析 …… (156)
6.3 太阳多普勒/脉冲星组合导航 …… (158)
6.3.1 太阳多普勒导航 …… (159)
6.3.2 可观测性分析 …… (159)
6.3.3 导航信息融合 …… (161)
6.3.4 仿真实验与结果分析 …… (162)
6.4 双模型多普勒/脉冲星组合导航 …… (166)
6.4.1 地火转移轨道动力学模型 …… (166)
6.4.2 双模型多普勒测速 …… (167)
6.4.3 X 射线脉冲星导航测量 …… (169)
6.4.4 故障检测 …… (169)
6.4.5 导航信息融合 …… (170)
6.4.6 仿真实验与结果分析 …… (171)
6.5 面向编队飞行的天文多普勒差分/脉冲星组合导航 …… (175)
6.5.1 天文多普勒差分测速 …… (175)
6.5.2 导航信息融合 …… (177)
6.5.3 仿真实验与结果分析 …… (178)
6.6 直接/间接复合定速脉冲星导航 …… (184)
6.6.1 火卫轨道动力学模型 …… (185)
6.6.2 直接与间接定速测量模型 …… (186)
6.6.3 误差状态扩展卡尔曼滤波器 …… (190)
6.6.4 仿真实验与结果分析 …… (192)
6.7 本章小结 …… (198)

第 7 章 脉冲星候选体选择 …… (199)

7.1 自归一化神经网络的候选体选择方法 …… (199)
7.1.1 基于遗传方法的特征选择方法 …… (199)
7.1.2 合成少数类过采样技术 …… (200)
7.1.3 候选体选择方法 …… (200)
7.2 仿真实验与结果分析 …… (201)
7.2.1 数据集与评价指标 …… (202)

7.2.2　参数设置 …………………………………………………………… (204)
7.2.3　结果分析 …………………………………………………………… (204)
7.3　本章小结 ………………………………………………………………… (207)

第 8 章　X 射线脉冲星导航的展望 ……………………………………… (208)

参考文献 ……………………………………………………………………… (210)

第1章　绪　　论

深空探测是在卫星应用和载人航天取得重大成就的基础上，向更广阔的太空进行的探索[1]。深空探测能帮助人类研究宇宙的起源、演变和现状，进一步认识地球环境的形成和演变，认识空间现象和地球自然系统之间的关系。目前，导航仍是制约深空探测顺利开展的一个技术瓶颈。1990 年以来，火星探测任务失败了 6 次，其中 5 次与导航有关。

X 射线脉冲星导航以 X 射线脉冲星（pulsar，PSR）为信号源，根据接收到的 X 射线脉冲星信号实时估计航天器的状态、速度等导航信息，可满足深空探测任务对导航定位的需求。高精度、强抗干扰能力以及低成本等优势使其成为弥补现有导航技术不足的全新手段，在航天器天文导航研究领域开辟了一个崭新的研究方向[2]。在日益激烈的太空竞争中，X 射线脉冲星导航对我国航天事业的发展具有重要的推进作用。

1.1　深空探测

作为提升国家基础创新能力、丰富人类认知、拓展生存空间的重大科技创新领域，深空探测正持续受到各航天大国的高度关注，成为国际航天活动新热点，各国纷纷制定深空探测计划，深空探测活动已进入空前活跃的新发展时期。

1.1.1　国外深空探测活动

进入 21 世纪，深空探测迎来了一个新纪元。自进入 21 世纪以来，各航天大国纷纷推出新的深空探测发展战略和规划，并力求建立全球空间探测战略与结构体系，寻找太空中的生命迹象，全面开展对整个太阳系以及更远深空的探测。

美国航空航天局（National Aeronautics and Space Administration，NASA）于 21 世纪初制定了“技术转换”发展战略，提出了一系列深空探测计划，包括“普罗米修斯计划”“综合空间运输计划”和“空间推进计划”等。其中，“普罗米修斯计划”拟发展“核推进”能力与能源技术，开展木星探测任务；“综合空间运输计划”主要面向轨道和长期航天飞机；“空间推进计划”涉及太阳系运输。

月球作为地球唯一的天然卫星，因其独一无二的位置资源、极具特点的环境资源、丰富的物质资源，成为人类进行空间探测和开发利用太空的首选目标。2009 年，美国发射了“月球勘测轨道器”，在环月轨道上进行相关实验。同年，印度经过多次尝试，成功发射“月船二号”，并将其射入预定环月轨道。

火星是太阳系中和地球最相似的天体之一，也是曾经最可能宜居的地外天体，为地球生命的产生和生存环境的形成提供了重要参照。欧洲航空局在 2003 年发射“火星快车”轨道器，其携带的“猎兔犬”2 号成功登陆火星，但直至今日地面站仍未与其获得联络。美国在同年分别发射了“火星探测漫游器”“勇气号”“机遇号”，它们都于次年成功登陆火星。似乎美国更加热衷于对火星的探索，在此后的几年分别发射了“好奇”探测器、“火星大气与挥发物演化任务”探测器、“洞察号”探测器和“毅力号”探测器。除传统航天大国外，阿拉伯国家也积极开展火星探测任务。2020 年 7 月 19 日，阿联酋的“希望号”火星轨道器由 H-2A 火箭发射升空，并于 2021 年初实现环火探测。“希望号”火星轨道器研究火星天气，包括不同时间不同区域的天气，以及沙尘暴等天气事件。

太阳的变化深刻地影响着地球上的生命。同时，太阳也是唯一一颗可对诸多物理参数进行高分辨率观测的恒星。对太阳的探测推动了人类对太阳本身的认识，具有广义的天体物理意义。“帕克”是美国 NASA 于 2018 年发射的太阳探测器，其任务是接近太阳并探测日冕层，最终抵达距离太阳表面仅 8.86 个太阳半径的位置。“帕克”于 2021 年 4 月 28 日成功穿过日冕并采集了粒子和磁场数据，它在太阳表面上方 18.8 个太阳半径处遇到特定的磁性和粒子条件，这表明其已经越过阿尔文临界面，进入日冕层中。这是人类历史上首次有航天器接触到太阳，这一里程碑标志着太阳科学的一次巨大飞跃。

小行星上保存着太阳系形成初期的原始成分，同时可能蕴含地球生命与水起源的重要线索，是研究太阳系起源和演化历史的活化石。截至目前，国内外共实施了 16 次小行星探测任务，从近距离飞越、绕飞探测、附着就位探测，发展到小行星表面采样返回计划。小行星探测也进入新的领地。2021 年 10 月 16 日发射的“露西”首次穿越特洛伊小行星群进行探测任务。在 2027—2033 年之间，“露西”将借助地球引力，先后探访 1 颗主带小行星，4 颗位于日木 L4 区域的特洛伊小行星和 1 颗卫星，以及 2 颗位于日木 L5 区域的特洛伊小行星。如果该计划成功，将创造一次任务中探索最多天体的纪录。2021 年 11 月 24 日，双小行星重定向测试（double asteroid redirection test，DART）搭乘“猎鹰 9”运载火箭发射。DART 是美国 NASA 开展的近地天体撞击防御技术试验任务，将撞击近地双小行星系统——迪蒂莫斯中较小的天体迪摩法斯，试验用于改变小行星运行轨道的动能撞击技术，旨在为防止小行星撞击地球奠定技术基础。探测器携带了一颗由意大利航天局提供的 6U 立方星，其将在撞击前部署并捕获 DART 撞击的图像。

全球深空领域取得巨大进展。人类不断实现技术突破，在火星着陆、小行星防御、太阳抵近探测等领域实现了多个“国际首次”，创造了深空探测新的里程碑。基于不断刷新的科学数据，人们对空间科学的探索也愈加深入，产生了诸多重量级的科学成果，

对宇宙与太阳系天体的起源与演化有了更深的认识。

1.1.2　国内深空探测活动

习近平总书记在2021年两院院士大会上指出，随着科技创新深度显著加深，深空探测成为科技竞争的制高点[3]。我国已多次成功实施深空探测任务，实现了深空探测技术上的飞跃。

中国的探月工程分为“绕”“落”“回”3个阶段。2007年和2010年分别发射的“嫦娥一号”和“嫦娥二号”处于“绕”这一阶段，主要任务是对月球表面环境、地貌、地形、地质构造与物理场进行探测。2013年与2018年分别发射的“嫦娥三号”和“嫦娥四号”进入“落”这一阶段。“嫦娥三号”月球探测器携“玉兔号”月球车首次实现月球软着落和月面巡视勘察，并开展了月表形貌与地质构造调查等科学探测。2019年1月3日，“嫦娥四号”月球探测器实现人类首次月球背面着陆。截至2022年1月3日，“嫦娥四号”着陆三周年，“玉兔二号”月球车累计行走超过992.33 m，开展地形地貌、月表低频射电、月表粒子辐射剂量、月表光谱、太阳系银河系射电辐射等观测工作，累计获得约3780 GB探测数据。2020年发射的“嫦娥五号”步入“回”这一阶段。“嫦娥五号”是中国首个实施无人月面取样返回的月球探测器，在月球正面预选着陆区着陆，完成对月球表面自动钻取采样及封装后，返回器携带月球样品着陆地球[3]。“嫦娥五号”是中国航天最复杂、难度最大的项目之一，实现了我国航天史的多个“首次”。

2021年2月10日，我国发射的“天问一号”探测器成功进入环绕火星轨道，实现“环绕”目标。5月15日，着陆器平稳降落在着陆点，实现“着陆”目标。5月22日，“祝融”火星车驶离与之相伴303天的着陆平台，于26日拍摄并传回着陆平台照片，照片清晰地展示了在火星表面闪耀的五星红旗和留下的“中国印迹”，实现了“巡视”目标。6月11日，国家航天局发布“天问一号”着陆火星后的首批科学影像图，标志着中国首次火星探测任务取得圆满成功。截至2021年12月31日，“天问一号”环绕器在轨运行526天，火星车在火星表面工作225个火星日，累计行驶超过1400 m，共传回约560 GB原始科学数据[4]。

2021年10月14日，我国第一颗太阳探测科学技术试验卫星“羲和号”在太原卫星发射中心顺利升空，拉开了我国太阳空间探测的序幕。“羲和号”的全名为“太阳Hα光谱探测与双超平台科学技术试验卫星”，是国际上首次实现空间太阳Hα波段光谱成像探测的卫星，其科学载荷为太阳空间望远镜。通过分析Hα光谱数据，可以获取从光球层到色球层的太阳低层大气的相关信息，从而实现对太阳爆发剧烈活动时的大气温度、速度等物理量的推算，研究太阳爆发剧烈活动的动力学过程和物理机制[5]。

除了上述的探测，未来我国将建立国际月球科研站，开展金星、水星探测以及冰巨星探测等。

1.2 X射线脉冲星导航基本原理

X射线脉冲星导航基于脉冲星这一自然天体的基本物理特性实现航天器的定位。器载X射线敏感器基于设备原时（proper time，PT）记录下X射线光子信号到达设备的时间，并通过一定的方式利用接收到的光子信号序列恢复出脉冲星轮廓。第1.2.1节介绍了X射线脉冲星的辐射机制和周期性，脉冲星定位导航以脉冲星信号的计时测量为基础；第1.2.2节介绍了X射线脉冲星信号的模型和恢复脉冲星轮廓的常用方法——历元折叠（epoch folding，EF）；第1.2.3节介绍了X射线脉冲星导航中两个重要的计时模型——时间相位模型和时间转换模型；第1.2.4节对传统的X射线脉冲星的定位和定速的基本原理做了简要分析。

1.2.1 X射线脉冲星的基本物理特性

1.2.1.1 辐射性

脉冲星作为中子星的一种，是恒星演化到末期发生超新星爆炸后的产物，具有超高密度、超大质量和超强磁场。强磁场使得高能粒子在磁场中做回旋运动并发出光辐射。在脉冲星表面极强磁场的约束下，辐射只能从两个磁极区开放的磁力线发出来，从而形成辐射波束。一般情况下辐射轴和脉冲星的自转轴有一定的夹角，随着脉冲星的旋转，辐射波束会周期性地扫过一个锥形区域。这就是脉冲星辐射的“灯塔效应”，如图1-1所示[6]。当辐射波束扫到地面或器载敏感器时就会被敏感器接收到，随着辐射波束周期性地扫射，敏感器就会接收到有规律的光电脉冲信号了。

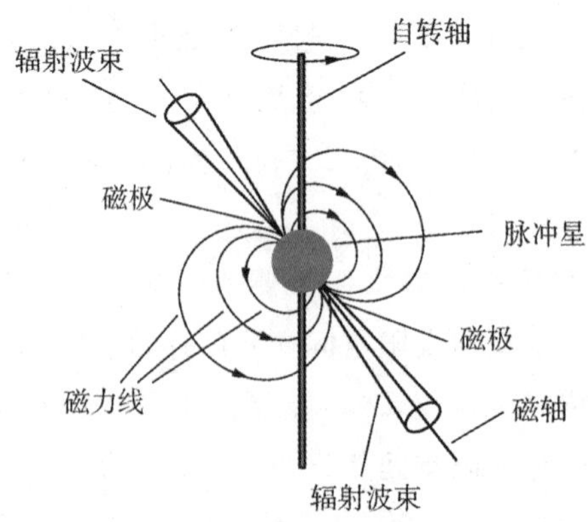

图1-1 脉冲星辐射的“灯塔效应”

脉冲星信号波段很宽，但能量集中在射电波段和X射线波段。射电波段能够穿透大气层，适合地面观测；X射线波段难以穿过大气层，只能在外部空间观测。由于脉冲

星距离太阳系遥远，脉冲星信号经过传播过程的衰减，再加上空间其他辐射源的干扰，以及敏感器自身的性能等，敏感器能够接收到的脉冲星信号实为单个脉冲星光子序列，并且是淹没在庞大的宇宙背景噪声中的。因此，需要对接收到的脉冲星光子信号进行一定的处理，生成高信噪比（signal noise ratio，SNR）的脉冲星轮廓，用以表征脉冲星的特征。由于脉冲星轮廓各不相同，所以脉冲星轮廓也可用作脉冲星的辨识。

用单位时间单位面积上脉冲星光子的数量也即单位面积上光子到达速率来表示脉冲星辐射强弱，称作脉冲星光子辐射流量密度（后文简称为脉冲星光子流量），单位为 ph/（cm^2·s）。脉冲星光子流量远大于宇宙背景噪声流量的脉冲星为高流量脉冲星，即 Crab 脉冲星（PSR B0531＋21）。该脉冲星轮廓的 SNR 高，更易被观测到。表 1-1 给出了部分可用于导航的脉冲星周期和脉冲星光子流量参数。

表 1-1　部分脉冲星周期和脉冲星光子流量数据

名称	周期/ms	光子流量/［ph/（cm^2·s）］
PSR B0531＋21	33.4	1.54
PSR B0540－69	50.37	5.15×10^{-3}
PSR B1937＋21	1.56	4.99×10^{-5}
PSR B1821－24	3.05	1.93×10^{-4}
PSR B1509－58	150	1.62×10^{-2}
PSR J0218＋4232	2.32	6.65×10^{-5}
PSR J01814－338	3.18	9.97×10^{-2}
PSR J0537－6910	16.11	7.93×10^{-5}
PSR B1957＋32	39.53	3.15×10^{-4}
PSR J0205＋6449	65.68	2.32×10^{-3}
PSR J1846－0258	324.82	6.03×10^{-3}

根据美国海军研究实验室的研究结果，宇宙背景噪声流量约为 0.005 ph/（cm^2·s）。从表 1-1 可看出，仅 PSR B0531＋21 是高流量脉冲星，而其他脉冲星的光子流量很低，甚至低于宇宙背景噪声流量。在 X 射线脉冲星导航系统中，导航脉冲星的选择极为关键。PSR B0531＋21 常被作为导航脉冲星。

1.2.1.2　周期性

目前已知的脉冲星周期大多分布在 1.5 ms～10 s。脉冲星周期长期来看很稳定，但并非固定不变。一般用脉冲星周期 P 的一阶导数 $\dot{P}$ 来衡量自传周期的稳定度。它们的关系为

$$\dot{P} \approx 10^{-39}\frac{B^2}{P} \tag{1-1}$$

式中，B 表示脉冲星表面的磁场强度。

用 P 与 $\dot{P}$ 的比值来表示脉冲星的年龄 y：

$$y = \frac{P}{2\dot{P}} \tag{1-2}$$

可见，脉冲星的自传稳定度越高，表示脉冲星年龄 y 越大；反之，脉冲星的自传稳定度越低，表示脉冲星年龄 y 越小。

因此，脉冲星数据库需要根据不同脉冲星采取不同的更新周期。如，年轻脉冲星由于相对不稳定，周期跃变较为频繁，其数据库更新周期要比稳定的年老脉冲星的短，这样才能减少脉冲星计时模型中计时噪声带来的预报误差的累积。

1.2.2 X 射线脉冲星信号的模型和轮廓恢复

1.2.2.1 X 射线脉冲星信号模型

X 射线敏感器将 X 射线脉冲星光子信号的到达时间记录下来，并统计出某个时间段内到达光子的数量。X 射线光子的到达事件满足非齐次泊松分布。设在（t_0，t_s）时间段内到达 X 射线敏感器的光子数为 $n, n = N_{t_s} - N_{t_0}$，N_{t_s} 和 N_{t_0} 分别为 t_s和 t_0时刻到达 X 射线敏感器的光子数，则随机变量 n 服从参数为 $\int_{t_0}^{t_s} \lambda(t)\mathrm{d}t$ 的泊松分布，其概率密度函数 P（n）为

$$P(n) = \frac{1}{n!}\left(\int_{t_0}^{t_s} \lambda(t)\mathrm{d}t\right)^n \mathrm{e}^{-\int_{t_0}^{t_s} \lambda(t)\mathrm{d}t} \tag{1-3}$$

式中，泊松强度 $\lambda(t) > 0$ 为脉冲星光子的流量密度函数，可写为

$$\lambda(t) = \lambda_s h(\varphi_{\det}(t)) + \lambda_b \tag{1-4}$$

式中，λ_s 和 λ_b 分别是脉冲星光子流量和宇宙背景噪声流量；$h(\cdot)$ 是标准脉冲星轮廓的归一化函数，定义相位区间为［0，1］，且有 $h(\varphi + k) = h(\varphi)$，$k$ 为整数；$\varphi_{\det}(t)$ 是 t 时刻 X 射线敏感器处脉冲星信号的相位，可表示为

$$\varphi_{\det}(t) = \varphi_{\det}(t_0) + \int_{t_0}^{t} f(\tau)\mathrm{d}\tau \tag{1-5}$$

式中，$\varphi_{\det}(t_0)$ 为初始时刻 t_0时的相位；f（t）是 X 射线敏感器测得的脉冲星信号的频率。若不考虑航天器运动，f（t）近似等于脉冲星的自转频率 f_s（t）。若考虑航天器运动的影响，则 f（t）等于脉冲星自转频率 f_s（t）与航天器运动引起的多普勒频率 f_d（t）之和：

$$f(t) = f_s(t) + f_d(t) = f_s(t) + f_s(t)\frac{v(t)}{c} \tag{1-6}$$

式中，c 是光速；v（t）是航天器速度在脉冲星方向上的分量。短时观测时，脉冲星的自转频率可近似看作恒定量，设为 f_{ss}，则式（1-5）可表示为

$$\varphi_{\det}(t) = \varphi_{\det}(t_0) + f_{ss}(t - t_0) + \frac{f_{ss}}{c}\int_{t_0}^{t} v(\tau)\mathrm{d}\tau \tag{1-7}$$

式（1-7）也即脉冲星在航天器处的时间相位模型。

1. 2. 2. 2　历元折叠

X 射线敏感器记录光子达到 X 射线敏感器的时间和每个时间段上到达光子的总数，然后通过周期折叠的方法从收集到的光子序列恢复出脉冲星信号的轮廓，该过程称作 EF[7]。EF 是得到脉冲星信号轮廓的一种方法，是 X 射线脉冲星导航系统中脉冲星到达时间（time of arrival，TOA）测量的第一步。EF 过程简述如下：

设 X 射线敏感器的累积时间为 T_{obs}，脉冲星周期为 P，$T_{\text{obs}} \gg P$。设一个累积时间 T_{obs} 包含 N_p 个脉冲星周期 P，即 $T_{\text{obs}} \approx N_p P$。进一步将一个脉冲星周期 P 等分成 N_{bin} 个间隔，时间分辨率为 T_{bin}，即 $T_{\text{bin}} = P/N_{\text{bin}}$。在累积时间 T_{obs} 内，将后续脉冲星周期上观测到的光子序列叠加到第一个周期，然后统计每个间隔 T_{bin} 中的光子数。

设 t_i 为第 i（$i \in [1, T_{\text{bin}}]$）个间隔的中间时刻，$X(t_i)$ 代表一个脉冲星周期内第 i 个间隔的光子数，它是满足泊松分布的随机变量。用另一个随机变量 $\bar{X}(t_i)$ 来表示在累积时间 T_{obs} 内第 i 个间隔的光子数，表达式为

$$\bar{X}(t_i) = \sum_{j=1}^{N_p} X_j(t_i) \tag{1-8}$$

$\bar{X}(t_i)$ 的归一化处理即为累积时间 T_{obs} 内第 i 个间隔的光子数的概率密度函数，定义为 $\hat{\lambda}(t_i)$，表达式为

$$\hat{\lambda}(t_i) = \frac{X(t_i)}{N_p T_{\text{bin}}} = \frac{N_{\text{bin}}}{T_{\text{obs}}}\sum_{j=1}^{N_p} X_j(t_i) \tag{1-9}$$

由上一节的分析知，累积脉冲星轮廓为 $\hat{\lambda}(t_i)$，其与脉冲星光子流量函数 $\lambda(t_i)$ 之间的关系为

$$\hat{\lambda}(t_i) = \lambda(t_i) + \xi(t_i) \tag{1-10}$$

式中，$\xi(t_i)$ 为噪声，可视为均值为零，方差为 $N_{\text{bin}}\lambda(t_i)/T_{\text{obs}}$ 的高斯白噪声。可见噪声方差与脉冲星轮廓相关，结合式（1-4）可看出，噪声方差会随着时间的变化而变化。此外，噪声方差还反比于累积时间，所以累积时间越长，噪声方差越小，累积脉冲星轮廓越接近真实轮廓。因此，导航过程中累积时间也是影响导航性能的关键因素之一，需要综合考虑。

通过 EF 的执行过程可看出，EF 的性能依赖于脉冲星周期信息的准确度。不准确的脉冲星周期会使得经 EF 恢复出的轮廓出现一定的畸变和相移。

1.2.3 X 射线脉冲星的计时模型

X 射线脉冲星定位导航是基于脉冲星的计时观测的，对应的数学模型有两个：脉冲星的时间相位模型和到达时间转换模型。

1.2.3.1 X 射线脉冲星的时间相位模型

在以太阳系质心（solar system barycenter，SSB）为原点的惯性坐标系中，脉冲星的相对运动可近似忽略，因此该坐标系常用作高精度计时模型的坐标系。由于脉冲星周期具有长期稳定性，故可建立一个关于脉冲星信号的时间和相位的模型，利用它来实现脉冲星信号在 SSB 处相位和时间的转换，这就是脉冲星的时间相位模型。时间相位模型是用来预报在 SSB 惯性坐标系中任一时刻下脉冲星信号的相位，又称作相位预测模型，反映了脉冲星信号的相位随时间的传播性质。

相位预测模型与航天器处的时间相位模型的区别在于计时参考和坐标系不同，相位预测模型中的时间和相位对应的是太阳系质心坐标时间（barycentric coordinate time，BCT）和 SSB 惯性坐标系，航天器处的时间相位模型用的是航天器上的时间系统，被称作 PT，因此考虑的因素也不同。

由于脉冲星的瞬时自转速度并不是均匀衰减变化的，所以可以用一个非线性函数 $f_s(t)$ 来表示脉冲星的瞬时自转频率，将 $f_s(t)$ 在 BCT t_0时刻进行 Taylor 级数展开，表达式为

$$f_s(t) = f_{s0} + \sum_{n=1}^{+\infty} \frac{f_{s0}^{(n)}}{n!} (t - t_0)^n \tag{1-11}$$

式中，f_{s0} 是脉冲星在 BCT t_0时刻的自转频率，$f_{s0}^{(n)}$ 为 $f_s(t)$ 的 n 阶导数在 t_0时刻的值，f_{s0} 和 $f_{s0}^{(n)}$ 需通过长期观测统计得到。

因此，脉冲星信号在任一时刻 t 的相位 $\varphi(t)$ 的表达式为

$$\varphi(t) = \varphi_0 + \int_{t_0}^{t} f_s(\tau)\mathrm{d}\tau = \varphi_0 + f_{s0}(t - t_0) + \sum_{n=1}^{+\infty} \frac{f_{s0}^{(n)}}{(n+1)!} (t - t_0)^{n+1} \tag{1-12}$$

式中，φ_0 是脉冲星在 BCT t_0时刻的相位。式（1-12）即为脉冲星的时间相位模型。理论上，可利用式（1-12）得到 SSB 处脉冲星信号在任意时刻的相位。

脉冲星自转频率随时间缓慢降低，即脉冲星周期随时间缓慢延长，因而需不断更新数据库中的脉冲星自转频率和其他阶频率。实际观测中即使对于高流量脉冲星也仅能获得 f_s 的二阶导数频率，其他高阶项太小而难以准确得出，由此形成了计时噪声。另外，脉冲星会发生周期跃变现象，在脉冲星周期跃变期间，其自转频率会突然发生变化，则式（1-12）失效。目前还未有充足的数据和理论解释周期跃变现象，所以本书的研究不涉及周期跃变的情况。

1.2.3.2 X射线脉冲星的时间转换模型

由于脉冲星的时间相位模型是建立在以 SSB 为原点的惯性坐标系中，而在轨航天器的 X 射线敏感器对脉冲星信号的收集和记录都是基于 PT 和非惯性参考系的。因此，还需通过时间转换模型将敏感器测得的脉冲光子到达时间转换为其到达 SSB 的时间。而且时间转换模型的精度与航天器定位精度紧密相关，所以需要建立一个高精度的脉冲星时间转换模型。

脉冲星位于遥远的太阳系外，所以脉冲星光子信号在空间的传播需要考虑广义相对论效应。时间转换模型需考虑以下几个时延项：Einstein 时延 Δ_E、Roemer 时延 Δ_R 和 Shapiro 时延 Δ_S[8]。设 τ_{SC} 为脉冲星光子到达 X 射线敏感器的时间，t_{SSB} 为同一脉冲星光子到达 SSB 的时间，二者间的关系式即为脉冲星的时间转换模型：

$$t_{SSB} = \tau_{SC} + \Delta_C + \Delta_E + \Delta_R + \Delta_S \tag{1-13}$$

式中，Δ_C 修正项实现了航天器原时到地球时（terrestrial time，TT）的转换。Δ_E 修正项是考虑了地球运动和太阳系其他星体的引力引起的原子钟的时延，实现了 TT 时到 SSB 惯性坐标框架下的 BCT 的转换。本书后续的描述中都默认航天器处脉冲星光子到达时间都已经进行了原时到坐标时的转换，用 t_{SC} 表示 BCT 的航天器处光子到达时间，则 $t_{SC}=\tau_{SC}+\Delta_C+\Delta_E$。$\Delta_R$ 修正项包括几何延迟和周年视差。几何延迟又称作一阶多普勒延迟，是航天器与 SSB 之间的几何距离导致的时延。

图 1-2 为 SSB 惯性坐标系下太阳、行星、脉冲星和航天器的位置关系示意图。

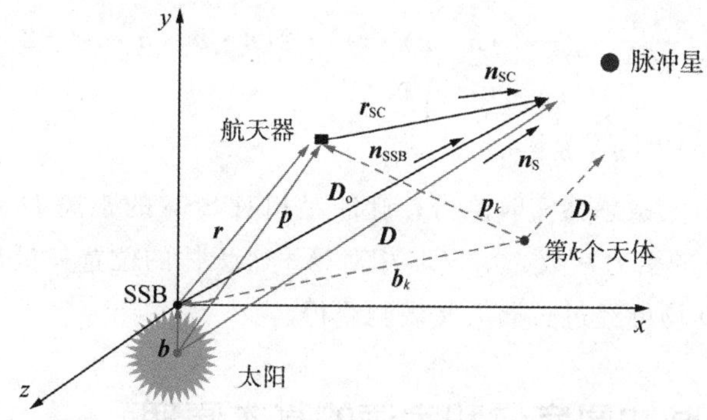

图 1-2 SSB 惯性坐标系下太阳、行星、脉冲星和航天器的位置关系示意图

图中，$\boldsymbol{b}$、$\boldsymbol{p}$ 和 $\boldsymbol{D}$ 分别是 SSB、航天器和脉冲星相对太阳质心的位置矢量。$\boldsymbol{b}_k$、$\boldsymbol{p}_k$ 和 $\boldsymbol{D}_k$ 分别是 SSB、航天器和脉冲星相对第 k 个天体的位置矢量。$\boldsymbol{r}_{SC}$ 和 $\boldsymbol{D}_0$ 分别是脉冲星相对航天器和 SSB 的位置矢量。由于脉冲星非常遥远，航天器、SSB、太阳质心相对于脉冲星的方向矢量 $\boldsymbol{n}_{SC}$、$\boldsymbol{n}_{SSB}$ 和 $\boldsymbol{n}_S$ 均可看作常量，且近似相等：

$$\boldsymbol{n}_{SC} \approx \boldsymbol{n}_{SSB} \approx \boldsymbol{n}_S \approx \frac{\boldsymbol{D}_0}{D} = \boldsymbol{n} \tag{1-14}$$

式中，D 为脉冲星相对太阳质心的距离；$\boldsymbol{n}$ 表示脉冲星视线方向矢量。则 $\boldsymbol{r}_{SC}$ 和 $\boldsymbol{D}_0$ 可分

别表示为

$$\boldsymbol{n}\cdot\boldsymbol{r}_{SC}=\boldsymbol{D}-\boldsymbol{b} \tag{1-15}$$

$$\boldsymbol{n}\cdot\boldsymbol{D}_0=\boldsymbol{D}-\boldsymbol{p} \tag{1-16}$$

所以，航天器相对 SSB 的位置矢量 $\boldsymbol{r}$ 可表示为

$$\boldsymbol{r}=\boldsymbol{D}_0-\boldsymbol{r}_{SC} \tag{1-17}$$

Δ_R 修正项中的几何延迟部分正是由 $\boldsymbol{r}$ 引起的。若忽略脉冲星的自行速度，Δ_R 修正项的简化表达式为

$$\Delta_R=\frac{\boldsymbol{n}\cdot\boldsymbol{r}}{c}+\frac{1}{2D_0c}[(\boldsymbol{n}\cdot\boldsymbol{r})^2-r^2+2(\boldsymbol{n}\cdot\boldsymbol{b})(\boldsymbol{n}\cdot\boldsymbol{r})-2(\boldsymbol{b}\cdot\boldsymbol{r})] \tag{1-18}$$

式中，r 和 D_0 分别是航天器和脉冲星相对 SSB 的距离。其中，第一项为几何延迟，第二项为周年视差。

Δ_S 修正项是由于太阳系内的大质量天体的引力场使得周围空间弯曲，光信号在弯曲轨道上传播会带来一定的时间延迟。考虑太阳系内所有天体的影响，Δ_S 修正项的表达式为

$$\Delta_S=\sum_{k=1}^{N}\frac{2\mu_k}{c^3}\ln\left|\frac{\boldsymbol{n}\cdot\boldsymbol{p}_k+p_k}{\boldsymbol{n}\cdot\boldsymbol{b}_k+b_k}\right|=\sum_{k=1}^{N}\frac{2\mu_k}{c^3}\ln\left|\frac{\boldsymbol{n}\cdot\boldsymbol{r}+r}{\boldsymbol{n}\cdot\boldsymbol{b}_k+b_k}+1\right| \tag{1-19}$$

式中，N 表示考虑的太阳系内天体的总数；μ_k 为第 k 个天体的引力常数；b_k 和 p_k 分别是 SSB 和航天器相对第 k 个天体的距离。太阳系内太阳引起的 Δ_S 延迟最大，最大可达 112 μs。其次是木星引起的 Δ_S 延迟，最大约为 180 ns。其他均小于 10^{-8} s。

综合上述分析，脉冲星的时间转换模型表达式为

$$\begin{aligned}t_{SSB}=t_{SC}&+\frac{\boldsymbol{n}\cdot\boldsymbol{r}}{c}+\frac{1}{2D_0c}[(\boldsymbol{n}\cdot\boldsymbol{r})^2-r^2+2(\boldsymbol{n}\cdot\boldsymbol{b})(\boldsymbol{n}\cdot\boldsymbol{r})-2(\boldsymbol{b}\cdot\boldsymbol{r})]\\&=\sum_{k=1}^{N}\frac{2\mu_k}{c^3}\ln\left|\frac{\boldsymbol{n}\cdot\boldsymbol{r}+r}{\boldsymbol{n}\cdot\boldsymbol{b}_k+b_k}+1\right|\end{aligned} \tag{1-20}$$

式中，t_{SC} 由在轨 X 射线敏感器实时测得；脉冲星相对 SSB 的距离 D_0、脉冲星视线方向矢量 $\boldsymbol{n}$、第 k 个天体的引力常数 μ_k、SSB 相对第 k 个天体的位置矢量 $\boldsymbol{b}_k$ 以及 SSB 相对太阳质心的位置矢量 $\boldsymbol{b}$ 均可经过长期天文观测获得。

1.2.4 X射线脉冲星定位和定速的基本原理

1.2.4.1 定位估计的基本原理

X 射线脉冲星的定位估计具体描述：通过航天器搭载的 X 射线敏感器记录并处理到达航天器的脉冲星光子，得到脉冲信号到达航天器的时间，再通过 SSB 处建立的脉冲星计时模型预测出同一脉冲星信号到达 SSB 的时间，二者的差即脉冲星 TOA，反映了航天器相对 SSB 的位置。即脉冲星 TOA 乘以脉冲星信号传播速度等于航天器相对于 SSB 的位置矢量在脉冲星方向上的投影。理论上通过观测不同方向上的三颗脉冲星，便

可求解出航天器空间位置的测量值。结合航天器的轨道动力学模型，通过导航滤波器即可实现航天器空间位置的估计。

可见，脉冲星 TOA 估计是定位估计的基本测量值。X 射线脉冲星定位估计原理示意图如图 1-3 所示。

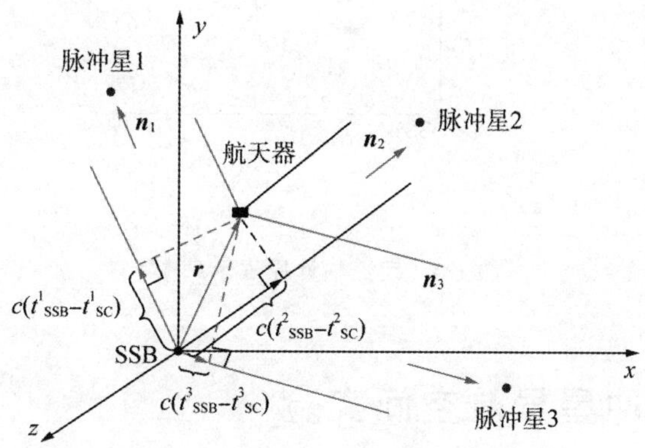

图 1-3　定位估计原理示意图

图中，$\boldsymbol{n}_1$、$\boldsymbol{n}_2$ 和 $\boldsymbol{n}_3$ 分别是脉冲星 1、2 和 3 的视线方向矢量。t_{SC}^1、t_{SC}^2 和 t_{SC}^3 分别是脉冲星 1、2 和 3 的脉冲到达航天器的时间，由 X 射线敏感器记录。t_{SSB}^1、t_{SSB}^2 和 t_{SSB}^3 分别是脉冲星 1、2 和 3 的脉冲到达 SSB 的时间，利用脉冲星计时模型预报得到。光速 c 为脉冲星信号的传播速度。δr^1、δr^2 和 δr^3 分别是三颗脉冲星测量模型的观测误差。则航天器在 SSB 惯性坐标系中的三维空间位置 $\boldsymbol{r}$ 的测量值可表示为

$$\begin{cases}\boldsymbol{n}_1\cdot\boldsymbol{r}=c\,(t_{SSB}^1-t_{SC}^1)+\delta r^1\\ \boldsymbol{n}_2\cdot\boldsymbol{r}=c\,(t_{SSB}^2-t_{SC}^2)+\delta r^2\\ \boldsymbol{n}_3\cdot\boldsymbol{r}=c\,(t_{SSB}^3-t_{SC}^3)+\delta r^3\end{cases}\tag{1-21}$$

1.2.4.2　定速估计的基本原理

X 射线脉冲星的定速估计根据多普勒效应，通过航天器对脉冲星周期（或频率）的短时观测估计实现。X 射线脉冲星定速估计原理示意图如图 1-4 所示。设航天器在 SSB 坐标系中的速度矢量为 $\boldsymbol{v}$，脉冲星视线方向矢量为 $\boldsymbol{n}$，则有：

$$\boldsymbol{n}\cdot\boldsymbol{v}=c\,\frac{\hat{T}-T}{T}=c\,\frac{\Delta T}{T}\tag{1-22}$$

式中，T 是脉冲星周期；$\hat{T}$ 是航天器短时观测估计得到的脉冲星周期；ΔT 是周期偏差。

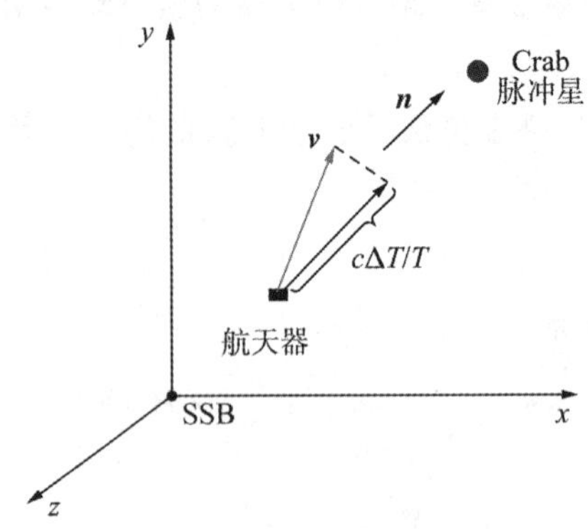

图 1-4　定速估计原理示意图

1.3　X 射线脉冲星导航空间实验

脉冲星被证实可以发射射电、红外、可见光、紫外、X 射线和 γ 射线等波段的信号。值得一提的是，X 射线光子集中了脉冲星的绝大部分辐射能量，属于高能光子，因此，易于器载小型敏感器进行处理。但是，X 射线光子很难穿过地球的大气层，因此无法在地面上进行观测，只能在地球大气层外进行观测。自从 1962 年发现了第一个非太阳系 X 射线源 Scorpius X-1，大量的设备升空，在不同的能段探测 X 射线源。在 1970 年，美国 NASA 发射了天文卫星 Uhuru。它巡天观测三年，并认证了超过 300 个的独立 X 射线源。随后，Einstein 卫星对许多中子星及候选中子星作了有针对性的 X 射线辐射源探测。终于在 1976 年，X 射线脉冲星的辐射信号被英国天文观测卫星——羚羊 5 号第一次探测到。20 世纪 90 年代新一代天文卫星 Compton、ROSAT、ASCA、Rossi、ARGOS 以及哈勃空间望远镜（Hubble Space Telescope，HTS）被发射升空，积累了大量新的脉冲星实测数据。在 2000 年，德国的 X 射线观测卫星 Rontgen 完成了最近一次广泛的 X 射线全天观测。这次任务探测到 18806 个亮源（＞0.05 counts/s，0.1～2.4 keV）和 105924 个暗源。许多新发现的射电脉冲星很可能在 X 射线波段辐射信号。目前，Chandra、XMM-newton 等正在运行的天文卫星也已经取得了一些 X 射线源的观测成果。受 X 射线敏感器技术的限制，我国空间 X 射线脉冲星观测活动起步较晚，但近年来发展迅速，已成功发射两颗自主研制的 X 射线脉冲星观测卫星。下面重点介绍近几年美国和中国发射的 X 射线脉冲星观测卫星。

2017 年 6 月 3 日，美国 NASA 将中子星内部成分探测器（neutron-star interior composition explorer，NICER）搭载在 Space Falcon 火箭上发射，并于 6 月 16 日在国际空间站部署，旨在通过测量脉冲星轮廓，以更好地约束脉冲星状态模型[9]。与罗西 X 射线计时探测器（Rossi X-ray timing explorer，RXTE）相比，NICER 在软能区中工作，并在能量分辨率、定时分辨率和灵敏度等方面有了数量级的提升。NICER 的面积

约为 1900 cm^2，能探测 0.2～12 keV 的光子，时间分辨率小于 300 ns。截至 2022 年 9 月，NICER 已经取得了许多观测成果，包括探测黑洞的吸积流、探测中子星的 X 射线吸收、观测中子星爆发等。随着未来脉冲星导航的发展，NICER 还将继续提供重要的信息。

伽马射线暴偏振探测器 POLAR 是中国与瑞士、波兰合作研制的空间天文仪器，用于伽马暴的偏振测量，能探测能量在 15～500 keV 区间内的 X 射线光子。POLAR 的视场超过 2π 立体角，有效接收面积约为 200 cm^2，时间分辨率为 80 ns。2016 年 9 月 15 日，POLAR 随“天宫二号”成功升空，进入预定轨道。轨道高度为 400 km，倾角为 43°，轨道周期约为 90 min。POLAR 广阔的视场面积为高精度的脉冲星导航实验提供了可能。中国科学院高能物理研究所利用 POLAR 对 Crab 脉冲星的在轨实测数据进行单脉冲星定轨实验，实验结果表明，该导航方式能完成对“天宫二号”轨道的定轨任务[10]。

X 射线脉冲星导航试验 01 星（first X-ray pulsar navigation satellite，XPNAV-1）是我国第一颗脉冲星导航试验卫星。2016 年 11 月 10 日，酒泉卫星发射中心将其送入预定轨道。XPNAV-1 卫星载重约 200 kg，搭载了两种 X 射线敏感器，掠入射聚焦型和准直型微通道板敏感器。其中，我国自主研发的掠入射聚焦型敏感器，具有体积小、重量轻、能量分辨率高、空间抑噪能力强等优点，且观测能区为 0.5～100 keV。该能区能有效抑制 X 射线能量衰减，从而实现高效的 X 射线脉冲星光子探测[11-13]。通过对卫星实测数据的分析，虽然我国自主研发的 X 射线敏感器的脉冲星观测结果与国外天文卫星观测结果的一致性较好，但是 X 射线敏感器面积太小，对宇宙背景噪声的抑制能力不足。未来性能提升后，我国自主研发的 X 射线敏感器有望应用于脉冲星导航。

1.4 本章小结

本章首先介绍了近期国内外深空探测活动；然后阐述了 X 射线脉冲星导航的基本原理，包括 X 射线脉冲星的基本物理特性、X 射线脉冲星信号模型以及轮廓恢复方法、X 射线脉冲星计时模型、X 射线脉冲星的时间转换模型、X 射线脉冲星定位和定速估计的基本原理；最后，简要介绍了近年来的 X 射线脉冲星导航空间实验。

第 2 章　信号处理方法

本章重点介绍脉冲星导航中的信号处理方法，涉及八个方面的理论知识：压缩感知（compressive sensing，CS）、经验模态分解（empirical mode decomposition，EMD）、遗传方法（genetic algorithm，GA）、分数阶傅立叶变换（fractional Fourier transform，FRFT）、自归一化神经网络（self-normalized neural network，SNN）、快速最小二乘法、小波变换和卡尔曼滤波。卡尔曼滤波能融合多个时刻的测量值信息，提高导航精度。其他几个信号处理方法是脉冲星 TOA 与周期估计方法中的有效工具。

2.1　压缩感知

2.1.1　压缩感知基本思想

在传统信号处理方法中，若要能够重构原始信号，采样必须满足奈奎斯特采样定理。采样率必须为原始信号中最高频的 2 倍或 2 倍以上。在压缩端，为了减小数据存储量，需压缩采样信号，去除信号冗余。值得一提的是，在此过程中，压缩需在采样之后。解压端通过解压缩恢复原信号。传统的信号压缩方法流程如图 2-1 所示。

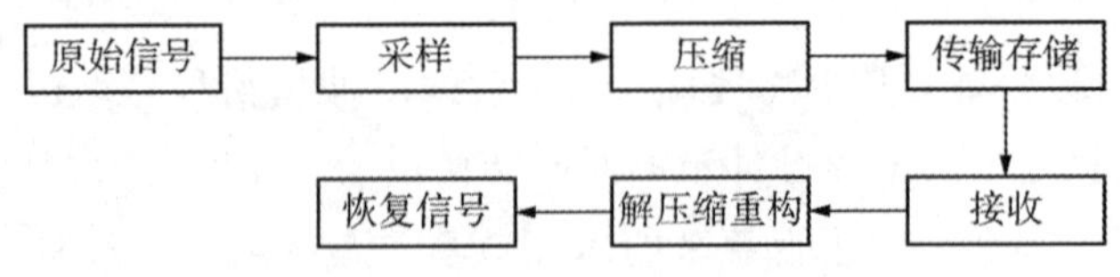

图 2-1　传统信号压缩方法流程

随着大数据时代的来临，传统的信号压缩流程并不能满足现实需求。2006 年，Donoho 博士利用信号的稀疏性，提出了一种新的信号处理方法，即 CS，并完善了相关理论[14]。与上述传统信号处理压缩方法相比，CS 方法具有以下优势：

①不受奈奎斯特采样定理的限制，CS 的采样率可远低于稀疏信号中最高频的 2 倍。在低采样的条件下，仍能保证信号的重构效果，并能节省宝贵的计算资源。

②采样与压缩可以同时进行，提高了工作效率。

CS 信号处理流程如图 2-2 所示。

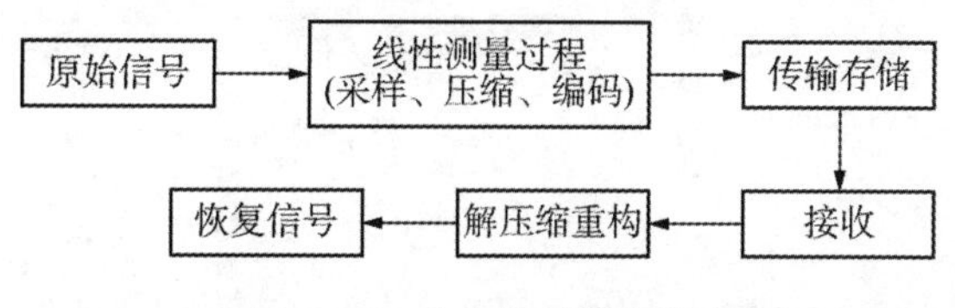

图 2-2　CS 中的信号处理流程

CS 中包含三个部分：信号的可稀疏性表示、观测矩阵的构造以及信号的重构。

①信号的可稀疏性表示是 CS 工作的基础和前提条件，可稀疏性本质上是指信号本身就应具备稀疏特性，或者在某个变换域（如傅立叶变换域、小波域等）下可视为是稀疏的。

②观测矩阵的构造是 CS 的关键，设计合理的观测矩阵不仅能够通过超低频采样获取信号的全部信息，而且还能确保重构精度。

③信号的重构是 CS 的最后一个步骤，也是计算过程中最复杂的一步。其实质是将原始信号从观测矢量或者观测值中恢复出来。

以上三个部分相互独立，又相互影响，有机结合才能确保方法的整体性能。近年来，CS 已成功应用于图像处理、脉冲星信号处理等领域。

2.1.2　压缩感知数学模型

设信号 $\boldsymbol{x}$（$N\times1$）为时域中的离散信号，寻找一个正交基 $\boldsymbol{\Psi}$（$N\times N$），使得信号 $\boldsymbol{x}$ 在此正交基下可表示为

$$\boldsymbol{x}=\boldsymbol{\Psi a} \tag{2-1}$$

式中，$\boldsymbol{\Psi}$ 为稀疏字典，稀疏字典中的元素被称为原子。$\boldsymbol{a}$ 是信号 $\boldsymbol{x}$ 在正交基下的稀疏系数。如果 $\boldsymbol{a}$ 中只有 K 个元素非零，那么 $\boldsymbol{a}$ 是 K 阶稀疏的。在一般情况下，$\boldsymbol{x}$ 并不是严格稀疏的，但是，在变换基 $\boldsymbol{\Psi}$ 下可近似为稀疏的。

设计一个与变换基 $\boldsymbol{\Psi}$ 不相关的观测矩阵 $\boldsymbol{\Phi}$（$M\times N$），用其对 $\boldsymbol{x}$ 观测，就可得到观测矢量 $\boldsymbol{y}$：

$$\boldsymbol{y}\ (M\times1)\ =\boldsymbol{\Phi x}=\boldsymbol{\Phi\Psi a}=\boldsymbol{\Theta a} \tag{2-2}$$

式中，$\boldsymbol{y}$（$M\times1$）是观测矢量，M 为 $\boldsymbol{y}$ 中元素的数量，其取值符合两个条件：$M=K\log(N/K)$，$M\ll N$。$\boldsymbol{\Theta}$ 被称为感知矩阵，为观测矩阵与稀疏字典之积。图 2-3 形象地描述了这个过程。

为了使信号能够精确重构，观测矩阵必须满足有限等距性质（restricted isometry property，RIP）。即对于一个 K 阶稀疏信号来说，观测矩阵 $\boldsymbol{\Phi}$ 必须符合式（2-3）：

$$1-d\leqslant\|\boldsymbol{\Phi x}\|_2^2/\|\boldsymbol{x}\|_2^2\leqslant1+d \tag{2-3}$$

式中，d 是一个常数，且满足 $0<d<1$。

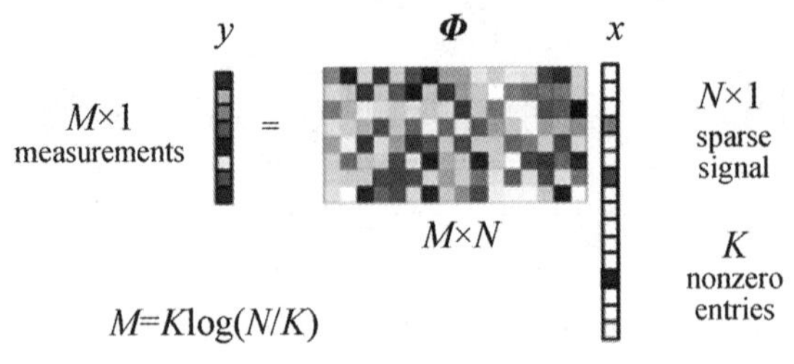

图 2-3　CS 原理图

信号重构问题可以视为最小 l_0 范数问题。但是，求解 l_0 范数是个无穷举问题，通常可通过求解最小 l_1 范数问题来实现：

$$\min \|\boldsymbol{a}\|_1 \quad \text{s. t.} \quad \boldsymbol{y}=\boldsymbol{\Phi x}=\boldsymbol{\Phi \Psi a}=\boldsymbol{\Theta a} \tag{2-4}$$

由此可从 M 个观测值中，恢复稀疏系数 $\boldsymbol{a}$。根据式（2-1）即可重构出原始信号 $\boldsymbol{x}$。

2.2　经验模态分解

Huang 等提出了一种非线性和非平稳信号的信号分解方法，即 EMD[15]。不同于传统的时间-频率分析、时间-尺度分析方法，EMD 方法无须固定的变换核或基函数，完全依赖于数据驱动机制。EMD 将原始信号分解为一组振动模式，被称为固有模式函数（intrinsic mode function，IMF）。这些函数表示了信号从快到慢的振动。每个 IMF 可视为一个确定的尺度。因此，EMD 也可被视为一种信号的多尺度分解方法。EMD 已被成功应用于解决多种科学和工程问题。

鉴于所有 IMF 之和即为原始信号，EMD 具有完全重构性（perfect reconstruction，PR）。但是，由于信号的某些特征，当利用 IMF 重构信号时，仅需部分 IMF。

EMD 的目的是将信号分解为一系列 IMF，而原信号恰是这些 IMF 之和。IMF 需满足两个条件：IMF 为包络中的过零点和极值相同或最多相差 1 的函数；极大值和极小值是零对称的。一个 IMF 可以视为一个简单的振动模式，类似于傅立叶变换中的简谐函数。

EMD 需找出原始信号 $\boldsymbol{x}(n)$ 中的极大值和极小值。利用三次拟合曲线分别连接极大值和极小值，分别拟合出上包络曲线 $\boldsymbol{e}_{\mathrm{u}}(n)$ 和下包络曲线 $\boldsymbol{e}_{\mathrm{l}}(n)$。上、下包络曲线的均值可表示为 $\boldsymbol{m}_1(n)=[\boldsymbol{e}_{\mathrm{u}}(n)+\boldsymbol{e}_{\mathrm{l}}(n)]/2$。该数学期望值包含信号的低频部分，从原始信号中减去该数学期望值可得高频部分。这样，可获得一个中间信号。如果中间信号满足 IMF 的两个条件，该信号是一个 IMF 分量；否则，以中间信号为原始信号，重复上述步骤，直到符合条件，即可获得第一个 IMF：$\boldsymbol{h}_1(n)$。将 $\boldsymbol{x}(n)-\boldsymbol{h}_1(n)$ 作为新的原始信号，重复上述步骤，即可获得第二个 IMF：$\boldsymbol{h}_2(n)$。以此类推，直到剩余无法分解的残差部分 $\boldsymbol{c}(n)$。此时，EMD 分解过程结束。$\boldsymbol{x}(n)$ 可表示为

$$\boldsymbol{x}(n)=\boldsymbol{c}(n)+\sum_i \boldsymbol{h}_i(n) \tag{2-5}$$

例如，EMD 分解过程如图 2-4 所示。从上到下，第一幅图为原始信号，第二至第八幅图分别代表 $\boldsymbol{h}_1(n)$ ～$\boldsymbol{h}_7(n)$，最后一幅为残差项 $\boldsymbol{c}(n)$。

若将 EMD 方法视为时间-尺度分析方法，那么低阶 IMF 和高阶 IMF 分别对应着原始信号的高频分量和低频分量。残存本身也可以视为是具有最低频的 IMF。

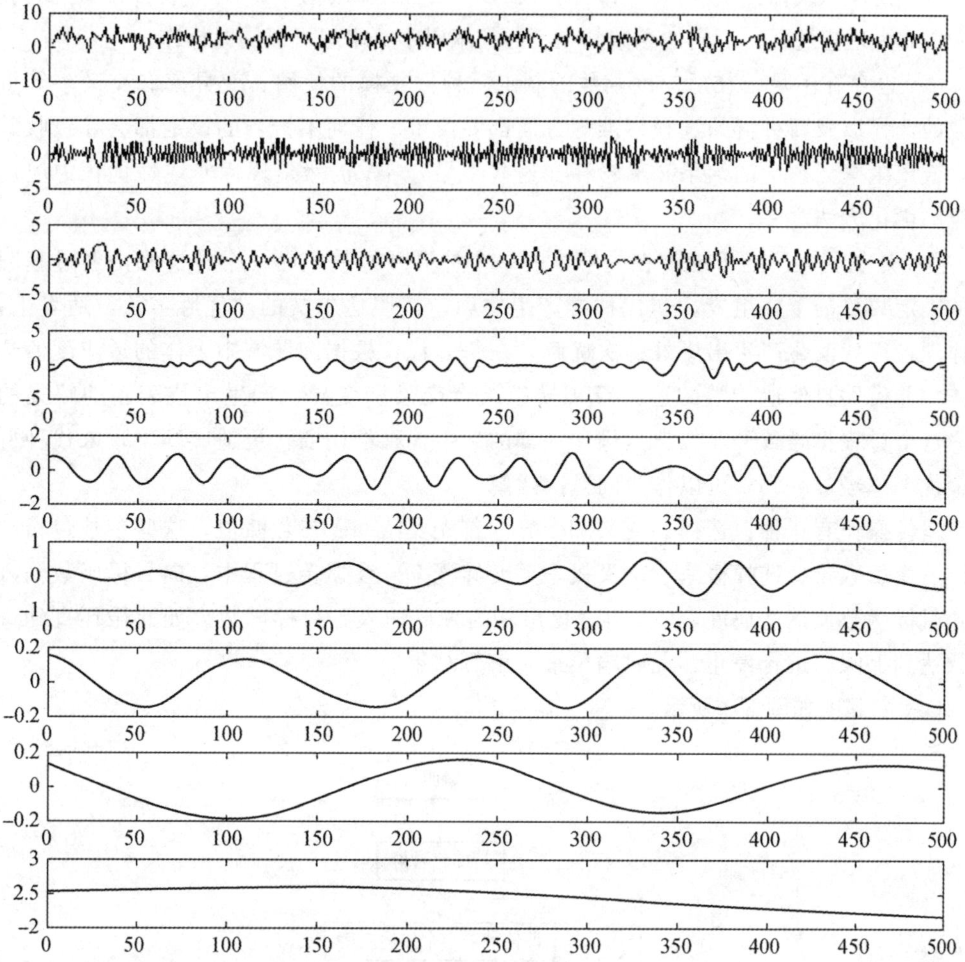

图 2-4　EMD 分解示例

2.3　遗传方法

GA 是由 John Holland 博士在 20 世纪六七十年代研发的，是基于达尔文自然选择理论的生物进化模型[16]。John Holland 首次提出了交叉、突变和选择等遗传算子，并将其应用于适应性和人工系统研究。这些遗传算子构成了 GA 作为问题解决策略的重要组成部分。自此，GA 及其衍生算法被研发，并被广泛应用于优化问题，包括图形着色、模式识别、旅行商问题、航空航天工程中翼型的有效设计、金融市场、多目标工程

优化等。

与传统的优化方法相比，GA有许多优点。其中最引人注目的是两个：处理复杂问题和并行能力。GA可以处理各种类型的优化问题，即对平稳和非平稳的、线性和非线性的、连续和离散的目标（或适应度）函数均有效果。由于一个种群中的多个后代具有独立的行为主体，群体（或任何子群体）可以同时在多个方向上探索空间。这一特性使得并行化实现方法成为理想选择，不同的参数甚至不同的编码字符串组可以同时操作。

GA也存在不足。在适应度函数的制定、种群规模的使用、变异率和交叉率等重要参数的选择以及新种群的选择标准等方面都要慎重。任何不恰当的设定都会导致收敛困难，或产生毫无意义的结果。尽管存在这些不足，GA仍然是现代非线性优化中应用最广泛的优化方法之一。

GA是从代表问题可能潜在的解集的一个种群开始的，而一个种群则由经过基因编码的一定数目的个体组成。初代种群产生之后，按照达尔文的“优胜劣汰，适者生存”的原理，逐代演化产生出更好的次优解，在每一代，根据问题域中个体的适应度值选择个体，并借助自然遗传学的遗传算子模拟组合交叉和变异，产生出代表新的解集的种群。这个过程将导致种群像自然进化一样的后生代种群比前代更适应环境，末代种群中的最优个体经过解码，可以作为问题次优解。

遗传操作有三种：选择、交叉和变异。首先要给GA参数赋值，这些参数包括种群规模、变量数量、选择概率、交叉概率、变异概率。在遗传过程中，向目标函数输入种群，目标函数反馈适应度，GA再进化出新的种群输入到目标函数。如此循环直到进化代数达到上限，进化停止，此时输出最优解算结果。

GA流程图如图2-5所示。

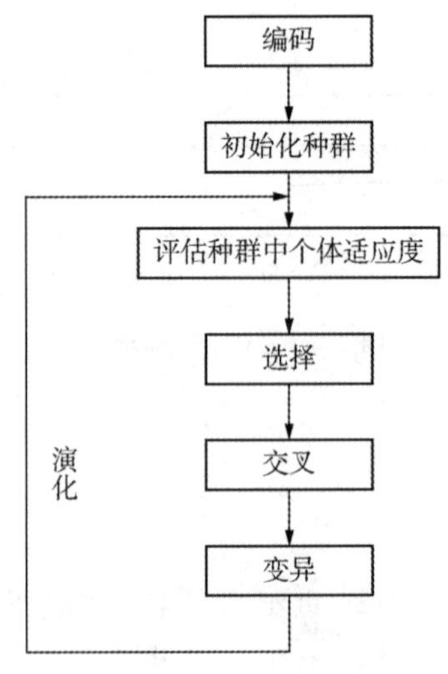

图2-5　GA流程图

2.4　分数阶傅立叶变换

傅立叶变换是一种基的表示方式，经历了长时间发展和研究，傅立叶变换在各个领域中均发挥着极其重要的作用，成为一种基本的、有效的数学分析工具。然而，随着科学理论研究的不断发展和深入，在特定应用场合中，傅立叶变换逐渐暴露了其自身的局限性，如傅立叶变换适合用于平稳的信号的分析，然而现实物理世界中，非平稳信号普遍存在。FRFT 能解决这一难题。下面简要介绍 FRFT 的发展历程以及定义与性质。

2.4.1　分数阶傅立叶变换发展历程

目前，作为非平稳信号分析的数学工具，FRFT 已成为一个研究热点。FRFT 理论从出现到发展成熟经历了一个漫长的过程，其发展历史可以追溯到 1929 年的 Wiener 的研究工作。FRFT 的出现和发展可分为三个阶段。

第一阶段为雏形时期（1929 年至 20 世纪 80 年代末）。在该阶段，研究者从各自研究领域的理论和方法出发定义 FRFT。值得一提的是，这些 FRFT 的形式不同，但彼此等价。1929 年，Wiener 对傅立叶变换的特征值进行修正，得到更加完备的特征值来求解常微分和偏微分方程，这是最早关于 FRFT 理论的研究。20 世纪 30 年代以后，更多与 FRFT 相关的研究工作促进了其基础理论的进一步丰富和发展。1937 年，Condon 证明了傅立叶变换的变换算子构成以 4 为周期的周期群，该理论证明了傅立叶变换的实质是将某一函数在该群空间上逆时针旋转了 $\pi/2$ 。1939 年，Kober 利用分数阶积分理论对傅立叶变换进行进一步的研究和探索。1973 年，Hida 将傅立叶变换和旋转群理论结合定义了一种名为 Fourier-Mehler 变换算子的积分算子，其实质为 FRFT 变换算子。1980 年，Namias 利用特征值的任意次幂首次系统地、明确地提出 FRFT 的概念。1987 年，McBride 提出更为严格的 FRFT 的数学定义，并且在此基础上推导出 FRFT 的部分性质。

第二阶段为成熟阶段（20 世纪 90 年代至 21 世纪初）。自从概念被明确提出和严格定义后，FRFT 作为一种新型的信号分析工具，逐渐成为研究热点。20 世纪 90 年代，Mendlovic 和 Ozaktas 实现了光学中的 FRFT，并且给出了合理的光学解释。1993 年，Lohmann 基于傅立叶变换在 Wigner-Ville 分布构成的时频面上的特性，给出了 FRFT 的几何解释，即 FRFT 相当于在 Wigner-Ville 分布构成的时频面上绕原点旋转任意角度。次年，Almeida 在 Lohmann 的工作基础上，对 FRFT 进行进一步研究，总结了 FRFT 的性质，解释了 FRFT 的实质是信号在时频面上坐标轴绕原点旋转任意角度的重要理论。此后，各个领域的学者对 FRFT 理论的研究不断深化，基本理论体系逐渐走向成熟。

第三阶段为进一步发展阶段（21 世纪初至今）。在这一时期，重要的研究成果大量涌现，如 2010 年，R. Tao 提出了短时分数阶傅立叶变换。时至今日，FRFT 理论依然被诸多领域的专家学者所关注，理论研究不断深化，工程应用更为广泛。

2.4.2 分数阶傅立叶变换定义

FRFT 在各个领域都有各自的解释和定义，但本质是等价互通的，并且可以相互推导。本小节将介绍几种 FRFT 的定义，并简要分析其性质。

①FRFT 积分核定义法。其基本定义如式（2-6）：

$$f_p(u)=\int_{-\infty}^{\infty}K_p(u,t)f(t)\mathrm{d}t=\begin{cases}f(t),\alpha=2n\pi\\ f(-t),\alpha=(2n+1)\pi\\ \sqrt{\dfrac{1-j\cot\alpha}{2\pi}}\displaystyle\int_{-\infty}^{\infty}\exp\left(j\frac{u^2+t^2}{2}\cot\alpha-\frac{jut}{\sin\alpha}\right)f(t)\mathrm{d}t,\alpha\neq n\pi\end{cases}\tag{2-6}$$

式中，$K_p(u,t)$ 为 FRFT 的核函数；n 为整数；$\alpha=p\pi/2$ 为旋转角，p 为分数阶数。当分数阶数为 1 时，旋转角为 $\pi/2$，此时 FRFT 退化为传统的傅立叶变换。

由上述定义可知，$f_1(u)$ 和 $f_{-1}(u)$ 分别为傅立叶变换及其逆变换。根据 $\alpha=p\pi/2$ 可知其值为三角函数的参数，则 FRFT 定义以 α 为参数的周期是 2π，即以 p 为参数的周期是 4。所以一般利用 FRFT 对信号进行时频分析时，只用考察一个周期范围内的特性，如 $p\in(-2,2]$。根据式（2-6）可知，当 p 为 0 时，函数的变换被定义为本身；而当 $p=\pm2$ 时，函数的变换被定义为 $f(-u)$。通过这样的分段定义，使得函数核 $K_p(u,t)$ 在整个 p 的取值上连续。

②FRFT 特征形式定义法。算子 F 表示信号空间的傅立叶变换，并且它对应的特征函数如式（2-7）：

$$F\psi_l(t)=\lambda_l\psi_l(t)=\mathrm{e}^{-\frac{l\pi}{2}}\psi_l(t)\tag{2-7}$$

式中，λ_l 为傅立叶变换特征值；$\psi_l(t)$ 为傅立叶变换特征函数。

由上述思想，引出了 FRFT 的另一个定义。令 $\psi_l(t)$ 为傅立叶变换的特征值 λ_l 的对应特征函数，则 FRFT 满足式（2-8）：

$$F^p\psi_l(u)=\lambda_l^p\psi_l(u)=(\mathrm{e}^{-\frac{jl\pi}{2}})^p\psi_l(u)=\mathrm{e}^{-\frac{jpl\pi}{2}}\psi_l(u)\tag{2-8}$$

这种定义方式利用对特征函数和特征值的规定来对 FRFT 进行定义。定义取决于所选的特征函数，选择特征函数的方法同于选择特征值 λ_l 的阶数，并且选择方法不唯一，所以会导致不同的定义。

③FRFT 时频面旋转定义法。p 阶 FRFT 是由变换矩阵式（2-9）所定义的线性完整变换，而该线性矩阵是一个二维旋转矩阵，设旋转角 $\alpha=p\pi/2$，如图 2-6 所示。

$$F=\begin{bmatrix}\cos\alpha & \sin\alpha\\ -\sin\alpha & \cos\alpha\end{bmatrix}\tag{2-9}$$

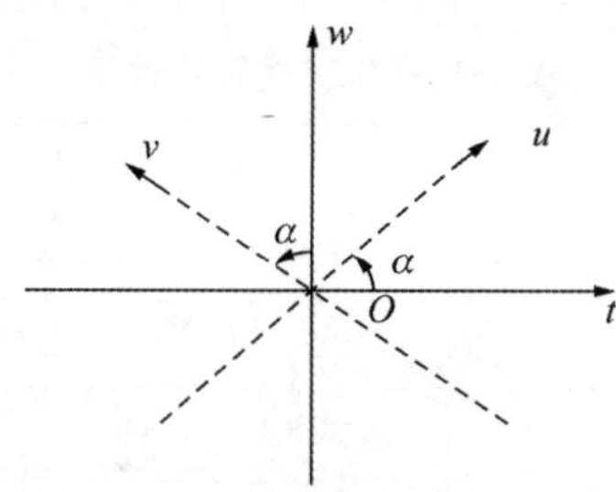

图 2-6　(t，w) 平面旋转 α 到 (u，v) 平面

由图 2-6 可知，F 是将信号旋转 $\pi/2$，由 t 轴变换到 w 轴表示。以此类推，F^2 相当于 w 轴沿 t 轴绕原点连续旋转两个 $\pi/2$，得到一个指向 $-t$ 的轴；F^3 相当于 w 轴沿 t 轴绕原点连续旋转三个 $\pi/2$，得到一个与时间轴垂直的轴指向傅立叶变换的反方向；F^4 相当于 w 轴沿 t 轴绕原点连续旋转四个 $\pi/2$，即没有进行任何变换。该定义形式更加直观，还有多种其他的定义形式，在此不再赘述。

2.4.3　分数阶傅立叶变换性质

FRFT 可以视为广义的傅立叶变换。除与傅立叶变换类似的性质，如逆变换等，FRFT 有其独特的性质，如 Wigner 分布等。本节介绍 FRFT 的部分基本性质和运算性质，基本性质如表 2-1 所示。

表 2-1　FRFT 的基本性质

基本性质	表达式
线性	$F^p\left[\sum_n c_n f_n(u)\right]=\sum_n c_n\left[F^p f_n(u)\right]$
整数阶数性质	$F^p=(F)^p$
逆变换	$(F^p)^{-1}=F^{-p}$
酉性	$(F^p)^{-1}=(F^p)^H$
可加性	$F^{p1}F^{p2}=F^{p1+p2}$
可交换性	$F^{p1}F^{p2}=F^{p2}F^{p1}$
可结合性	$(F^{p1}F^{p2})F^{p3}=F^{p1}(F^{p2}F^{p3})$
特征函数	$F^p\psi_l=\mathrm{e}^{-\frac{ip\pi}{2}}\psi_l$
Wigner 分布	$W_{f_p}(u,\mu)=W_f(u\cos\alpha-\mu\sin\alpha,u\sin\alpha+\mu\cos\alpha)$
Parseval 准则	$\langle f(u),g(u)\rangle=\langle f_p(u_p),g_p(u_p)\rangle$

由 FRFT 的整数阶数性质可以发现，当分数阶数 p 为整数时，p 阶 FRFT 相当于傅立叶变换进行 p 次。当 p 为零时，$F^0=I$ 为一个恒等算子；当 p 为 1 时，$F^1=F$ 为传

统的傅立叶变换；$F^2 = P$，$F^3 = PF = FP$；当 p 为 4 时，$F^4 = F^0 = I$。

表 2-2　FRFT 的运算性质

运算性质	表达式
时间倒置特性	$F^p[f(-t)](u) = F_p(-u)$
共轭特性	$F^p[f^*(t)](u) = F^*_{-p}(u)$
尺度变换特性	$F^p[f(ct)](u) = \sqrt{\frac{1 - j\cot\alpha}{c^2 - j\cot\alpha}} e^{j\frac{u^2}{2}\left(1 - \frac{\cos^2\beta}{\cos^2\alpha}\right)\cot\alpha} F_\beta\left(u\frac{\sin\beta}{c\sin\alpha}\right), c \in \mathbf{R}^+$
时移特性	$F^p[f(t-\tau)](u) = e^{\left(\frac{j}{2}\right)\tau^2\sin\alpha\cos\alpha - ju\tau\sin\alpha} F_\alpha(u - \tau\cos\alpha)$
频移特性	$F^p[f(t)e^{jvt}](u) = e^{-\left(\frac{j}{2}\right)v^2\sin\alpha\cos\alpha + ju\tau\cos\alpha} F_\alpha(u - v\sin\alpha)$
微分特性	$F^p\left[\frac{df(t)}{dt}\right](u) = -ju\sin\alpha F_\alpha(u) + \cos\alpha\frac{dF_\alpha(u)}{du}$
积分特性	$F^p\left[\int_\xi^t f(\tau)d\tau\right](u) = \sec\alpha e^{-\left(\frac{j}{2}\right)u^2\tan\alpha}\int_\xi^u F_\alpha(v)e^{\left(\frac{j}{2}\right)u^2\tan\alpha}dv$

表 2-2 列出了 FRFT 的部分运算性质。运算性质是 FRFT 的应用基础，利用其运算性质，可更好地对信号时频关系进行分析。利用 FRFT 的基本性质以及运算性质，在对信号进行时频分析时，能减小计算复杂度，提高效率。

2.5　人工神经网络

2.5.1　基本原理

典型的人工神经网络（artificial neural network，ANN）由一个输入层、多个隐藏层和一个输出层组成。图 2-7 给出了这种 ANN 的结构示意图。

输入矢量 $x \in \mathbf{R}^n$ 作为 ANN 的输入层。在用于候选体分类的 ANN 中，输入层是描述候选体的特征矢量。一般来说，ANN 有许多隐藏层，每个层都有若干个神经元。以第一隐藏层中的第 i 个神经元为例，对于给定的输入矢量 $\boldsymbol{x}$，其输出激活值为 $a_i = f(\boldsymbol{wx} + \boldsymbol{b})$。其中 $\boldsymbol{w}$ 为权重矢量，$\boldsymbol{b}$ 为偏差，f 为激活函数。激活函数一般选择为 sigmoid 函数，它的输出值在 0～1 之间。在此层中，所有神经元的输出都是以这种方式计算出来的。然后将它们作为输入矢量输入到下一层，每一层的计算都相同。ANN 的最后一层即为输出层，得到输出结果。在 ANN 的训练阶段，首先随机设置权重并计算输出，对比输出值和期望的输出值，并使用损失函数计算误差，通过多次执行反向传播优

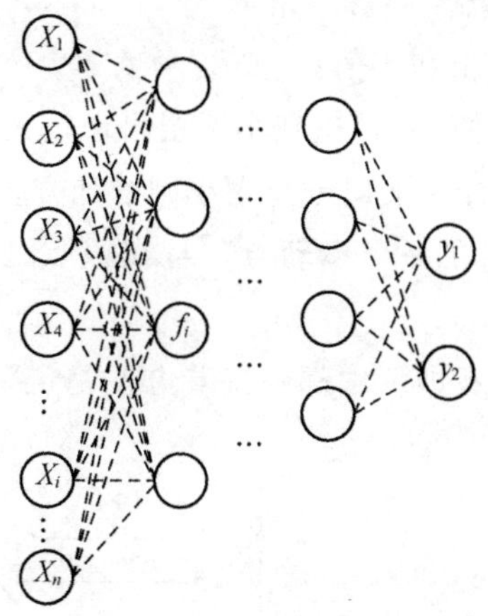

图 2-7 ANN 结构图

化方法来调整网络参数令误差变小，以便输出层尽可能正确地对训练集进行分类。传统的反向传播学习方法可用于浅层 ANN，即表示网络只存在非常少的隐藏层（一个或者两个隐藏层）。当隐藏层数增大，通常大于 5 层时，ANN 模型将成为深度 ANN。深度全连通网络包含非常多的学习参数，梯度在反向传播时可能在深度结构中消失。某些方法如自动编码器，可以用于深层 ANN 中。

ANN 的网络结构可以通过指定每一层的节点数来搭建。由于 ANN 将候选体分为两类，因此输出层中为两个神经元。隐藏层中神经元的数量在搭建网络时可由自己定义。

2.5.2 自归一化神经网络

SNN[17]也是由输入层、若干隐藏层及输出层组成，每层又由多个单一神经元构成，其中每个神经元代表一种特定的激活函数。SNN 的关键就是通过激活函数——缩放指数型线性单元（scaled exponential linear units，SELU）引进自归一化属性，即对具有零均值与单位方差的输入变量，通过 SELU 激活函数后其输出仍将收敛于零均值和单位方差。为确保每层激活函数的输入为零均值与单位方差，还需进行权重初始化。SELU 激活函数与权重初始化是实现 SNN 自归一化特性的重点，因此本节介绍 SELU 激活函数的特性以及权重归一化的必要性。

2.5.2.1 缩放指数型线性单元

SELU 激活函数表达式为

$$\mathrm{selu}(x)=\lambda\begin{Bmatrix} x, x>0 \\ \alpha\mathrm{e}^{x}-\alpha, x\leqslant 0 \end{Bmatrix} \tag{2-10}$$

式中，$\alpha=1.673268362\cdots$，$\lambda=1.050700987\cdots$。图 2-8 给出了 SELU 激活函数图像，

可看出该激活函数具有以下特点：

①有用于控制平均值的负值和正值；

②存在饱和区域（导数接近零），以减小低层出现较大的方差；

③部分区域斜率大于1，如果下层方差太小则增加方差；

④是连续的曲线，确保存在一个不动点，且在该点处的方差减幅会被方差增长所补偿。

这些特点使得深层ANN在训练中都保持着方差稳定，从而避免了梯度爆炸与梯度消失。

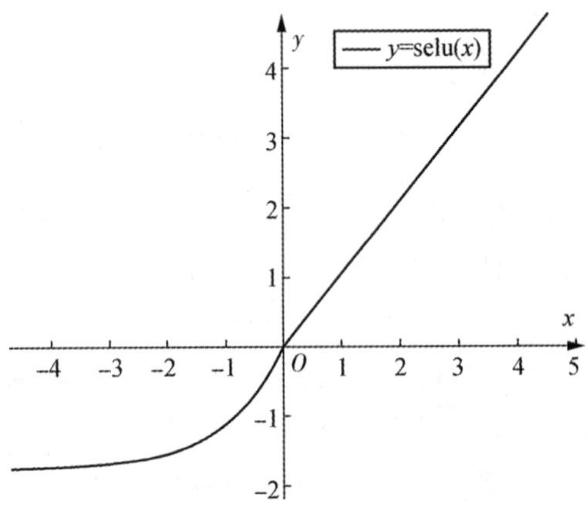

图 2-8 SELU 激活函数

2.5.2.2 权重初始化

为确保每层激活函数的输入为零均值与单位方差，还需进行权重初始化，对此，可证明如下。

考虑由一个权重矩阵 $\boldsymbol{W}$ 连接的两个连续的网络层，下层网络的输出是上层网络的输入。假定下层有 n 个神经元且其输出变量为 $\{\boldsymbol{z}_{i,\mathrm{low}} \mid 1 \leqslant i \leqslant n\}$，用 $\boldsymbol{z}_{\mathrm{low}}$ 代表其矢量形式，则上层神经元的输入 x_{up} 可以表示为

$$x_{\mathrm{up}} = \boldsymbol{z}_{\mathrm{low}} \cdot \boldsymbol{w} = \sum_{i=1}^{n} \boldsymbol{w}_i \boldsymbol{z}_{i,\mathrm{low}} \tag{2-11}$$

式中，$\boldsymbol{w}$ 是 $\boldsymbol{W}$ 的一列矢量。SELU 确保下层神经元输出具有零均值和单位方差，即 $\mu = E(\boldsymbol{z}_{i,\mathrm{low}}) \approx 0, v = Var(\boldsymbol{z}_{i,\mathrm{low}}) \approx 1$ 。令权重初始化为

$$\mu_w = 0, \nu = 1/n \tag{2-12}$$

$\tilde{\mu}$ 和 $\tilde{\nu}$ 分别表示 x_{up} 的均值和方差，则有：

$$\tilde{\mu} = E(x_{\mathrm{up}}) = E(\boldsymbol{z}_{\mathrm{low}} \cdot w) = \sum_{i=1}^{n} E(\boldsymbol{z}_{i,\mathrm{low}}) w_i \approx 0 \tag{2-13}$$

$$\tilde{\nu} = E[(x_{\mathrm{up}} - \tilde{\mu})^2] = E[x_{\mathrm{up}}{}^2] = E[(\boldsymbol{z}_{1,\mathrm{low}} \cdot \boldsymbol{w}_1 + \cdots + \boldsymbol{z}_{i,\mathrm{low}} \cdot \boldsymbol{w}_i + \cdots + \boldsymbol{z}_{n,\mathrm{low}} \cdot \boldsymbol{w}_n)^2] \tag{2-14}$$

式中有：

$$E[(\boldsymbol{z}_{i,\text{low}} \cdot \boldsymbol{w}_i)^2] = (\boldsymbol{w}_i)^2 E[(\boldsymbol{z}_{i,\text{low}})^2] = (\boldsymbol{w}_i)^2 \tag{2-15}$$

$$E[\boldsymbol{z}_{i,\text{low}} \cdot \boldsymbol{z}_{j,\text{low}} \cdot \boldsymbol{w}_i \cdot \boldsymbol{w}_j] = \boldsymbol{w}_i \cdot \boldsymbol{w}_j E[\boldsymbol{z}_{i,\text{low}}] E[\boldsymbol{z}_{j,\text{low}}] \approx 0 \tag{2-16}$$

所以结合式（2-14）可得：

$$\tilde{\nu} = \sum_{i=1}^{n} (\boldsymbol{w}_i)^2 = \boldsymbol{n} \cdot \boldsymbol{\nu}_w \approx 1 \tag{2-17}$$

可知，权重初始化确保了激活函数输入的归一化，是 SELU 实现自归一化属性的一个必要条件。

2.6　快速最小二乘法

相较于互相关法（cross correlation，CC）、双谱法等传统估计方法，自适应滤波器方法可以根据系统的变化来调整自身结构，而无须信号和噪声的先验知识，即可以使滤波器适应系统，从而更好地发挥作用。自适应滤波法适用于时变系统以及动态信号的跟踪。本节介绍最小均方方法（least mean square，LMS）、归一化最小均方方法（normalized least mean square，NLMS）与递归最小二乘法（recursive least square，RLS）等自适应方法。

RLS 方法性能优越，被认为是最小二乘问题的最精确解，然而，其高性能是以高的计算复杂度为代价的。因此，为了能够尽量保持 RLS 方法的高性能，RLS 计算复杂度的降低成为一个重要的研究方向。快速横向滤波递归最小二乘法（fast transversal filter recursive least square，FTRLS）[18]与稳定快速横向滤波递归最小二乘法（stable fast transversal filter recursive least square，SFTRLS）[19]是两种快速 RLS 方法，这两种方法能够降低 RLS 方法的计算复杂度，同时也能够尽可能保持 RLS 方法收敛速度快的性能。此外，SFTRLS 方法在 FTRLS 方法的基础上加入冗余用于修正非稳定模型，使方法具有更好的稳定性能。下面将详细介绍这两种快速 RLS 方法。

2.6.1　自适应滤波器

如图 2-9 所示，在脉冲星 TOA 估计领域，x（m）为标准脉冲星轮廓，y（m）为累积脉冲星轮廓。式（2-18）为非因果数字滤波器。

$$\boldsymbol{W}(z) = \sum_{k=0}^{n-1} \boldsymbol{w}_k z^{-k} \tag{2-18}$$

式中，n 为滤波器的长度。滤波器的输出为

$$\boldsymbol{z}(m) = \boldsymbol{w}(m) \cdot \boldsymbol{X}(m) = \sum_{k=0}^{n-1} h(k) x(m-k) \tag{2-19}$$

式中，$\boldsymbol{w}$（m）为滤波器的权重矢量；$\boldsymbol{X}$（m）为维度为 $n \times m$ 的滤波器输入矩阵。二者

表达式为

$$\boldsymbol{w}(m)=[h(0),\cdots,h(n-1)]^{\mathrm{T}} \tag{2-20}$$

$$\boldsymbol{X}(m)=[x(m),\cdots,x(m-n+1)]^{\mathrm{T}} \tag{2-21}$$

式中，h 为滤波器的权重系数。

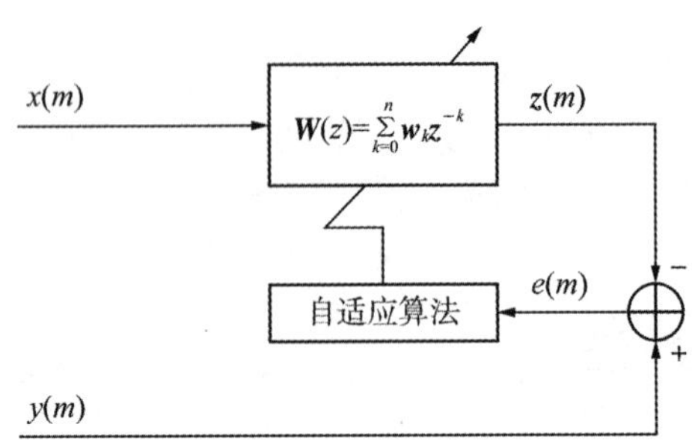

图 2-9　自适应脉冲星 TOA 估计方法的原理图

2.6.1.1　最小均方方法

LMS 自适应滤波器方法是在维纳滤波理论上运用最快速下降法后的优化延伸，最早由美国斯坦福大学的 Widrow 和 Hoff 在研究自适应理论时提出，因其容易实现而很快得到了广泛应用，成为自适应滤波的标准方法。LMS 方法是使滤波器的输出信号与期望响应之间的误差的均方值趋于最小，因此被称为最小均方自适应滤波器方法。其代价函数如下：

$$J(w)=E[e^2(m)] \tag{2-22}$$

式中，

$$e(m)=y(m)-z(m) \tag{2-23}$$

结合式（2-22）与式（2-23），利用梯度下降法可得 LMS 自适应滤波器方法的权重系数更新式，表达式为

$$\boldsymbol{W}(m+1)=\boldsymbol{W}(m)+2\mu e(m)\boldsymbol{X}(m) \tag{2-24}$$

式中，μ 为收敛因子。为了保证在均方意义上的收敛，步长 $0<\mu<2/(n\sigma_{\mu}^{2})$，其中，$\sigma_{\mu}$ 为输入信号的均方差。

通过对权重矢量采用 LMS 方法的多次迭代就可以得到最佳的权重系数组合，代入原始信号进行峰值检测就可以得到脉冲星 TOA 估计值。需要注意的是对于非整数的脉冲星 TOA，应采用内插的方法加以修正。

2.6.1.2　归一化最小均方方法

NLMS 是对 LMS 方法的一种改进。NLMS 方法的权重更新式如下：

$$\boldsymbol{w}(m+1)=\boldsymbol{w}(m)+\mu(m)e(m)\boldsymbol{X}(m) \tag{2-25}$$

可看出 NLMS 和 LMS 方法的不同之处在于步长，LMS 方法的步长为常数，而

NLMS 方法中的步长为可变量，其定义如下

$$\mu(m)=\frac{\mu_0}{n\hat{P}_x(m)} \tag{2-26}$$

式中，n 为滤波器的长度；$\hat{P}(m)$ 是在 m 时刻估计出的信号功率，即

$$\hat{P}_x(m)=\frac{\boldsymbol{X}^{\mathrm{T}}(m)\boldsymbol{X}(m)}{n} \tag{2-27}$$

为了收敛，μ_0 应满足 $0<\mu_0<2$ 。 (2-28)

为了避免 $\hat{P}(m)$ 过小导致步长 $\mu(m)$ 过大，修改步长式为

$$\mu(m)=\frac{\mu_0}{n\hat{P}_x(m)+\sigma} \tag{2-29}$$

式中，σ 为一个很小的常数。

2.6.1.3　递归最小二乘法

RLS 方法收敛速度快，鲁棒性能好，即使在低 SNR 下，RLS 也具有很好的性能。然而这种优势是以高计算复杂度为代价的。RLS 方法的代价函数如下：

$$J[\boldsymbol{w}(m)]=\sum_{i=1}^{m}\lambda^{m-i}\mid e(m)\mid^2=\sum_{i=1}^{m}\lambda^{m-i}\mid y(i)-\boldsymbol{w}(m)\boldsymbol{X}(i)\mid^2 \tag{2-30}$$

式中，$\lambda\in(0,1]$ 是遗忘因子。遗忘因子是避免代价函数值趋于无穷的有效手段。由式（2-30）可知，代价函数 $J[\boldsymbol{w}(m)]$ 是权重矢量 $\boldsymbol{w}(m)$ 的函数，$J[\boldsymbol{w}(m)]$ 对 $\boldsymbol{w}(m)$ 求梯度可得：

$$\begin{aligned}g(m)&=\frac{\partial J[\boldsymbol{w}(m)]}{\partial \boldsymbol{w}(m)}\\&=2\sum_{i=1}^{m}\lambda^{m-i}[\mid y(i)-\boldsymbol{w}(m)\boldsymbol{X}(i)\mid]\boldsymbol{X}(i)\\&=2\sum_{i=1}^{m}\lambda^{m-i}e(i)\boldsymbol{X}(i)\\&=2\sum_{i=1}^{m}\lambda^{m-i}[y(i)-\boldsymbol{w}(m)\boldsymbol{X}(i)]\boldsymbol{X}(i)\\&=2[\boldsymbol{r}(m)-\boldsymbol{R}(m)\boldsymbol{w}(m)]\end{aligned} \tag{2-31}$$

式中，

$$\boldsymbol{r}(m)=\sum_{i=1}^{m}\lambda^{m-i}\boldsymbol{X}(i)y(i) \tag{2-32}$$

$$\boldsymbol{R}(m)=\sum_{i=1}^{m}\lambda^{m-i}\boldsymbol{X}(i)\,\boldsymbol{X}^{\mathrm{T}}(i) \tag{2-33}$$

令 $g(m)=0$ 可得

$$\boldsymbol{w}(m)=\boldsymbol{R}(m)^{-1}\boldsymbol{r}(m)=\boldsymbol{P}(m)\boldsymbol{r}(m) \tag{2-34}$$

$\boldsymbol{R}(m)$ 为自相关矩阵，$\boldsymbol{r}(m)$ 为互相关矩阵，式（2-34）中 $\boldsymbol{P}(m)=\boldsymbol{R}^{-1}(m)$。

由式（2-32）和式（2-33）易知

$$\boldsymbol{r}(m)=\lambda\boldsymbol{r}(m-1)+\boldsymbol{X}(m)y(m) \tag{2-35}$$

$$\boldsymbol{R}(m)=\lambda\boldsymbol{R}(m-1)+\boldsymbol{X}(m)\boldsymbol{X}^{\mathrm{T}}(m) \tag{2-36}$$

由矩阵求逆引理：$(\boldsymbol{A}+\boldsymbol{x}\boldsymbol{y}^{\mathrm{T}})^{-1}=\boldsymbol{A}^{-1}-\dfrac{\boldsymbol{A}^{-1}\boldsymbol{x}\boldsymbol{y}^{\mathrm{T}}\boldsymbol{A}^{-1}}{1+\boldsymbol{y}^{\mathrm{T}}\boldsymbol{A}^{-1}\boldsymbol{x}}$，则

$$\boldsymbol{P}(m)=\frac{1}{\lambda}\boldsymbol{P}(m-1)-\frac{1}{\lambda}g(m)\boldsymbol{X}(m)\boldsymbol{P}(m-1) \tag{2-37}$$

式中，增益矢量为

$$g(m)=\frac{\boldsymbol{P}(m-1)\boldsymbol{X}(m)}{\lambda+\boldsymbol{X}^{\mathrm{T}}(m)\boldsymbol{P}(m-1)\boldsymbol{X}(m)} \tag{2-38}$$

利用式（2-37）可以证得

$$\begin{aligned}\boldsymbol{P}(m)\boldsymbol{X}(m)&=\frac{1}{\lambda}[\boldsymbol{P}(m-1)\boldsymbol{X}(m)-g(m)\boldsymbol{X}^{\mathrm{T}}(m)\boldsymbol{P}(m-1)\boldsymbol{X}(m)]\\&=\frac{1}{\lambda}\{[\lambda+\boldsymbol{X}^{\mathrm{T}}(m)\boldsymbol{P}(m-1)\boldsymbol{X}(m)]g(m)-g(m)\boldsymbol{X}^{\mathrm{T}}(m)\boldsymbol{P}(m-1)\boldsymbol{X}(m)\}\\&=g(m)\end{aligned} \tag{2-39}$$

将式（2-35）和式（2-37）代入式（2-34），有：

$$\begin{aligned}\boldsymbol{w}(m)&=\boldsymbol{R}^{-1}(m)\boldsymbol{r}(m)\\&=\boldsymbol{P}(m)\boldsymbol{r}(m)\\&=\frac{1}{\lambda}[\boldsymbol{P}(m-1)-g(m)\boldsymbol{X}^{\mathrm{T}}(m)\boldsymbol{P}(m-1)]\cdot[\lambda\boldsymbol{r}(m-1)+y(m)\boldsymbol{X}(m)]\\&\boldsymbol{P}(m-1)\boldsymbol{r}(m-1)+\frac{1}{\lambda}y(m)[\boldsymbol{P}(m-1)\boldsymbol{X}(m)-g(m)\boldsymbol{X}^{\mathrm{T}}(m)\\&\boldsymbol{P}(m-1)\boldsymbol{X}(m)]-g(m)\boldsymbol{X}^{\mathrm{T}}(m)\boldsymbol{P}(m-1)\boldsymbol{r}(m-1)\end{aligned} \tag{2-40}$$

将式（2-38）和式（2-39）代入上式，即得

$$\begin{aligned}\boldsymbol{w}(m)&=\boldsymbol{w}(m-1)+y(m)g(m)-g(m)\boldsymbol{X}^{\mathrm{T}}(m)\boldsymbol{w}(m-1)\\&=\boldsymbol{w}(m-1)+g(m)[y(m)-\boldsymbol{w}^{\mathrm{T}}(m-1)\boldsymbol{X}(m)]\\&=\boldsymbol{w}(m-1)+g(m)e(m)\end{aligned} \tag{2-41}$$

式中，$e(m)=y(m)-\boldsymbol{w}^{\mathrm{T}}(m-1)\boldsymbol{X}(m)$ 为先验估计误差。

2.6.2 快速横向滤波递归最小二乘法

传统 RLS 方法需循环计算黎卡提方程，增大了计算复杂度。通过快速横向滤波方法（FTRLS），缩短了计算黎卡提方程的计算时间，降低了计算复杂度。

FTRLS 方法可分三部分，包括前向预测、后向预测和联合估计。在收敛过程中，三个部分的参数互相交换，相互作用，从而实现快速的 RLS 方法。

三个部分的过程如下。

（1）前向预测过程

对于一个 n 阶的自适应滤波器，在前向预测关系式中，其瞬时后验前向预测误差为

$$\varepsilon_f(m,n)=x(m)-\boldsymbol{w}_f^{\mathrm{T}}(m,n)\boldsymbol{X}(m-1,n)=\boldsymbol{X}^{\mathrm{T}}(m,n+1)\begin{bmatrix}1\\-\boldsymbol{w}_f(m,n)\end{bmatrix}\tag{2-42}$$

后验和先验前向预测误差之间的关系由式（2-43）给出：

$$e_f(m,n)=\frac{\varepsilon_f(m,n)}{\gamma(m-1,n)}\tag{2-43}$$

式中，$\gamma(m-1,n)$ 称为 $m-1$ 时刻后验误差与前验误差的转换因子。

前验预测的加权最小二乘误差的迭代式为

$$\xi_{f_{\min}}^{d}(m,n)=\lambda\xi_{f_{\min}}^{d}(m-1,n)+e_f(m,n)\varepsilon_f(m,n)\tag{2-44}$$

后验误差与先验误差转换因子的更新式为

$$\gamma(m,n+1)=\frac{\lambda\xi_{f_{\min}}^{d}(m-1,n)}{\xi_{f_{\min}}^{d}(m,n)}\gamma(m-1,n)\tag{2-45}$$

前向预测系数矢量更新式为

$$\boldsymbol{w}_f(m,n)=\boldsymbol{w}_f(m-1,n)+\boldsymbol{\Phi}(m-1,n)e_f(m,n)\tag{2-46}$$

式中，$\boldsymbol{\Phi}(m-1,n)=\boldsymbol{P}(m-1,n)\boldsymbol{X}(m-1,n)$。$\boldsymbol{P}(m-1,n)$ 为输入信号 $\boldsymbol{X}(m-1,n)$ 的加权自相关矩阵的逆。其中 $\boldsymbol{\Phi}(m-1,n)$ 的更新式为

$$\boldsymbol{\Phi}(m,n+1)=\begin{bmatrix}0\\\boldsymbol{\Phi}(m-1,n)\end{bmatrix}+\frac{\varepsilon_f(m,n)}{\lambda\xi_{f_{\min}}^{d}(m-1,n)}\begin{bmatrix}1\\-\boldsymbol{w}_f(m-1,n)\end{bmatrix}\tag{2-47}$$

为了便于计算，定义中间变量 $\hat{\boldsymbol{\Phi}}(m,n+1)$，其表达式为

$$\hat{\boldsymbol{\Phi}}(m,n+1)=\frac{\boldsymbol{\Phi}(m,n+1)}{\gamma(m,n+1)}\tag{2-48}$$

将式（2-44）至式（2-46）代入式（2-47）得：

$$\hat{\boldsymbol{\Phi}}(m,n+1)=\begin{bmatrix}0\\\hat{\boldsymbol{\Phi}}(m-1,n)\end{bmatrix}+\frac{e_f(m,n)}{\lambda\xi_{f_{\min}}^{d}(m-1,n)}\begin{bmatrix}1\\-\boldsymbol{w}_f(m-1,n)\end{bmatrix}\tag{2-49}$$

则，式（2-46）改写为

$$\boldsymbol{w}_f(m,n)=\boldsymbol{w}_f(m-1,n)+\hat{\boldsymbol{\Phi}}(m-1,n)\varepsilon_f(m,n)\tag{2-50}$$

（2）后向预测过程

在后向预测关系式中，后验和先验的后向预测误差关系表达式为

$$e_b(m,n)=\frac{\varepsilon_b(m,n)}{\gamma(m,n)}\tag{2-51}$$

加权最小二乘误差的时间更新式如下：

$$\xi_{b_{\min}}^{d}(m,n)=\lambda\xi_{b_{\min}}^{d}(m-1,n)+e_b(m,n)\varepsilon_b(m,n)\tag{2-52}$$

后验与先验误差转换因子的阶数递推式表示为

$$\gamma(m,n+1)=\frac{\lambda\xi_{b_{\min}}^{d}(m-1,n)}{\xi_{b_{\min}}^{d}(m,n)}\gamma(m,n)\tag{2-53}$$

后向预测权重系数的更新式如式（2-54）所示：

$$\boldsymbol{w}_b(m,n)=\boldsymbol{w}_b(m-1,n)+\hat{\boldsymbol{\Phi}}(m-1,n)\varepsilon_b(m,n)\tag{2-54}$$

式中 $\hat{\boldsymbol{\Phi}}(m,n)$ 的更新式为

$$\begin{bmatrix}\hat{\boldsymbol{\Phi}}(m,n)\\0\end{bmatrix}=\hat{\boldsymbol{\Phi}}(m,n+1)+\frac{e_b(m,n)}{\lambda\xi_{b_{\min}}^{d}(m-1,n)}\begin{bmatrix}-w_b(m-1,n)\\1\end{bmatrix} \tag{2-55}$$

则 $\boldsymbol{\Phi}(m,n+1)$ 的最后一个元素可表示为

$$\hat{\boldsymbol{\Phi}}_{n+1}(m,n+1)=\frac{e_b(m,n)}{\lambda\xi_{b_{\min}}^{d}(m-1,n)} \tag{2-56}$$

根据式（2-51）、式（2-52）、式（2-56），可将式（2-53）改写成

$$\gamma(m,n+1)=\frac{\gamma(m,n)}{1+\hat{\boldsymbol{\Phi}}_{n+1}(m,n+1)\varepsilon_b(m,n)} \tag{2-57}$$

将式（2-51）代入式（2-57）得

$$\gamma^{-1}(m,n)=\gamma^{-1}(m,n+1)-\boldsymbol{\Phi}_{n+1}(m,n+1)e_b(m,n) \tag{2-58}$$

上式为 $\gamma(m,n)$ 的阶数转换式。

（3）联合估计过程

该过程实现了输入信号与期望信号的联合估计，其先验误差可写成

$$e(m,n)=d(m)-\boldsymbol{w}^{\mathrm{T}}(m-1,n)\boldsymbol{X}(m,n) \tag{2-59}$$

其先验误差与后验误差的关系如下：

$$\varepsilon(m,n)=e(m,n)\gamma(m,n) \tag{2-60}$$

联合过程估计滤波器权重系数为

$$\boldsymbol{w}(m,n)=\boldsymbol{w}(m-1,n)+\hat{\boldsymbol{\Phi}}(m,n)\varepsilon(m,n) \tag{2-61}$$

通过上述的快速横向滤波过程代替传统 RLS 方法中的黎卡提方程从而降低了计算复杂度，同时能够保持 RLS 方法的收敛速度快的优点。FTRLS 方法在单次迭代过程中的计算复杂度与 LMS 相当，但是在性能上优于 LMS 方法。

然而，FTRLS 方法仅有正反馈机制，导致其不稳定。为了解决这一问题，引入负反馈，并选择合适的反馈增益，设计出 SFTRLS。SFTRLS 比 FTRLS 更稳定。

2.6.3 稳定快速横向滤波递归最小二乘法

虽然比较于传统 RLS 方法，FTRLS 方法大幅降低了计算复杂度，但其存在不稳定性这一问题。

SFTRLS 通过对 FTRLS 中的同一变量进行多次修正计算，然后对两式求差，作为方法的反馈，使 FTRLS 方法趋向稳定。

先验后向误差可以采用不同的形式进行描述，如下所示：

$$e_b(m,n,1)=\lambda\xi_{b_{\min}}^{d}(m-1,n)\,\hat{\boldsymbol{\Phi}}_{n+1}(m,n+1) \tag{2-62}$$

$$e_b(m,n,2)=[-\boldsymbol{w}_b^{\mathrm{T}}(m-1,n)\ 1]\cdot\boldsymbol{X}(m,n+1) \tag{2-63}$$

$$e_{b,i}(m,n,3)=e_b(m,n,2)k_i+e_b(m,n,1)(1-k_i) \tag{2-64}$$

式（2-62）为 FTRLS 方法的后向预测误差，式（2-63）为先验后向误差的内积。式（2-

64）是式（2-52）与式（2-54）的线性组合，将式（2-62）与式（2-63）的数值差进行反馈，从而确定 $e_{b,i}(m,n,3)$ 的最终值，并将其应用到方法的不同位置。式中，k_i 为组合系数，$i=1$，2，3。

对组合系数 k_i 进行了最优仿真搜索，并得出当 $k_1=1.5$，$k_2=2.5$，$k_3=1$ 时，SFTRLS 方法的稳定性最好这一结论。

后验与先验误差转换因子 $\gamma(m,n)$ 的另一个非稳定特性参数为

$$\gamma^{-1}(m,n+1,1)=\gamma^{-1}(m,n+1,3)+\hat{\boldsymbol{\Phi}}_1(m,n+1)e_f(m,n) \tag{2-65}$$

式中，$\hat{\boldsymbol{\Phi}}_1(m,n+1)$ 是 $\hat{\boldsymbol{\Phi}}(m,n+1)$ 的第一个元素，第二个转换因子为

$$\gamma^{-1}(m,n,2)=\gamma^{-1}(m,n+1,1)+\hat{\boldsymbol{\Phi}}_{n+1}(m,n+1)e_{b,3}(m,n,3) \tag{2-66}$$

式中，$\hat{\boldsymbol{\Phi}}_{n+1}(m,n+1)$ 为 $\hat{\boldsymbol{\Phi}}(m,n+1)$ 的最后一个元素，第三个转换因子为

$$\gamma^{-1}(m,n,3)=1+\hat{\boldsymbol{\Phi}}^{\mathrm{T}}(m,n)\boldsymbol{X}(m,n) \tag{2-67}$$

完整的 SFTRLS 方法计算流程如下。

①初始化：

$$\boldsymbol{w}_f(-1,n)=\boldsymbol{w}_b(-1,n)=\boldsymbol{w}(-1,n)=0 \tag{2-68}$$

$$\hat{\boldsymbol{\Phi}}(-1,n)=0\ ,\ \gamma(-1,n,3)=1 \tag{2-69}$$

$$\xi^d_{b_{\min}}(-1,n)=\xi^d_{f_{\min}}(-1,n)=\varepsilon \tag{2-70}$$

$$k_1=1.5,k_2=2.5,k_3=1 \tag{2-71}$$

②根据时刻 $m-1$ 的数据，递归计算时刻 m 的数据。

a. 前向预测：

$$e_f(m,n)=\boldsymbol{X}^{\mathrm{T}}(m,n+1)\begin{bmatrix}1\\-\boldsymbol{w}_f(m-1,n)\end{bmatrix} \tag{2-72}$$

$$\varepsilon_f(m,n)=e_f(m,n)\gamma(m-1,n,3) \tag{2-73}$$

$$\hat{\boldsymbol{\Phi}}(m,n+1)=\begin{bmatrix}0\\\hat{\boldsymbol{\Phi}}(m-1,n)\end{bmatrix}+\frac{e_f(m,n)}{\lambda\xi^d_{f_{\min}}(m-1,n)}\begin{bmatrix}1\\-\boldsymbol{w}_f(m-1,n)\end{bmatrix} \tag{2-74}$$

$$\gamma^{-1}(m,n+1,1)=\gamma^{-1}(m,n+1,3)+\hat{\boldsymbol{\Phi}}_1(m,n+1)e_f(m,n) \tag{2-75}$$

$$[\xi^d_{f_{\min}}(m,n)]^{-1}=\lambda^{-1}[\xi^d_{f_{\min}}(m-1,n)]^{-1}-\gamma(m,n+1,1)\hat{\boldsymbol{\Phi}}_1^2(m,n+1) \tag{2-76}$$

$$\boldsymbol{w}_f(m,n)=\boldsymbol{w}_f(m-1,n)+\hat{\boldsymbol{\Phi}}(m-1,n)\varepsilon_f(m,n) \tag{2-77}$$

b. 后向预测：

$$e_b(m,n,1)=\lambda\xi^d_{b_{\min}}(m-1,n)\hat{\boldsymbol{\Phi}}_{n+1}(m,n+1) \tag{2-78}$$

$$e_b(m,n,2)=[-\boldsymbol{w}_b^{\mathrm{T}}(m-1,n)\ 1]\boldsymbol{X}(m,n+1) \tag{2-79}$$

$$e_{b,i}(m,n,3)=e_b(m,n,2)k_i+e_b(m,n,1)(1-k_i),i=1,2,3 \tag{2-80}$$

$$\gamma^{-1}(m,n,2)=\gamma^{-1}(m,n+1,1)+\hat{\boldsymbol{\Phi}}_{n+1}(m,n+1)e_{b,3}(m,n,3) \tag{2-81}$$

$$\varepsilon_{b,i}(m,n,3)=e_{b,j}(m,n,3)\gamma(m,n,2),i=1,2 \tag{2-82}$$

$$\xi^d_{b_{\min}}(m,n)=\lambda\xi^d_{b_{\min}}(m-1,n)+e_{b,2}(m,n,3)\varepsilon_{b,2}(m,n,3) \tag{2-83}$$

$$\begin{bmatrix}\hat{\boldsymbol{\Phi}}(m,n)\\0\end{bmatrix}=\hat{\boldsymbol{\Phi}}(m,n+1)-\hat{\boldsymbol{\Phi}}_{n+1}(m,n+1)\begin{bmatrix}-\boldsymbol{w}_b(m-1,n)\\1\end{bmatrix} \tag{2-84}$$

$$\boldsymbol{w}_b(m,n)=\boldsymbol{w}_b(m-1,n)+\hat{\boldsymbol{\Phi}}(m,n)e_{b,1}(m,n,3) \tag{2-85}$$

$$\gamma^{-1}(m,n,3)=1+\hat{\boldsymbol{\Phi}}^{\mathrm{T}}(m,n)\boldsymbol{X}(m,n) \tag{2-86}$$

c. 联合估计：

$$e(m,n)=d(m)-\boldsymbol{w}^{\mathrm{T}}(m-1,n)\boldsymbol{X}(m,n) \tag{2-87}$$

$$\varepsilon(m,n)=e(m,n)\gamma(m,n,3) \tag{2-88}$$

$$\boldsymbol{w}(m,n)=\boldsymbol{w}(m-1,n)+\hat{\boldsymbol{\Phi}}(m,n)\varepsilon(m,n) \tag{2-89}$$

自适应过程中加入的计算冗余使 SFTRLS 方法的计算复杂度略微增加。

2.7 小波变换

小波分析方法最早出现在 1910 年，但彼时并未出现“小波”的概念，只是由 Haar 提出小波规范正交基。20 世纪 80 年代，Morlet 引入“小波”分解信号。1986 年，Meyer 首次提出小波变换这一概念，并构造出数个小波基函数。经过几十年的发展，小波变换理论已趋于成熟，在信号、语音、图像、视频等诸多领域取得重大突破并得到大量应用。

小波变换是在傅立叶分析的基础上发展的，能够突出显示信号在某个局部时间范围中的特征，并具有高压缩比、快速运行、不易受影响等优势。原信号特性并不会因小波基函数的优劣而发生变化。小波变换有两大类：连续小波变换与离散小波变换。

2.7.1 连续小波变换

连续小波变换的具体变换过程：设 L^1（R）和 L^2（R）是两个具有多种测度并且平方可积的一维函数空间，构造一个简单的函数 $\psi(t)$ 并称为母小波，使得 $\psi(t)\in L^1(R)\cap L^2(R)$，并且满足 $\int\psi(t)\mathrm{d}t=0$。对 ψ（t）进行尺度放缩等操作可生成一系列函数，称为小波基函数的函数族。

$$\psi_{a,b}(t)=\frac{1}{\sqrt{a}}\psi\left(\frac{t-b}{a}\right) \tag{2-90}$$

式中，a、b 分别是小波变换的尺度参数和时移参数，且均为常数，$a>0$。不同的 a、b 值会产生不一样的小波基函数。当信号 $x(t)\in L^2(R)$ 时，则其在 L^2（R）上的连续小波变换写作：

$$WT_x(a,b)=\langle x(t),\psi_{a,b}(t)\rangle=\frac{1}{\sqrt{a}}\int x(t)\psi^*\left(\frac{t-b}{a}\right)\mathrm{d}t \tag{2-91}$$

式中，ψ^* 表示 ψ 的共轭。

同样地，小波变换也存在反变换，但需要母小波满足以下条件，即

$$\psi(t)\in L^1(R)\cap L^2(R) \tag{2-92}$$

$$c_{\psi}=\int_{-\infty}^{+\infty}\frac{|\psi^{*}(w)|^{2}}{|w|}\mathrm{d}w<+\infty \tag{2-93}$$

$$\psi(w=0)=\int_{-\infty}^{+\infty}\psi(t)\mathrm{d}t=0 \tag{2-94}$$

式中，$\psi(\omega)$ 由母小波 $\psi(t)$ 通过傅立叶变换得到。则重构 $x(t)$ 的过程是：

$$x(t)=\frac{1}{c_{\psi}}\int_{-\infty}^{+\infty}\int_{-\infty}^{+\infty}\frac{1}{a^{2}}W_{x}(a,b)\psi\left(\frac{t-b}{a}\right)\mathrm{d}a\mathrm{d}b \tag{2-95}$$

2.7.2　离散小波变换

现实应用当中还需考虑处理离散数据，而离散小波变换的出现正是为处理离散数据而考虑的，它可以看作是连续小波变换的离散化。

将参数 a、b 离散化，取其离散值：

$$a=a_{0}^{j},b=kb_{0}a_{0}^{j},j,k\in\mathbf{Z} \tag{2-96}$$

则离散小波变换过程写作：

$$\psi_{j,k}(t)=\frac{1}{\sqrt{|a_{0}|}}\psi\left(\frac{t-kb_{0}a_{0}^{j}}{a_{0}^{j}}\right)=\frac{1}{\sqrt{|a_{0}|}}\psi(a_{0}^{-j}t-kb_{0}) \tag{2-97}$$

式中，$a_{0}\neq1$。

离散小波变换的系数为

$$C_{j,k}=\int_{-\infty}^{+\infty}f(t)\psi_{j,k}^{*}(t)\mathrm{d}t=\langle f(t),\psi_{j,k}(t)\rangle \tag{2-98}$$

它的逆变换式为

$$x(t)=S\sum_{-\infty}^{+\infty}\sum_{-\infty}^{+\infty}C_{j,k}\psi_{j,k}(t) \tag{2-99}$$

式中，S 是个独立的常数。

2.7.3　小波基函数的特点

小波基函数是小波变换的重要参数。在实际工程中，依据需求选择合适的小波基函数。一般通过考虑正交性、正则性、对称性等几个因素来选择使用的小波基函数，或者根据结果来选择。现有多种小波基函数可供使用，常用的小波基函数如下。

（1）Haar 小波

Haar 小波是波形最简单的正交小波，其形状是一个矩形，长度为 1，支撑域为 [0, 1]，其定义为

$$\psi(t)=\{-1,\cdots,1/2\leqslant t\leqslant1\} \tag{2-100}$$

Haar 小波虽然在理论分析与实际应用中仍存在很大局限性，但是其简单与快速性在信息处理方面有广阔的应用前景。

（2）Morlet 小波

Morlet 小波是包络为高斯函数的单频正弦函数，其定义为

$$\psi(t)=\mathrm{e}^{-\frac{t^2}{2}}\mathrm{e}^{-jw_0 t} \tag{2-101}$$

$$\psi(w)=\sqrt{2\pi}\,\mathrm{e}^{-(w-w_0)^2/2} \tag{2-102}$$

Morlet 小波的虚部与实部有 90°，所以时频特征分明，因此在信号处理、故障检测等方面应用较多。通常 $w_0 \geqslant 5$。

（3）Mexican-hat 小波

Mexican-hat 小波是由高斯函数的二次求导得到的，在时频域都有很好的局部特性。由于不存在尺度函数，故不具有正交性。

（4）Daubechies（db$N$）小波系

Daubechies 小波系也叫作 db 小波，N 是小波分解阶数。当小波分解阶数为 1 时，即 Daubechies 小波退化为 Haar 小波。Daubechies 小波在频域有 N 阶零点，具有良好的正则性，故经该小波重构后的信号更接近原信号，所以常用于信号的分解与重构。

（5）Symlets 小波系

Symlets 小波系是接近对称的小波，信号在进行小波变换时发生的相角偏移就可以通过该小波进行修正。

（6）Coiflet 小波系

Coiflet 小波简记为 coif$N$ 小波。Coiflet 小波系是正交小波，它的支撑范围为 $6N-1$。Coiflet 小波系也是接近对称的，其对称性优于 db$N$ 小波系。

（7）Biorthogonal 小波系

Biorthogonal 小波通常表示为 biorNr. Nd 的形式，这一类小波是双正交小波，并且也是紧支撑以及对称的，因此 Biorthogonal 小波的相角是对称的。Biorthogonal 小波对正交性的需求较低，并且其对称性好，故该小波还具有支集较短的特性。

图 2-10 是离散小波信号分解的示意图。离散小波的一阶分解得到原始信号的概貌部分 a_1 和细节部分 d_1。其中概貌部分包含了大部分能量；细节部分则包含了原始信号的噪声。对概貌部分继续分解，可得小波的二阶分解，将进一步得到信号的概貌，以此类推。

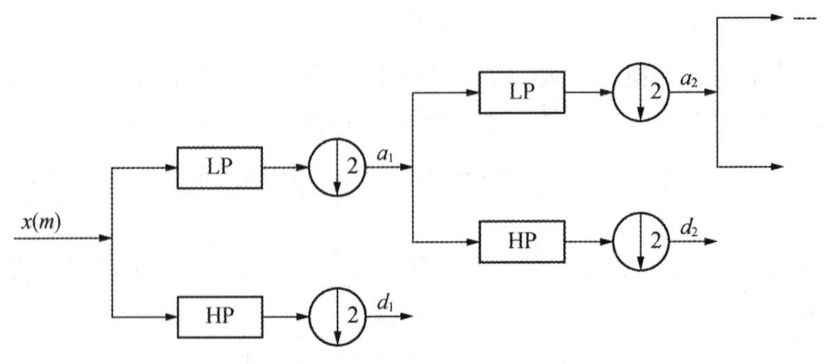

图 2-10　离散小波分解的过程

2.8　卡尔曼滤波器

因阿波罗登月计划中导航的需要，在 20 世纪 60 年代末，Rudolf Emil Kalman（卡尔曼）提出了一个新思路：将状态变量的概念引入到 Wiener 滤波过程中[20]。这是卡尔曼滤波器的核心思想。随后，Schmidt 博士意识到在轨道估计和控制等方面，卡尔曼滤波器极具应用潜力，痴迷于卡尔曼滤波研究。针对轨道非线性问题，利用一阶导数，Schmidt 博士推导出了具有弱非线性能力的扩展卡尔曼滤波器（extended Kalman filter，EKF）[21]。之后，又有不少学者针对实际工程情况，提出了卡尔曼滤波的一系列衍生方法。如针对强非线性系统的无迹卡尔曼滤波器（unscented Kalman filter，UKF）[22]，针对模型和噪声类型不确定的强鲁棒 H 无穷滤波器[23]，具备“过去”状态估计能力的平滑器[24]，多个卡尔曼子滤波器并行处理的联邦滤波器[25]等。六十多年来，卡尔曼滤波器及其衍生方法作为重要的状态估计方法，广泛应用于各种实际工程中，已成为导航系统的标配。

2.8.1　标准卡尔曼滤波器

状态转移模型和测量模型设计是卡尔曼滤波器的核心工作。状态转移模型和测量模型的一般形式如式（2-103）、式（2-104）所示：

$$\boldsymbol{X}_k = \boldsymbol{F}_{k-1}\boldsymbol{X}_{k-1} + \boldsymbol{W}_{k-1} \tag{2-103}$$

$$\boldsymbol{Y}_k = \boldsymbol{H}_k\boldsymbol{X}_k + \boldsymbol{V}_k \tag{2-104}$$

式中，t_k时刻的状态矢量为$\boldsymbol{X}_k$（$N\times1$）；$\boldsymbol{X}_{k-1}$到$\boldsymbol{X}_k$的状态转移矩阵为$\boldsymbol{F}_{k-1}$（$N\times N$）；状态过程噪声矢量为$\boldsymbol{W}_{k-1}$（$N\times1$）；t_k时刻的测量矢量为$\boldsymbol{Y}_k$（$M\times1$）；测量矩阵为$\boldsymbol{H}_k$（$M\times N$）；测量噪声矢量为$\boldsymbol{V}_k$（$M\times1$）。

测量噪声和状态过程噪声需满足式（2-105）至式（2-107）。

$$E(\boldsymbol{W}_k\boldsymbol{W}_j^{\mathrm{T}}) = \boldsymbol{Q}_k\delta_{k-j} \tag{2-105}$$

$$E(\boldsymbol{V}_k\boldsymbol{V}_j^{\mathrm{T}}) = \boldsymbol{R}_k\delta_{k-j} \tag{2-106}$$

$$E(\boldsymbol{W}_k\boldsymbol{V}_j^{\mathrm{T}}) = 0 \tag{2-107}$$

式中，t_k时刻的状态过程噪声协方差矩阵表示为$\boldsymbol{Q}_k$（$N\times N$）；t_k时刻的测量噪声协方差矩阵表示为$\boldsymbol{R}_k$（$M\times M$）。

真实状态值和基于先验知识获得的预估值分别表示为$\boldsymbol{X}_k$和$\hat{\boldsymbol{X}}_k^-$。二者之差为估计误差$\boldsymbol{e}_k^-$，可表示为

$$\boldsymbol{e}_k^- = \boldsymbol{X}_k - \hat{\boldsymbol{X}}_k^- \tag{2-108}$$

$\hat{\boldsymbol{X}}_k^-$的协方差矩阵为

$$\boldsymbol{P}_k^- = E[\boldsymbol{e}_k^- \boldsymbol{e}_k^{-\mathrm{T}}] = E[(\boldsymbol{X}_k - \hat{\boldsymbol{X}}_k^-)(\boldsymbol{X}_k - \hat{\boldsymbol{X}}_k^-)^{\mathrm{T}}] \tag{2-109}$$

利用 t_k时刻的测量矢量 $\boldsymbol{Z}_k$更新预估值 $\hat{\boldsymbol{X}}_k^-$，可获得精度更高的估计值 $\hat{\boldsymbol{X}}_k$。

$$\hat{\boldsymbol{X}}_k = \hat{\boldsymbol{X}}_k^- + \boldsymbol{K}_k(\boldsymbol{Z}_k - \boldsymbol{H}_k\hat{\boldsymbol{X}}_k^-) \tag{2-110}$$

式中，增益矩阵为 $\boldsymbol{K}_k$，$\boldsymbol{Z}_k - \boldsymbol{H}_k\hat{\boldsymbol{X}}_k^-$ 表示测量残差。

$\hat{\boldsymbol{X}}_k$ 的协方差矩阵为

$$\boldsymbol{P}_k = E[\boldsymbol{e}_k \boldsymbol{e}_k^{\mathrm{T}}] = E[(\boldsymbol{x}_k - \hat{\boldsymbol{x}}_k)(\boldsymbol{x}_k - \hat{\boldsymbol{x}}_k)^{\mathrm{T}}] \tag{2-111}$$

若要使增益矩阵 $\boldsymbol{K}_k$能最小化为 $\boldsymbol{P}_k$主对角线上的元素，$\boldsymbol{K}_k$需按下式计算：

$$\boldsymbol{K}_k = \boldsymbol{P}_k^- \boldsymbol{H}_k^{\mathrm{T}} (\boldsymbol{H}_k \boldsymbol{P}_k^- \boldsymbol{H}_k^{\mathrm{T}} + \boldsymbol{R}_k)^{-1} \tag{2-112}$$

初始化卡尔曼滤波器如下：

$$\hat{\boldsymbol{X}}_0^+ = E(\boldsymbol{X}_0) \tag{2-113}$$

$$\boldsymbol{P}_0^+ = E[(\boldsymbol{X}_0 - \hat{\boldsymbol{X}}_0^+)(\boldsymbol{X}_0 - \hat{\boldsymbol{X}}_0^+)^{\mathrm{T}}] \tag{2-114}$$

综上，卡尔曼滤波过程如下：

$$\boldsymbol{P}_k^- = \boldsymbol{F}_{k-1} \boldsymbol{P}_{k-1}^+ \boldsymbol{F}_{k-1}^{\mathrm{T}} + \boldsymbol{Q}_{k-1} \tag{2-115}$$

$$\boldsymbol{K}_k = \boldsymbol{P}_k^- \boldsymbol{H}_k^{\mathrm{T}} (\boldsymbol{H}_k \boldsymbol{P}_k^- \boldsymbol{H}_k^{\mathrm{T}} + \boldsymbol{R}_k)^{-1} = \boldsymbol{P}_k^+ \boldsymbol{H}_k^{\mathrm{T}} \boldsymbol{R}_k^{-1} \tag{2-116}$$

$$\hat{\boldsymbol{X}}_k^- = \boldsymbol{F}_{k-1} \hat{\boldsymbol{X}}_{k-1}^+ \tag{2-117}$$

$$\hat{\boldsymbol{X}}_k^+ = \hat{\boldsymbol{X}}_k^- + \boldsymbol{K}_k(\boldsymbol{Y}_k - \boldsymbol{H}_k \hat{\boldsymbol{X}}_k^-) \tag{2-118}$$

$$\begin{aligned}\boldsymbol{P}_k^+ &= (\boldsymbol{I} - \boldsymbol{K}_k \boldsymbol{H}_k)\boldsymbol{P}_k^- (\boldsymbol{I} - \boldsymbol{K}_k \boldsymbol{H}_k)^{\mathrm{T}} + \boldsymbol{K}_k \boldsymbol{R}_k \boldsymbol{K}_k^{\mathrm{T}} \\ &= [(\boldsymbol{P}_k^-)^{-1} + \boldsymbol{H}_k^{\mathrm{T}} \boldsymbol{R}_k^{-1} \boldsymbol{H}_k]^{-1} \\ &= (\boldsymbol{I} - \boldsymbol{K}_k \boldsymbol{H}_k)\boldsymbol{P}_k^-\end{aligned} \tag{2-119}$$

在式（2-119）中，$\boldsymbol{P}_k^+$ 的第一个表达式称为方差测量更新式的 Joseph 稳定版，在 20 世纪 60 年代由 Peter Joseph 博士提出。$\boldsymbol{P}_k^+$ 的第一个表达式确保了若 $\boldsymbol{P}_k^-$ 是对称正定的，则 $\boldsymbol{P}_k^+$ 为对称正定的。与第一个表达式相比，$\boldsymbol{P}_k^+$ 的第三个表达式虽简单，但不能保证对称或者正定。因此，第一个表达式比第三个表达式更稳健。第二个表达式则很少用。但是，如果使用 $\boldsymbol{K}_k$的第二个表达式，必用 $\boldsymbol{P}_k^+$ 的第二个表达式。究其原因，$\boldsymbol{K}_k$的第二个表达式包含 $\boldsymbol{P}_k^+$，此时 $\boldsymbol{P}_k^+$ 的表达式必不能包含 $\boldsymbol{K}_k$。

当 $\boldsymbol{X}_k$是恒值时，$\boldsymbol{F}_k = \boldsymbol{I}$，$\boldsymbol{Q}_k = \boldsymbol{0}$。此时，卡尔曼滤波器退化为迭代最小二乘法。

最后，考察卡尔曼滤波器的一个更重要的实际应用问题。可看出 $\boldsymbol{P}_k^-$、$\boldsymbol{K}_k$和 $\boldsymbol{P}_k^+$ 与测量矩阵 $\boldsymbol{Z}_k$无关，而与系统参数 $\boldsymbol{F}_k$、$\boldsymbol{H}_k$、$\boldsymbol{Q}_k$和 $\boldsymbol{R}_k$有关。这意味着卡尔曼增益 $\boldsymbol{K}_k$可在系统工作前离线计算并保存。当系统实时工作时，仅 $\hat{\boldsymbol{X}}_k$ 需实时估计。如果卡尔曼滤波器应用在一个计算资源有限的嵌入式系统里，这些工作就决定了整个系统是否可以实时工作。此外，在卡尔曼滤波器工作之前，可以分析和评估卡尔曼滤波器性能。究其原因，$\boldsymbol{P}_k$体现了卡尔曼滤波器的估计精度，并且不依赖于测量信息，可提前离线计算。反之，非线性系统中的滤波增益和协方差矩阵不能离线计算。究其原因，二者严重依赖测量信息。

2.8.2　扩展卡尔曼滤波器

卡尔曼滤波器面向线性系统。但在实际工程中，普遍存在的是非线性系统。为了用卡尔曼滤波器处理非线性问题，Stanley Schmidt 博士提出了 EKF，并在非线性领域得到了广泛应用。典型案例是美国阿波罗登月计划中的非线性轨道定位。

虽然 EKF 已广泛应用于实际工程中，但是，仍存在两个问题。其一，EKF 无法处理强非线性系统。EKF 是通过线性化非线性系统得到的。因此，系统非线性程度较弱时，EKF 能正常工作；对于强非线性系统而言，EKF 精度大幅下降，甚至发散。其二，EKF 无法适应非高斯噪声。如果状态过程噪声或测量噪声是非高斯型的，EKF 性能将下降。

下面简单介绍 EKF 的滤波过程。

非线性系统的状态转移模型和测量模型如下：

$$\boldsymbol{x}_k = f_{k-1}(\boldsymbol{x}_{k-1}, \boldsymbol{u}_{k-1}, \boldsymbol{w}_{k-1}) \tag{2-120}$$

$$\boldsymbol{y}_k = h_k(\boldsymbol{x}_k, \boldsymbol{v}_k) \tag{2-121}$$

$$\boldsymbol{w}_k \sim (0, \boldsymbol{Q}_k) \tag{2-122}$$

$$\boldsymbol{v}_k \sim (0, \boldsymbol{R}_k) \tag{2-123}$$

滤波器初始化步骤如下：

$$\hat{\boldsymbol{x}}_0^+ = E(\boldsymbol{x}_0) \tag{2-124}$$

$$\boldsymbol{P}_0^+ = E[(\boldsymbol{x}_0 - \hat{\boldsymbol{x}}_0^+)(\boldsymbol{x}_0 - \hat{\boldsymbol{x}}_0^+)^{\mathrm{T}}] \tag{2-125}$$

当 $k=1$，2，…，按如下方式工作。

①衍生矩阵计算如下：

$$\boldsymbol{F}_{k-1} = \left.\frac{\partial f_{k-1}}{\partial \boldsymbol{x}}\right|_{\hat{\boldsymbol{x}}_{k-1}^+} \tag{2-126}$$

$$\boldsymbol{L}_{k-1} = \left.\frac{\partial f_{k-1}}{\partial \boldsymbol{w}}\right|_{\hat{\boldsymbol{x}}_{k-1}^+} \tag{2-127}$$

②状态估计矢量的时间更新以及对应的估计误差协方差矩阵计算如下：

$$\boldsymbol{P}_k^- = \boldsymbol{F}_{k-1}\boldsymbol{P}_{k-1}^+\boldsymbol{F}_{k-1}^{\mathrm{T}} + \boldsymbol{L}_{k-1}\boldsymbol{Q}_{k-1}\boldsymbol{L}_{k-1}^{\mathrm{T}} \tag{2-128}$$

$$\hat{\boldsymbol{x}}_k^- = f_{k-1}(\hat{\boldsymbol{x}}_{k-1}^+, \boldsymbol{u}_{k-1}, 0) \tag{2-129}$$

③衍生矩阵计算如下：

$$\boldsymbol{H}_k = \left.\frac{\partial h_k}{\partial \boldsymbol{x}}\right|_{\hat{\boldsymbol{x}}_k^-} \tag{2-130}$$

$$\boldsymbol{M}_k = \left.\frac{\partial h_k}{\partial \boldsymbol{v}}\right|_{\hat{\boldsymbol{x}}_k^-} \tag{2-131}$$

④状态估计矢量的测量更新以及对应的估计误差协方差计算如下：

$$\boldsymbol{K}_k = \boldsymbol{P}_k^-\boldsymbol{H}_k^{\mathrm{T}}(\boldsymbol{H}_k\boldsymbol{P}_k^-\boldsymbol{H}_k^{\mathrm{T}} + \boldsymbol{M}_k\boldsymbol{R}_k\boldsymbol{M}_k^{\mathrm{T}})^{-1} \tag{2-132}$$

$$\hat{\boldsymbol{x}}_k^+ = \hat{\boldsymbol{x}}_k^- + \boldsymbol{K}_k[\boldsymbol{y}_k - h_k(\hat{\boldsymbol{x}}_k^-, 0)] \tag{2-133}$$

$$\boldsymbol{P}_k^+ = (\boldsymbol{I} - \boldsymbol{K}_k \boldsymbol{H}_k)\boldsymbol{P}_k^- \tag{2-134}$$

需要特别指出的是，其他关于 $\boldsymbol{K}_k$ 和 $\boldsymbol{P}_k^+$ 的卡尔曼滤波器式也可转化为 EKF。

2.8.3 无迹卡尔曼滤波器

EKF 对弱非线性系统有较好的效果，但对强非线性系统效果不理想。其根本原因在于线性化误差，且线性化误差与非线性程度有关。针对这一问题，Julier 博士提出了 UKF。它是卡尔曼滤波器的衍生，不存在 EKF 中线性化过程。UKF 的强非线性估计能力明显优于 EKF。

与传统卡尔曼滤波器基本框架类似，UKF 包括预测与更新这两个步骤，并在这两个步骤下完成状态估计数学期望值和误差协方差矩阵的更新。与 EKF 不同的是，UKF 避免了线性化非线性状态转移模型和测量模型。即 UKF 不会引入线性化误差，易应用于强非线性系统。UKF 的核心是利用无迹变换来传递状态估计数学期望值和误差协方差矩阵。为了更准确地获得非线性变换的数学期望值和方差，sigma 点用于确定概率分布的数学统计量，它能应用于高斯噪声、强非线性系统。

相对于 EKF，UKF 的优点是估计精度高和应用简单。估计性能方面，UKF 可提供相当于二阶滤波器的估计精度。UKF 利用无迹变换传递高斯统计量，替代 EKF 的线性化过程。应用方面，与 EKF 相比，UKF 应用更容易。首先，UKF 无须计算雅可比矩阵，雅可比矩阵的数学表达式不易获得。其次，与 EKF 相比，UKF 方法更具普适性。究其原因，UKF 无须计算雅可比矩阵，允许状态转移模型和测量模型为未知的。

非线性系统存在的问题是，它难于通过一个一般的非线性函数转换概率密度函数。EKF 的工作原理是用数学期望值和方差的线性化结果逼近实际的非线性变换。但是，强非线性系统的线性化误差大。

无迹变换是基于两个条件：单点执行非线性变换较易，状态空间内较易找到一组 sigma 点。

将这两个想法结合起来，具体如下：已知矢量 $\boldsymbol{x}$ 的数学期望值和协方差矩阵分别为 $\bar{\boldsymbol{x}}$ 和 $\boldsymbol{P}$，基于此，生成一组 sigma 点确定性矢量，其数学期望值和方差分别为 $\bar{\boldsymbol{x}}$ 和 $\boldsymbol{P}$；将每个 sigma 点由非线性模型 $\boldsymbol{y}=h(\boldsymbol{x})$ 处理，即可获得无迹变换后的 sigma 点；变换后 sigma 点组的整体数学期望值和协方差即为 $\boldsymbol{y}$ 的数学期望值和协方差矩阵的高精度估计。以上是无迹变换的基本思路。

设 $\boldsymbol{x}$ $(n\times 1)$ 通过非线性函数 $\boldsymbol{y}=h(\boldsymbol{x})$ 实现无迹变换，选取 $2n$ 个 sigma 点 $\boldsymbol{x}^{(i)}$ 如下：

$$\boldsymbol{x}^{(i)} = \bar{\boldsymbol{x}} + \tilde{\boldsymbol{x}}^{(i)}, \quad i=1, 2, \cdots, 2n \tag{2-135}$$

$$\tilde{\boldsymbol{x}}^{(i)} = (\sqrt{n\boldsymbol{P}})_i^{\mathrm{T}}, \quad i=1, 2, \cdots, n \tag{2-136}$$

$$\tilde{\boldsymbol{x}}^{(n+i)} = -(\sqrt{n\boldsymbol{P}})_i^{\mathrm{T}}, \quad i=1,2,\cdots,n \tag{2-137}$$

式中，$\sqrt{nP}$ 为 nP 的矩阵平方根，即 $(\sqrt{nP})^{\mathrm{T}}\sqrt{nP}=nP$，并且 $(\sqrt{nP})_i$ 表示 $\sqrt{nP}$ 的第 i 行。

用变换后 sigma 点的加权和逼近 $\boldsymbol{y}$ 的数学期望值和方差。变换后 sigma 点按下式计算：

$$\boldsymbol{y}^{(i)}=h(\boldsymbol{x}^{(i)}),\ i=1,\cdots,2n \tag{2-138}$$

$\boldsymbol{y}$ 的数学期望 $\bar{\boldsymbol{y}}$ 和协方差矩阵估计 $\boldsymbol{P}$ 如下：

$$\bar{\boldsymbol{y}}_u=\frac{1}{2n}\sum_{i=1}^{2n}\boldsymbol{y}^{(i)} \tag{2-139}$$

$$\boldsymbol{P}_u=\frac{1}{2n}\sum_{i=1}^{2n}(\boldsymbol{y}^{(i)}-\boldsymbol{y}_u)(\boldsymbol{y}^{(i)}-\boldsymbol{y}_u)^{\mathrm{T}} \tag{2-140}$$

将无迹变换与卡尔曼滤波器结合即得 UKF。卡尔曼滤波器通过预测与更新来传递系统的数学期望值和协方差矩阵。卡尔曼滤波器可有效处理线性系统的数学期望值和协方差。而 EKF 可有效处理非线性系统。无迹变换不会引入线性化误差，因而 UKF 比 EKF 精度更高。

UKF 首先选取一组采样点来估计状态概率分布的数学期望值和协方差。然后，这些采样点通过非线性模型转换为相应的变换采样点。最后，计算变换采样点的数学统计量即可。具体如下。

给定强非线性的状态转移模型和测量模型如下：

$$\boldsymbol{X}(k+1)=f(\boldsymbol{X}(k),k)+\boldsymbol{w}(k) \tag{2-141}$$

$$\boldsymbol{Y}(k)=h(\boldsymbol{X}(k),k)+\boldsymbol{v}(k) \tag{2-142}$$

初始化如下：

$$\hat{\boldsymbol{X}}(0)=E[\boldsymbol{X}(0)] \tag{2-143}$$

$$\boldsymbol{P}(0)=E[(\boldsymbol{X}(0)-\hat{\boldsymbol{X}}(0))(\boldsymbol{X}(0)-\hat{\boldsymbol{X}}(0))^{\mathrm{T}}] \tag{2-144}$$

计算 sigma 点：

$$\begin{aligned}\boldsymbol{\chi}(k-1)=\ &\hat{\boldsymbol{X}}(k-1)\hat{\boldsymbol{X}}(k-1)+\sqrt{n+\tau}\,(\sqrt{\boldsymbol{P}(k-1)})_i\hat{\boldsymbol{X}}(k-1)-\\&\sqrt{n+\tau}\,(\sqrt{\boldsymbol{P}(k-1)})_i\end{aligned} \tag{2-145}$$

$$W_0=\tau/(n+\tau) \tag{2-146}$$

$$W_i=1/[2(n+\tau)] \tag{2-147}$$

$$W_{i+n}=1/[2(n+\tau)] \tag{2-148}$$

式中，$\tau\in\mathbf{R}$，矩阵平方根的第 i 列表示为 $(\sqrt{\boldsymbol{P}(k-1)})_i$。

时间更新：

$$\boldsymbol{\chi}(k/k-1)=f(\boldsymbol{\chi}(k-1),k-1) \tag{2-149}$$

$$\hat{\boldsymbol{X}}(\bar{k})=\sum_{i=0}^{2n}W_i\boldsymbol{\chi}(k/k-1) \tag{2-150}$$

$$\boldsymbol{P}(\bar{k})=\sum W_i[\boldsymbol{\chi}_i(k/k-1)-\hat{\boldsymbol{X}}(\bar{k})][\boldsymbol{\chi}_i(k/k-1)-\hat{\boldsymbol{X}}(\bar{k})]^{\mathrm{T}}+\boldsymbol{Q}(k) \tag{2-151}$$

$$\boldsymbol{Y}(k/k-1)=h(\boldsymbol{\chi}(k/k-1),k) \tag{2-152}$$

$$\hat{\boldsymbol{Y}}(\bar{k})=\sum_{i=0}^{2n}W_i\boldsymbol{Y}_i(k/k-1) \tag{2-153}$$

测量更新：

$$\boldsymbol{P}_{\hat{y}\hat{y}}(k)=\sum_{i=0}^{2n}W_i[\boldsymbol{Y}_i(k/k-1)-\hat{\boldsymbol{Y}}(\bar{k})][\boldsymbol{Y}_i(k/k-1)-\hat{\boldsymbol{Y}}(\bar{k})]^{\mathrm{T}}+\boldsymbol{R}(k) \tag{2-154}$$

$$\boldsymbol{P}_{xy}(k)=\sum_{i=0}^{2n}W_i[\boldsymbol{\chi}_i(k/k-1)-\hat{\boldsymbol{X}}(\bar{k})][\boldsymbol{Y}_i(k/k-1)-\hat{\boldsymbol{Y}}(\bar{k})]^{\mathrm{T}} \tag{2-155}$$

$$\boldsymbol{K}(k)=\boldsymbol{P}_{xy}(k)\boldsymbol{P}_{\hat{y}\hat{y}}^{-1}(k) \tag{2-156}$$

$$\hat{\boldsymbol{X}}(k)=\hat{\boldsymbol{X}}(\bar{k})+\boldsymbol{K}(k)(\boldsymbol{Y}(k)-\hat{\boldsymbol{Y}}(\bar{k})) \tag{2-157}$$

$$\boldsymbol{P}(k)=\boldsymbol{P}(\bar{k})-\boldsymbol{K}(k)\boldsymbol{P}_{\hat{y}\hat{y}}(k)\boldsymbol{K}^{T}(k) \tag{2-158}$$

式中，$\boldsymbol{Q}(k)$ 和 $\boldsymbol{R}(k)$ 分别为状态过程噪声和测量噪声协方差矩阵。当 $\boldsymbol{X}(k)$ 噪声符合高斯分布时，通常取 $n+\tau=3$ 。

2.8.4 无迹 RTS 平滑器

无迹 Rauch-Tung-Striebel（RTS）平滑器滤波过程如下。

①构造增广随机变量的 sigma 点矩阵：

$$\tilde{\boldsymbol{x}}_k=(\boldsymbol{x}_k^{\mathrm{T}}\ \boldsymbol{q}_k^{\mathrm{T}})^{\mathrm{T}} \tag{2-159}$$

$$\tilde{\boldsymbol{X}}_k=(\tilde{\boldsymbol{m}}_k\cdots\tilde{\boldsymbol{m}}_k)+\sqrt{c}(0\ \sqrt{\tilde{\boldsymbol{P}}_k}\ \ -\sqrt{\tilde{\boldsymbol{P}}_k}) \tag{2-160}$$

式中，

$$\tilde{\boldsymbol{m}}_k=\begin{pmatrix}\boldsymbol{m}_k\\0\end{pmatrix} \tag{2-161}$$

$$\tilde{\boldsymbol{P}}_k=\begin{pmatrix}\boldsymbol{P}_k & 0\\0 & \boldsymbol{P}_k\end{pmatrix} \tag{2-162}$$

②通过状态转移模型传递 sigma 点：

$$\tilde{\boldsymbol{X}}_{k+1,i}^{-}=f_k(\tilde{\boldsymbol{X}}_{k,i}^{x},\tilde{\boldsymbol{X}}_{k,i}^{q}),i=1,\cdots,2n+1 \tag{2-163}$$

式中，$\tilde{\boldsymbol{X}}_{k,i}^{x}$ 和 $\tilde{\boldsymbol{X}}_{k,i}^{q}$ 表示增广 sigma 点部分，分别对应 $\boldsymbol{x}_k$ 和 $\boldsymbol{q}_k$。

③计算预测数学期望值 $\boldsymbol{m}_{k+1}^{-}$ ，预测协方差矩阵 $\boldsymbol{P}_{k+1}^{-}$ 和协方差 $\boldsymbol{C}_{k+1}$：

$$\boldsymbol{m}_{k+1}^{-}=\sum_i\boldsymbol{W}_{i-1}^{(m)}\tilde{\boldsymbol{X}}_{k+1,i}^{-} \tag{2-164}$$

$$\boldsymbol{P}_{k+1}^{-}=\sum_i\boldsymbol{W}_{i-1}^{(c)}(\tilde{\boldsymbol{X}}_{k+1,i}^{-}-\boldsymbol{m}_{k+1}^{-})(\tilde{\boldsymbol{X}}_{k+1,i}^{-}-\boldsymbol{m}_{k+1}^{-})^{\mathrm{T}} \tag{2-165}$$

$$\boldsymbol{C}_{k+1}=\sum_i\boldsymbol{W}_{i-1}^{(c)}(\tilde{\boldsymbol{X}}_{k,i}^{x}-\boldsymbol{m}_k)(\tilde{\boldsymbol{X}}_{k,i}^{x}-\boldsymbol{m}_k)^{\mathrm{T}} \tag{2-166}$$

式中，$\boldsymbol{W}_i^{(m)}$ 和 $\boldsymbol{W}_i^{(c)}$ 为权重。

④计算平滑器增益 $\boldsymbol{D}_k$，平滑数学期望值 $\boldsymbol{m}_k^{s}$ 和协方差矩阵 $\boldsymbol{P}_k^{s}$：

$$\boldsymbol{D}_k = \boldsymbol{C}_{k+1}[\boldsymbol{P}_{k+1}^-]^{-1} \tag{2-167}$$

$$\boldsymbol{m}_k^s = \boldsymbol{m}_k + \boldsymbol{D}_k[\boldsymbol{m}_{k+1}^s - \boldsymbol{m}_{k+1}^-] \tag{2-168}$$

$$\boldsymbol{P}_k^s = \boldsymbol{P}_k + \boldsymbol{D}_k[\boldsymbol{P}_{k+1}^s - \boldsymbol{P}_{k+1}^-]\boldsymbol{D}_k^{\mathrm{T}} \tag{2-169}$$

2.8.5 H 无穷滤波器

已知噪声数学统计特性，且这些特性与卡尔曼滤波器参数相符的情况下，卡尔曼滤波器可有效估计系统状态。但是，对于实际应用，卡尔曼滤波器需对噪声和模型误差具有鲁棒性。与卡尔曼滤波器相比，H 无穷滤波器的优势是使最差估计误差最小化时，无须对状态过程噪声和测量噪声作任何假设。H 无穷滤波器保证 H 无穷范数小于预设值，此时，估计误差不会超过预设值。该滤波器可允许建模误差和噪声不确定性的存在。

假定线性离散时间系统给定如下：

$$\boldsymbol{x}_k = \boldsymbol{F}_{k-1}\boldsymbol{x}_{k-1} + \boldsymbol{w}_{k-1} \tag{2-170}$$

$$\boldsymbol{y}_k = \boldsymbol{H}_k\boldsymbol{x}_k + \boldsymbol{v}_k \tag{2-171}$$

式中，$\boldsymbol{x}_k$（$N\times1$）为 t_k时刻的状态矢量；$\boldsymbol{F}_{k-1}$（$N\times N$）为 $\boldsymbol{x}_{k-1}$到 $\boldsymbol{x}_k$的状态转移矩阵；$\boldsymbol{w}_{k-1}$（$N\times1$）为状态过程噪声矢量；$\boldsymbol{y}_k$（$M\times1$）为 t_k时刻的测量矢量；$\boldsymbol{H}_k$（$M\times N$）为测量矩阵；$\boldsymbol{v}_k$（$M\times1$）为测量矢量；$\boldsymbol{w}_k$和 $\boldsymbol{v}_k$的统计特性为未知量。

H 无穷滤波器的目的是找到一个状态估计矢量 $\hat{\boldsymbol{x}}_k$，该状态估计矢量可以使 $\boldsymbol{w}_k$和 $\boldsymbol{v}_k$对估计误差 $\boldsymbol{x}_k - \hat{\boldsymbol{x}}_k$ 的影响最小。当 H 无穷滤波器尝试使估计误差最小化时，$\boldsymbol{w}_k$和 $\boldsymbol{v}_k$共同抵制这一目的。在数学符号中，可记为 $\min_{\hat{X}} \max_{W,V} J$。其中，$J$ 表示估计性能的量度。当 $\boldsymbol{w}_k$和 $\boldsymbol{v}_k$很大时，二者可使滤波器失效。因此，为了使该方法更有意义，需限制 $\boldsymbol{w}_k$和 $\boldsymbol{v}_k$。

$$\sum_{k=0}^{N-1} \boldsymbol{w}_k^{\mathrm{T}}\boldsymbol{Q}_k^{-1}\boldsymbol{w}_k \leqslant W \tag{2-172}$$

$$\sum_{k=0}^{N-1} \boldsymbol{v}_k^{\mathrm{T}}\boldsymbol{R}_k^{-1}\boldsymbol{v}_k \leqslant V \tag{2-173}$$

式中，$\boldsymbol{Q}_k$和 $\boldsymbol{R}_k$是使用者选定的正定矩阵。例如，使用者可以分别使用状态过程噪声和测量噪声的方差。性能指标 I 可表示如下：

$$I = (\boldsymbol{x}_k - \hat{\boldsymbol{x}}_k)^{\mathrm{T}}\boldsymbol{S}_k(\boldsymbol{x}_k - \hat{\boldsymbol{x}}_k) \tag{2-174}$$

式中，$\boldsymbol{S}_k$也是使用者选定的正定矩阵。结合式（2-172）、式（2-173）、式（2-174），代价函数可按下式给定：

$$J_0 = \frac{\frac{1}{2}\sum_{k=0}^{N-1}(\boldsymbol{x}_k - \hat{\boldsymbol{x}}_k)^{\mathrm{T}}\boldsymbol{S}_k(\boldsymbol{x}_k - \hat{\boldsymbol{x}}_k)}{\frac{1}{2}\sum_{k=0}^{N-1}(\boldsymbol{w}_k^{\mathrm{T}}\boldsymbol{Q}_k^{-1}\boldsymbol{w}_k + \boldsymbol{v}_k^{\mathrm{T}}\boldsymbol{R}_k^{-1}\boldsymbol{v}_k)} \tag{2-175}$$

估计值需满足下式：

$$J_0 < \frac{1}{\theta} \tag{2-176}$$

式中，θ 是使用者选择的常数。在不考虑 w_k 和 v_k 的情况下，可以给出一个估计，该估计使得 J_0 的最大值始终小于预设值 $1/\theta$。结合式（2-175）和式（2-176），可以得到下式：

$$J_0 = \frac{\frac{1}{2}\sum_{k=0}^{N-1}(\boldsymbol{x}_k - \hat{\boldsymbol{x}}_k)^{\mathrm{T}}\boldsymbol{S}_k(\boldsymbol{x}_k - \hat{\boldsymbol{x}}_k)}{\frac{1}{2}\sum_{k=0}^{N-1}(\boldsymbol{w}_k^{\mathrm{T}}\boldsymbol{Q}_k^{-1}\boldsymbol{w}_k + \boldsymbol{v}_k^{\mathrm{T}}\boldsymbol{R}_k^{-1}\boldsymbol{v}_k)} < \frac{1}{\theta} \tag{2-177}$$

交叉相乘并简化上式，可得到

$$\frac{1}{2}\sum_{k=0}^{N-1}(\boldsymbol{w}_k^{\mathrm{T}}\boldsymbol{Q}_k^{-1}\boldsymbol{w}_k + \boldsymbol{v}_k^{\mathrm{T}}\boldsymbol{R}_k^{-1}\boldsymbol{v}_k) - \frac{1}{2}\theta\sum_{k=0}^{N-1}(\boldsymbol{x}_k - \hat{\boldsymbol{x}}_k)^{\mathrm{T}}\boldsymbol{S}_k(\boldsymbol{x}_k - \hat{\boldsymbol{x}}_k) > 0 \tag{2-178}$$

为了给出解决该问题的状态估计矢量，定义 Hamiltonian $\boldsymbol{H}$ 如下：

$$\boldsymbol{H} = \frac{1}{2}\boldsymbol{w}_k^{\mathrm{T}}\boldsymbol{Q}_k^{-1}\boldsymbol{w}_k + \frac{1}{2}\boldsymbol{v}_k^{\mathrm{T}}\boldsymbol{R}_k^{-1}\boldsymbol{v}_k - \frac{1}{2}\theta\sum_{k=0}^{N-1}(\boldsymbol{x}_k - \hat{\boldsymbol{x}}_k)^{\mathrm{T}}\boldsymbol{S}_k(\boldsymbol{x}_k - \hat{\boldsymbol{x}}_k) + \boldsymbol{\lambda}_k^{\mathrm{T}}(\boldsymbol{F}_{k-1}\boldsymbol{x}_{k-1} + \boldsymbol{w}_{k-1}) \tag{2-179}$$

式中，$\boldsymbol{\lambda}_k$ 为 Lagrange 因子。

将 $\boldsymbol{v}_k = \boldsymbol{y}_k - \boldsymbol{H}_k\boldsymbol{x}_k$ 代入上式，可得

$$\begin{aligned}\boldsymbol{H} = {} & \frac{1}{2}\boldsymbol{w}_k^{\mathrm{T}}\boldsymbol{Q}_k^{-1}\boldsymbol{w}_k + \frac{1}{2}(\boldsymbol{y}_k - \boldsymbol{H}_k\boldsymbol{x}_k)^{\mathrm{T}}\boldsymbol{R}_k^{-1}(\boldsymbol{y}_k - \boldsymbol{H}_k\boldsymbol{x}_k) \\ & - \frac{1}{2}\theta\sum_{k=0}^{N-1}(\boldsymbol{x}_k - \hat{\boldsymbol{x}}_k)^{\mathrm{T}}\boldsymbol{S}_k(\boldsymbol{x}_k - \hat{\boldsymbol{x}}_k) + \boldsymbol{\lambda}_k^{\mathrm{T}}(\boldsymbol{F}_{k-1}\boldsymbol{x}_{k-1} + \boldsymbol{w}_{k-1})\end{aligned} \tag{2-180}$$

下面，$\boldsymbol{H}$ 对 $\boldsymbol{x}_k$ 求导，可获得 Lagrange 因子 $\boldsymbol{\lambda}_k$：

$$\boldsymbol{\lambda}_k^{\mathrm{T}} = -\frac{\partial \boldsymbol{H}}{\partial \boldsymbol{x}_k} \tag{2-181}$$

值得注意的是，引入负号是为了计算 $\boldsymbol{H}$ 的最小值。经过计算和简化，可得

$$\boldsymbol{\lambda}_{k+1} = \theta\boldsymbol{S}_k\boldsymbol{x}_k - \theta\boldsymbol{S}_k\hat{\boldsymbol{x}}_k + \boldsymbol{H}_k^{\mathrm{T}}\boldsymbol{R}_k^{-1}\boldsymbol{y}_k - \boldsymbol{H}_k^{\mathrm{T}}\boldsymbol{R}_k^{-1}\boldsymbol{H}_k\boldsymbol{x}_k - \boldsymbol{F}_k^{\mathrm{T}}\boldsymbol{\lambda}_k \tag{2-182}$$

然后，$\boldsymbol{H}$ 对 $\boldsymbol{w}_k$ 求导：

$$\frac{\partial \boldsymbol{H}}{\partial \boldsymbol{w}_k} = 0 \tag{2-183}$$

经过计算和简化，可得

$$\boldsymbol{w}_k = -\boldsymbol{Q}_k\boldsymbol{\lambda}_k \tag{2-184}$$

将这一计算结果代入式 $\boldsymbol{x}_k = \boldsymbol{F}_{k-1}\boldsymbol{x}_{k-1} + \boldsymbol{w}_{k-1}$，可得

$$\boldsymbol{x}_k = \boldsymbol{F}_{k-1}\boldsymbol{x}_{k-1} - \boldsymbol{Q}_{k-1}\boldsymbol{\lambda}_{k-1} \tag{2-185}$$

由于这一问题是线性的，线性解如下：

$$\boldsymbol{x}_{k+1} = \hat{\boldsymbol{x}}_{k+1} - \boldsymbol{P}_{k+1}\boldsymbol{\lambda}_{k+1} \tag{2-186}$$

式中，$\hat{\boldsymbol{x}}_{k+1}$ 和 $\boldsymbol{P}_{k+1}$ 可给定。

处理和简化上面几个式子可以得到

$$\begin{aligned}\boldsymbol{F}_k\hat{\boldsymbol{x}}_k - \boldsymbol{F}_k\boldsymbol{P}_k\boldsymbol{\lambda}_k - \boldsymbol{Q}_k\boldsymbol{\lambda}_k = {} & \hat{\boldsymbol{x}}_{k+1} + \theta\boldsymbol{P}_{k+1}\boldsymbol{S}_k\boldsymbol{P}_k\boldsymbol{\lambda}_k - \boldsymbol{P}_{k+1}\boldsymbol{H}_k^{\mathrm{T}}\boldsymbol{R}_k^{-1}\boldsymbol{y}_k \\ & + \boldsymbol{P}_{k+1}\boldsymbol{H}_k^{\mathrm{T}}\boldsymbol{R}_k^{-1}\boldsymbol{H}_k\hat{\boldsymbol{x}}_k - \boldsymbol{P}_{k+1}\boldsymbol{H}_k^{\mathrm{T}}\boldsymbol{R}_k^{-1}\boldsymbol{H}_k\boldsymbol{P}_k\boldsymbol{\lambda}_k + \boldsymbol{P}_k\boldsymbol{F}_k^{\mathrm{T}}\boldsymbol{\lambda}_k - \boldsymbol{P}_{k+1}\boldsymbol{\lambda}_k\end{aligned} \tag{2-187}$$

消去 $\boldsymbol{\lambda}_k$ 项，重新变换，可得

$$\boldsymbol{P}_{k+1}=\boldsymbol{F}_k\boldsymbol{P}_k\left[\boldsymbol{I}-\theta\boldsymbol{S}_k\boldsymbol{P}_k+\boldsymbol{H}_k^{\mathrm{T}}\boldsymbol{R}_k^{-1}\boldsymbol{H}_k\boldsymbol{P}_k\right]^{-1}\boldsymbol{F}_k^{\mathrm{T}}+\boldsymbol{Q}_k \tag{2-188}$$

消去 $\hat{\boldsymbol{x}}_k$ 和 $\boldsymbol{y}_k$ 项，重新变换，可得

$$\hat{\boldsymbol{x}}_{k+1}=\boldsymbol{F}_k\hat{\boldsymbol{x}}_k+\boldsymbol{F}_k\boldsymbol{P}_k\left[\boldsymbol{I}-\theta\boldsymbol{S}_k\boldsymbol{P}_k+\boldsymbol{H}_k^{\mathrm{T}}\boldsymbol{R}_k^{-1}\boldsymbol{H}_k\boldsymbol{P}_k\right]^{-1}\boldsymbol{H}_k^{\mathrm{T}}\boldsymbol{R}_k^{-1}(\boldsymbol{y}_k-\boldsymbol{H}_k\hat{\boldsymbol{x}}_k) \tag{2-189}$$

综上，H 无穷滤波器估计过程如下：

$$\boldsymbol{K}_k=\boldsymbol{P}_k\left[\boldsymbol{I}-\theta\boldsymbol{S}_k\boldsymbol{P}_k+\boldsymbol{H}_k^{\mathrm{T}}\boldsymbol{R}_k^{-1}\boldsymbol{H}_k\boldsymbol{P}_k\right]^{-1}\boldsymbol{H}_k^{\mathrm{T}}\boldsymbol{R}_k^{-1} \tag{2-190}$$

$$\hat{\boldsymbol{x}}_{k+1}=\boldsymbol{F}_k\hat{\boldsymbol{x}}_k+\boldsymbol{F}_k\boldsymbol{K}_k(\boldsymbol{y}_k-\boldsymbol{H}_k\hat{\boldsymbol{x}}_k) \tag{2-191}$$

$$\boldsymbol{P}_{k+1}=\boldsymbol{F}_k\boldsymbol{P}_k\left[\boldsymbol{I}-\theta\boldsymbol{S}_k\boldsymbol{P}_k+\boldsymbol{H}_k^{\mathrm{T}}\boldsymbol{R}_k^{-1}\boldsymbol{H}_k\boldsymbol{P}_k\right]^{-1}\boldsymbol{F}_k^{\mathrm{T}}+\boldsymbol{Q}_k \tag{2-192}$$

值得注意的是，$\boldsymbol{K}_k$ 和 $\boldsymbol{P}_{k+1}$ 涉及同一个逆矩阵的计算，需要满足下式：

$$\boldsymbol{I}-\theta\boldsymbol{S}_k\boldsymbol{P}_k+\boldsymbol{H}_k^{\mathrm{T}}\boldsymbol{R}_k^{-1}\boldsymbol{H}_k\boldsymbol{P}_k>0 \tag{2-193}$$

但是，由于 $\boldsymbol{K}_k$ 和 $\boldsymbol{P}_{k+1}$ 与 $\boldsymbol{y}_k$ 互不相关，无法确保满足这一条件。因此，必须每一步都计算上式。此外，$\boldsymbol{K}_k$ 和 $\boldsymbol{P}_{k+1}$ 快速稳定，它们的计算可以离线实现。

通过检查上式，可以看到 $\theta\boldsymbol{S}_k\boldsymbol{P}_k$ 项可以使 $\boldsymbol{K}_k$ 和 $\boldsymbol{P}_{k+1}$ 变大。这有效地强调了测量的作用，使 H 无穷滤波器对噪声不确定性具有鲁棒性。事实上，可以通过最优估计使 H 无穷滤波器具有鲁棒性。

2.8.6　联邦滤波器

Carlson 和 Berarducci 博士二人指出，集中式卡尔曼滤波器的缺点包括：测量矢量中的元素增加，逆矩阵行列数也随之增加，这会导致计算复杂度急剧增高；容错性差，如：当某个子系统出现故障时，无法判断哪个子系统出现故障，无法有效处理预滤波数据等。针对集中式卡尔曼滤波器的这些问题，Carlson 博士提出了一种新的分布式滤波器——联邦滤波器。联邦滤波器在子滤波器中分配全局系统信息，这些子滤波器估计值能以最优方式或次优方式在主滤波器中融合，得到全局最优或次优值。每个子滤波器的输出贡献了各自对公共状态的估计。联邦卡尔曼滤波器结构包括一个融合单元。该单元提供了一种整合最优公共信息的方法。最优信息融合方法具体如下。

设所有的局部系统都包含公共状态信息，全局系统状态可表示为 N 个公共状态矢量 $\boldsymbol{X}_{c,k}$ 的堆栈。此时，主滤波器提供的全局状态估计矢量可表示为

$$\hat{\boldsymbol{X}}_k^M=\begin{bmatrix}\hat{\boldsymbol{X}}_{c,k}^M\\ \vdots\\ \hat{\boldsymbol{X}}_{c,k}^M\end{bmatrix} \tag{2-194}$$

并且，其性能指标如下：

$$J=\sum_{i=1}^{N}(\hat{\boldsymbol{X}}_{i,k}-\hat{\boldsymbol{X}}_{c,k}^M)^{\mathrm{T}}\boldsymbol{P}_{ii,k}^{-1}(\hat{\boldsymbol{X}}_{i,k}-\hat{\boldsymbol{X}}_{c,k}^M) \tag{2-195}$$

当性能指标对 $\hat{\boldsymbol{X}}_{c,k}^{M}$ 求导等于零时，性能指标能达到极小值。因此，令性能指标对 $\hat{\boldsymbol{X}}_{c,k}^{M}$ 求导等于零，解该方程即可得到 $\hat{\boldsymbol{X}}_{c,k}^{M}$，此时，该值对应最优状态。性能指标 J 对 $\hat{\boldsymbol{X}}_{c,k}^{M}$ 求导表示如下：

$$2\sum_{i=1}^{N}\boldsymbol{P}_{ii,k}^{-1}(\hat{\boldsymbol{X}}_{i,k}-\hat{\boldsymbol{X}}_{c,k}^{M}) \tag{2-196}$$

令上式为零，全局最优状态估计矢量 $\hat{\boldsymbol{X}}_{c,k}^{M}$ 可表示为

$$\hat{\boldsymbol{X}}_{c,k}^{M}=(\boldsymbol{P}_{11,k}^{-1}+\cdots+\boldsymbol{P}_{NN,k}^{-1})^{-1}(\boldsymbol{P}_{11,k}^{-1}\hat{\boldsymbol{X}}_{1,k}+\cdots+\boldsymbol{P}_{NN,k}^{-1}\hat{\boldsymbol{X}}_{N,k}) \tag{2-197}$$

若要确定 $\hat{\boldsymbol{X}}_{c,k}^{M}$ 的误差协方差矩阵 $\boldsymbol{P}_{c,k}^{M}$，需考虑下式：

$$\begin{aligned}\boldsymbol{X}_{c,k}-\hat{\boldsymbol{X}}_{c,k}^{M}&=(\boldsymbol{P}_{11,k}^{-1}+\cdots+\boldsymbol{P}_{NN,k}^{-1})^{-1}[\boldsymbol{P}_{11,k}^{-1}(\boldsymbol{X}_{c,k}-\hat{\boldsymbol{X}}_{1,k})+\cdots+\boldsymbol{P}_{NN,k}^{-1}(\boldsymbol{X}_{c,k}-\hat{\boldsymbol{X}}_{N,k})]\\&=(\boldsymbol{P}_{11,k}^{-1}+\cdots+\boldsymbol{P}_{NN,k}^{-1})^{-1}[\boldsymbol{P}_{11,k}^{-1}\cdots\boldsymbol{P}_{NN,k}^{-1}](\boldsymbol{X}_{k}-\hat{\boldsymbol{X}}_{k})\end{aligned} \tag{2-198}$$

因此，全局状态估计矢量的协方差矩阵 $\boldsymbol{P}_{c,k}^{M}$ 可表示为

$$\begin{aligned}\boldsymbol{P}_{c,k}^{M}&\triangleq E\{(\boldsymbol{X}_{c,k}-\hat{\boldsymbol{X}}_{c,k}^{M})(\boldsymbol{X}_{c,k}-\hat{\boldsymbol{X}}_{c,k}^{M})^{\mathrm{T}}\}\\&=(\boldsymbol{P}_{11,k}^{-1}+\cdots+\boldsymbol{P}_{NN,k}^{-1})^{-1}[\boldsymbol{P}_{11,k}^{-1}\cdots\boldsymbol{P}_{NN,k}^{-1}]\boldsymbol{P}_{k}[\boldsymbol{P}_{11,k}^{-1}\cdots\boldsymbol{P}_{NN,k}^{-1}]^{\mathrm{T}}(\boldsymbol{P}_{11,k}^{-1}+\cdots+\\&\quad\boldsymbol{P}_{NN,k}^{-1})^{-1}=(\boldsymbol{P}_{11,k}^{-1}+\cdots+\boldsymbol{P}_{NN,k}^{-1})^{-1}\end{aligned} \tag{2-199}$$

最终的状态估计矢量 $\hat{\boldsymbol{X}}_{c,k}^{M}$ 和协方差矩阵 $\boldsymbol{P}_{c,k}^{M}$ 可化简为

$$\hat{\boldsymbol{X}}_{c,k}^{M}=\boldsymbol{P}_{c,k}^{M}(\boldsymbol{P}_{11,k}^{-1}\hat{\boldsymbol{X}}_{1,k}+\cdots+\boldsymbol{P}_{NN,k}^{-1}\hat{\boldsymbol{X}}_{N,k}) \tag{2-200}$$

$$\boldsymbol{P}_{c,k}^{M}=(\boldsymbol{P}_{11,k}^{-1}+\cdots+\boldsymbol{P}_{NN,k}^{-1})^{-1} \tag{2-201}$$

以上两个式子提供了最简单的局部估计融合，其本质是加权最小二乘法。

Carlson 博士指出，联邦滤波器中的信息分配原则取决于最优或容错的期望程度。这些信息分配方法的不同在于子滤波器与全局滤波器的“记忆容量”。

联邦滤波器可实现最高精度、最大容错度或精度和容错性二者的折中。在任何应用场景下，联邦滤波估计至少能达到次优。此外，次优方法中的精度损失也是可预先估计的。联邦滤波器的结构图如图 2-11 所示。

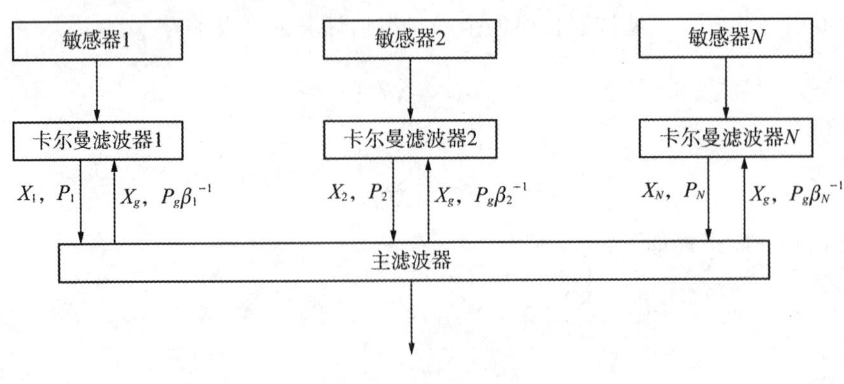

图 2-11 联邦滤波器

2.9　本章小结

本章重点介绍了 CS、EMD、GA、FRFT、SNN、快速最小二乘法、小波变换和卡尔曼滤波的理论知识。CS、EMD、GA、FRFT、SNN、快速最小二乘法、小波变换可用于优化脉冲星 TOA 以及脉冲星周期估计。卡尔曼滤波器可作为导航滤波器，提高导航精度。这对后续章节有重要的参考价值。

第 3 章　脉冲星到达时间的时域估计

脉冲星 TOA 是脉冲星导航系统的基本测量值，其测量精度是后续导航定位精度的决定性因素。在脉冲星信号微弱这一前提下，如何获得实时高精度的脉冲星 TOA 是一个重要问题。脉冲星 TOA 估计方法可分为时域方法与变换域方法。时域方法的精度受制于轮廓取样频率，但鲁棒性强；变换域方法则不受采样的限制，但对噪声更敏感。

本章提出了三种脉冲星 TOA 时域估计方法，包括两种 CS 方法与基于快速 RLS 方法的脉冲星 TOA 估计方法。这几种方法均兼顾实时性与精度。

3.1　基于固有模态函数一压缩感知的脉冲星到达时间估计

脉冲星 TOA 是脉冲星导航的基本测量值，可通过对比累积脉冲星轮廓相对于标准脉冲星轮廓的相位得到。快速精确进行脉冲星 TOA 估计是提高脉冲星导航性能的关键。CS 基本理论表明，当信号在某一变换域中具有稀疏性时，可通过获取较少的信号投影信息来恢复原始信号，从而减少计算复杂度。脉冲星 TOA 估计的本质是脉冲星轮廓的相移，脉冲星轮廓在变换域中是稀疏的，这满足 CS 中信号需具有稀疏性的条件。因此，CS 可用于脉冲星 TOA 估计，是实现实时高精度脉冲星 TOA 估计的一条有效途径。

CS 利用信号的稀疏性，在低采样率下获得信号的重要信息以重建信号。CS 的三个关键技术为观测矩阵、稀疏字典和恢复方法。由于脉冲星轮廓是一阶稀疏的，恢复方法简单，本书将不予讨论。

利用 Hadamard 或类 Hadamard 矩阵作为观测矩阵，可取得较好的脉冲星 TOA 估计效果，但存在观测矩阵行数多这一问题；利用 IMF 构造观测矩阵，即 EMD 根据原始信号的固有特征，自适应地将其分解成有限个 IMF，IMF 包含了原始信号不同时间尺度的局部特征信号。与 Hadamard 矩阵和类 Hadamard 矩阵相比，由多个 IMF 构成的观测矩阵的行数减小，CS 计算复杂度随之下降。但是，仍存在以下两个问题：

①某两个或多个 IMF 的互相关较大，这会导致观测矩阵中存在冗余，增大计算复杂度的同时降低了估计精度；

②人工试探法对 IMF 进行筛选与剔除，不仅操作复杂，而且人工试探法试探次数远远小于排列组合的次数，这会导致无法实现全局最优。

针对上述问题，一种基于 GA-IMF-CS 的脉冲星 TOA 估计方法[26]被提出。该方法的核心是先利用 GA 优化 IMF 观测矩阵，使用优化后的 IMF 观测矩阵作为 CS 的观测矩阵。

3.1.1　固有模态函数一压缩感知

IMF-CS 脉冲星 TOA 估计利用 EMD 分解出的 IMF 构造观测矩阵，并将基于 IMF 观测矩阵的 CS 应用于脉冲星 TOA 估计。EMD 依赖原始信号本身特征而自适应分解，分解得到的各频率分量称为 IMF。

扩展集 IMFs 表示如下：标准脉冲星轮廓和 $\boldsymbol{h}$（$1\times N$）通过循环扩展得到 $\boldsymbol{h}'(1\times 3N)$，其中，$N$ 是脉冲星轮廓间隔数。通过 EMD 得到长度为 $3N$ 的扩展集 S_e，表达式如下：

$$S_e(I\times 3N)=\{\boldsymbol{F}_{IM}^{i}(1:3N);i=0,1,2,\cdots,I-1\} \tag{3-1}$$

式中，I 是扩展集 IMFs 中 IMF 的数量；i 为 $\boldsymbol{F}_{IM}^{i}$ 的序号；0 表示残差。

为了避免遗漏相位信息，构建多相位 IMFs S，表达式如下：

$$S((IJ)\times N)=\begin{Bmatrix}\boldsymbol{F}_{IM}^{i}(:,N+1+k:2N+k);i=0,1,2,\cdots,I-1;\\ k=0,\cdots,ab^{j};j=1,2,\cdots,J-1\end{Bmatrix} \tag{3-2}$$

式中，k 表示相移量；a 和 b 是相移系数。利用多相位的 IMFs S 即可构成观测矩阵 $\boldsymbol{\Phi}$ 。

字典 $\boldsymbol{\Psi}$ 由 n 个子字典构成，第 n 个子字典 $\boldsymbol{\varphi}_n$ 为

$$\boldsymbol{\varphi}_n=\boldsymbol{h}(n) \tag{3-3}$$

式中，$\boldsymbol{h}$（n）为标准脉冲星轮廓相移 n/N 后的结果。

所以，

$$\boldsymbol{\Psi}=[\boldsymbol{\varphi}_1;\boldsymbol{\varphi}_2;\cdots;\boldsymbol{\varphi}_n;\cdots;\boldsymbol{\varphi}_Q] \tag{3-4}$$

式中，n 为相移量，$n=$｛1，2，3，…，Q｝。

利用观测矩阵 $\boldsymbol{\Phi}$ 、字典 $\boldsymbol{\Psi}$ 和累积脉冲星轮廓 $\tilde{\boldsymbol{h}}$ ，可得感知矩阵 $\boldsymbol{\Theta}$ 和观测矢量 $\boldsymbol{y}$：

$$\boldsymbol{\Theta}=\boldsymbol{S\Psi} \tag{3-5}$$

$$\boldsymbol{y}=\boldsymbol{S}\tilde{\boldsymbol{h}} \tag{3-6}$$

匹配矩阵 $\boldsymbol{Z}$ 是观测矢量和感知矩阵之积：

$$\boldsymbol{Z}=\boldsymbol{y\Theta} \tag{3-7}$$

匹配矩阵 $\boldsymbol{Z}$ 的最大值的索引 $\tilde{n}$ 即为所求：

$$[\tilde{n}]=\arg_{\mathrm{n}}\max(\boldsymbol{Z}) \tag{3-8}$$

使用超分辨率估计以提高脉冲星 TOA 估计精度，超分辨率估计值 e 的表达式：

$$e=\frac{\tilde{n}-0.5[\boldsymbol{Z}(\tilde{n}+1)-\boldsymbol{Z}(\tilde{n}-1)]}{\boldsymbol{Z}(\tilde{n}+1)+\boldsymbol{Z}(\tilde{n}-1)-2\boldsymbol{Z}(\tilde{n})} \tag{3-9}$$

设 T 为脉冲星周期，脉冲星 TOA 估计精度如下所示：

$$\tau=e\times\frac{T}{N} \tag{3-10}$$

3.1.2 遗传算法优化

多相位 IMFs 的 IMF 矢量数很大。由于 IMF 是通过相移生成的，因此 IMF 之间的互相关系数较大，而 CS 观测矩阵行矢量的互相关系数要小，否则，CS 性能将受到影响。

已知 IMF 的组合数如下：

$$\sum_{p=1}^{IJ} C_{IJ}^{p} = 2^{IJ} - 1 \tag{3-11}$$

多相位 IMFs 中的 IMF 数量为 IJ，所以，IMF 组合数很大。如设 I 和 J 分别为 12 和 11，组合数约为 5.4×10^{39}。显然，IMF 的选择是一个难题。利用 GA 优化 IMF 观测矩阵可以有效解决这一问题。

GA 优化最重要的步骤是构造目标函数，其构造如下：

$$\arg\min_{\boldsymbol{X}}\{E_r\} = \arg\min_{\boldsymbol{X}}\{f(\boldsymbol{\Phi})\} = \arg\min_{\boldsymbol{X}}\{f[g(\boldsymbol{X})]\} \tag{3-12}$$

式中，E_r是目标函数值；$\boldsymbol{X}$ 是染色体编码。

按一定顺序将每个 IMF 排列在 IMFs 中，即 IMF 序号对应于染色体中的基因 x_g。染色体编码使用二进制编码，当第 g 个基因编码为 1 时，保留第 g 个 IMF；否则，剔除该 IMF。染色体编码如下：

$$\boldsymbol{X} = \{x_1, x_2, \cdots, x_g, \cdots, x_{IJ}\}, x_g \in \{0,1\}, g \in \{1,2,\cdots,IJ\} \tag{3-13}$$

GA 通过个体适应度值来评定各个个体的优劣程度，从而决定其遗传概率。个体的适应度是目标函数值 E_r按一定的转换规则求得。目标函数值 E_r的构造如式（3-12）所示，E_r由编码基因 $\boldsymbol{X}$ 间接决定，由中间变量重组观测矩阵 $\boldsymbol{\Phi}$ 直接决定，$\boldsymbol{X}$ 和 $\boldsymbol{\Phi}$ 之间的对应关系如下所示。

用空矩阵初始化 $\boldsymbol{\Phi}$，然后遍历染色体上的所有基因。当 $x_g = 1$ 时，将第 g 个 IMF 添加到观测矩阵中，如式（3-14）所示。

$$\boldsymbol{\Phi} = \begin{bmatrix} \boldsymbol{\Phi} \\ \boldsymbol{F}_{IM}^{g} \end{bmatrix} \tag{3-14}$$

否则，观测矩阵保持不变。

然后利用 GA 优化的观测矩阵获取感知矩阵和观测矢量。最后，利用基于最大元素的超分辨率估计来获得脉冲星 TOA 估计精度 E_r。可看出，从中间变量到目标函数有一个烦琐的转换过程。函数 f 表示 $\boldsymbol{\Phi}$ 与 E_r之间的映射关系：

$$E_r = f(\boldsymbol{\Phi}) \tag{3-15}$$

式中，f 为隐函数，包含式（3-5）至式（3-10）。

使用 GA 优化 IMF 观测矩阵的流程图如图 3-1 所示，分为三个模块：构造观测矩阵，匹配和估计，GA 优化。图 3-1 中虚线框所示的适应度函数是复合函数，包括观测矩阵部分模块和匹配估计模块。GA 优化具体过程如下：

①使用 EMD 分解标准脉冲星轮廓获得 IMF。相移后，得到具有多个相位的 IMFs。根据染色体，从该集合中选择 IMF 构成观测矩阵。观测矩阵与字典生成感知矩阵。

②观测矩阵与累积脉冲星轮廓得到观测矢量。将观测矢量与感知矩阵进行匹配，获得匹配矢量。使用超分辨率估计得到脉冲星 TOA 估计。

③以脉冲星 TOA 估计误差为优化目标，以 IMF 序列号为基因，GA 对 IMF 观测矩阵优化，并获得优化的观测矩阵。

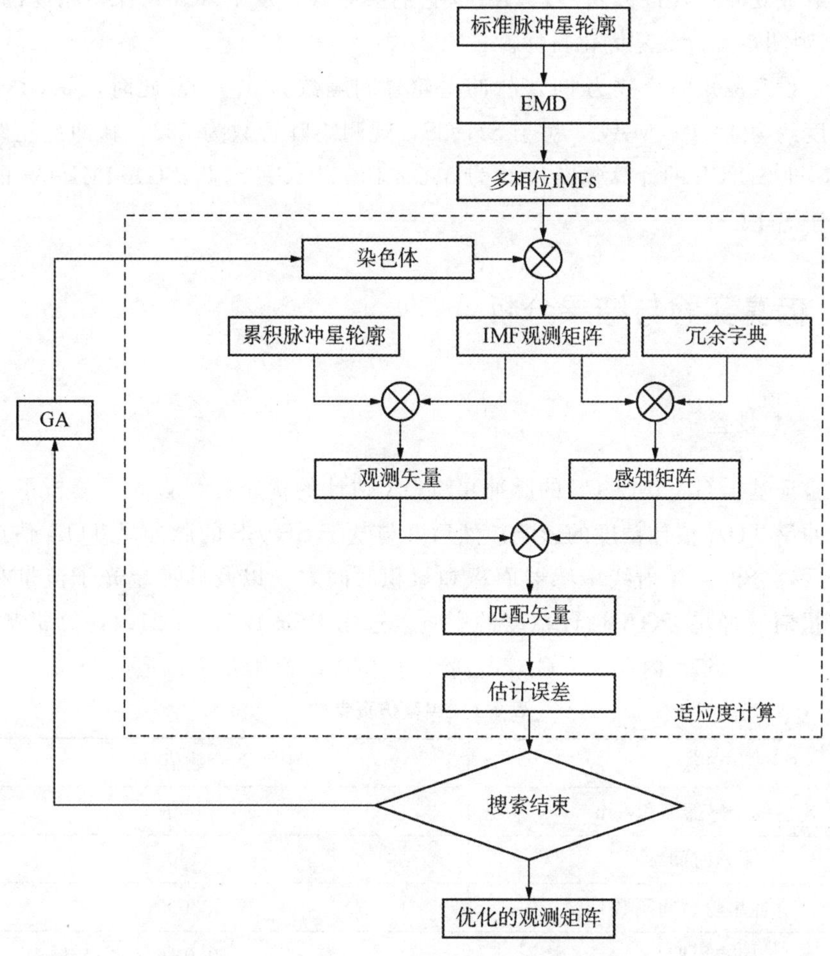

图 3-1　GA 优化过程

3.1.3　计算复杂度分析

IMF 观测矩阵的构建和优化都是在地面上进行，不占用器载计算资源，故不予考虑。计算资源主要消耗于观测矢量和匹配矢量。设脉冲星轮廓间隔数为 N，观测矩阵和感知矩阵行列数分别为 $l_m \times N$ 和 $l_m \times Q$，其中 l_m 是选择的 IMF 数量。由于观测矢量是累积脉冲星轮廓与观测矩阵之积，因此观测矢量的计算复杂度为 $2l_mN$ 乘/累加计算（multiply accumulate，MAC）。由于匹配矢量是观测矢量和感知矩阵之积，因此匹配矢量的计算复杂度为 $2l_mQ$ MAC。鉴于 N 比 Q 大，因此，GA-IMF-CS 的计算复杂度约为

$$2l_mN + 2l_mQ = 2l_m(N + Q) \approx 2l_mN \tag{3-16}$$

式（3-16）中，由于字典中的原子数比脉冲星轮廓间隔数少，因此，GA-IMF-CS 的计算复杂度约为 $2l_mN$ MAC。为了减小 GA-IMF-CS 的计算复杂度，可以减少脉冲星轮廓间隔数或观测矩阵行数。但是，减少它们会导致精度下降。在保持精度的前提下，减少 IMF 观测矩阵行数是优化目标。

例如，设观测矩阵行数为 61，脉冲星轮廓间隔数为 33000。此时，GA-IMF-CS 的计算复杂度约为 4×10^6 MAC。对于 SH-CS，观测矩阵行数为 522，脉冲星轮廓间隔数为 33400，即 SH-CS 的计算复杂度约为 3.5×10^7 MAC。因此，GA-IMF-CS 的计算复杂度远低于 SH-CS。

3.1.4 仿真实验与结果分析

3.1.4.1 参数设置

为了验证基于 GA-IMF-CS 的脉冲星 TOA 估计的优越性，首先，分析了 GA 种群规模对脉冲星 TOA 估计精度的影响；然后，与基于 SH-CS 的脉冲星 TOA 估计进行了对比；最后，分析了 X 射线敏感器面积和累积时间之积以及脉冲星光子流量和宇宙背景噪声流量对脉冲星 TOA 估计精度的影响。选用 PSR B0531＋21，计算机基本配置：CPU 为 Intel Core i5，内存为 8 GB。实验仿真参数设置如表 3-1 所示。

表 3-1 实验仿真参数

参数	数值
X 射线敏感器面积/cm^2	800
累积时间/s	100
脉冲星轮廓间隔数	33000
固有周期/s	0.0334
脉冲星光子流量/（$ph\cdot cm^{-2}\cdot s^{-1}$）	1.54
宇宙背景噪声流量/（$ph\cdot cm^{-2}\cdot s^{-1}$）	0.005
种群	160
代数	400
初始相位	50
字典行列数	100×33000

续表

参数	数值
观测矩阵行列数	61×33000
IMFs 数量	132
a	10
b	2
代沟	0.9
交叉概率	0.7
变异概率	0.008

3.1.4.2 种群数与观测矩阵

不同 GA 种群数对应的 GA 收敛曲线会略有不同。为避免多条曲线的重叠，图 3-2 仅给出了种群数为 10、40 和 160 对应的收敛曲线。从图 3-2 可看出，GA 种群数越大，GA 收敛越快。当遗传代数为 200 时，三个不同种群数的 GA 曲线均收敛。

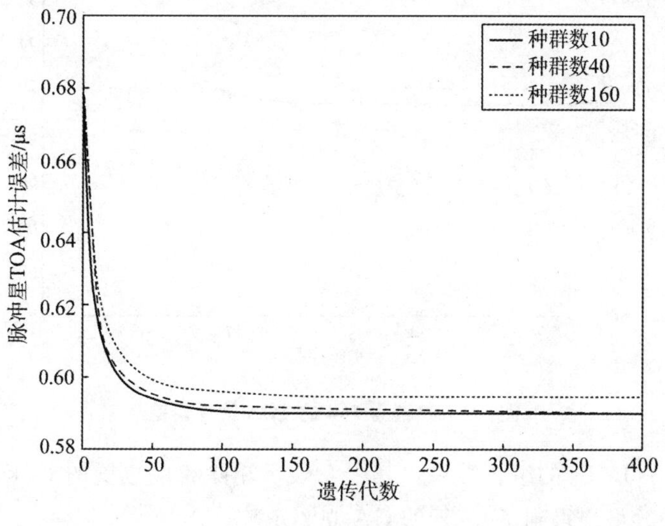

图 3-2 GA 收敛过程

表 3-2 考察了 GA 种群数对脉冲星 TOA 估计和观测矩阵行数的影响。从表 3-2 中可看出，随着 GA 种群数的增加，脉冲星 TOA 估计误差变化不明显。此外，观测矩阵行数对 GA 种群具有鲁棒性，并在区间［60，65］内。即优化后的观测矩阵行数约为 IMF 函数数量的 50％。因此，基于 GA-IMF-CS 的脉冲星 TOA 估计具有较高精度和较小计算复杂度。

表 3-2　GA 种群数

种群数	10	20	40	80	160
TOA 估计误差	0.5968	0.5937	0.5938	0.5905	0.5899
观测矩阵行数	65	60	60	64	65

图 3-3 给出了当 GA 种群数为 160 时，脉冲星 TOA 估计误差和观测矩阵行数。从图 3-3 可看出，脉冲星 TOA 估计误差近似相等，并且在区间 [0.58，0.60] 内，观测矩阵行数在区间 [60，66] 内。因此，GA-IMF-CS 性能较为稳定。除此之外，当观测矩阵行数减小时，脉冲星 TOA 估计误差会增大。这表明，GA-IMF-CS 方法提供了次优的解决方案。此外，观测矩阵行数与估计精度是一对矛盾，难以同时满足。为了体现其优越性，在图 3-3 中选择了精度最低的观测矩阵作为 GA 优化的观测矩阵，也就是第九个矩阵。它的行列数和对应的 TOA 估计精度分别为 61×33000 和 0.5919 μs。

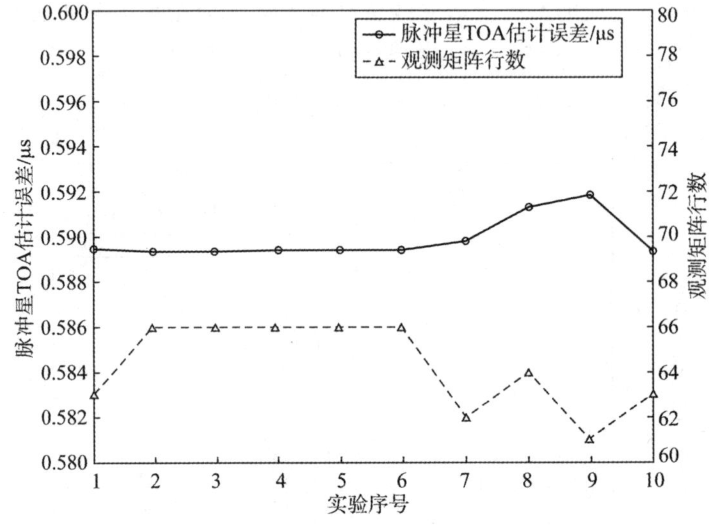

图 3-3　种群为 160 的 TOA 估计误差

表 3-3 给出了 IMFs 的组合结果，其中 0 表示剔除相应位置的 IMF，1 则表示保留相应位置的 IMF。最终得到了 61 行的 GA 观测矩阵。

表 3-3　IMFs 组合

IMF 序列号	相移 k_j k_i=0，20，40，80，160，320，640，1280，2560，5120，10240 j=0，1，2，3，4，5，6，7，8，9，10										
	k_0	k_1	k_2	k_3	k_4	k_5	k_6	k_7	k_8	k_9	k_{10}
1	0	1	1	0	1	1	1	1	0	1	1

续表

IMF 序列号	相移 k_j k_i=0，20，40，80，160，320，640，1280，2560，5120，10240 j=0，1，2，3，4，5，6，7，8，9，10										
	k_0	k_1	k_2	k_3	k_4	k_5	k_6	k_7	k_8	k_9	k_{10}
2	0	0	1	1	0	0	0	0	0	0	0
3	0	0	1	0	0	1	0	1	0	1	1
4	0	0	0	0	0	0	1	0	1	0	0
5	0	0	0	0	1	1	1	1	0	1	1
6	0	0	0	0	0	0	0	0	0	0	0
7	1	1	1	1	1	1	0	0	1	0	1
8	0	0	0	0	0	0	0	0	1	1	0
9	1	1	1	1	1	0	0	0	0	0	0
10	0	0	1	1	1	1	1	1	1	1	1
11	0	0	0	0	0	0	0	1	1	1	0
0	1	1	1	1	1	1	1	1	1	1	1

为便于对比，还使用了相关系数方法选择观测矩阵。相关系数方法的基本原理如下：

①选择相位为零的前 I 个 IMF。

②计算相关系数，设置相关系数的阈值。任选一个 IMF，计算它与第一个 IMF 之间的相关系数。如果这些相关系数之一高于阈值，即两个 IMF 太相似，冗余 IMF 对提高脉冲星 TOA 估计精度的作用小，但增加了计算复杂度，因此将其消除，否则保留。

③重新执行步骤②，由相关系数选择出的 IMF 构成观测矩阵。

由图 3-4 可知，互相关系数从 0.1 增到 0.3 时，脉冲星 TOA 估计误差逐渐减小；当相关系数继续增大时，脉冲星 TOA 估计误差随之增大。脉冲星 TOA 估计误差呈现 U 形变化趋势，而所对应的观测矩阵行数呈上升趋势，因此选择 0.3 作为最优相关系数。

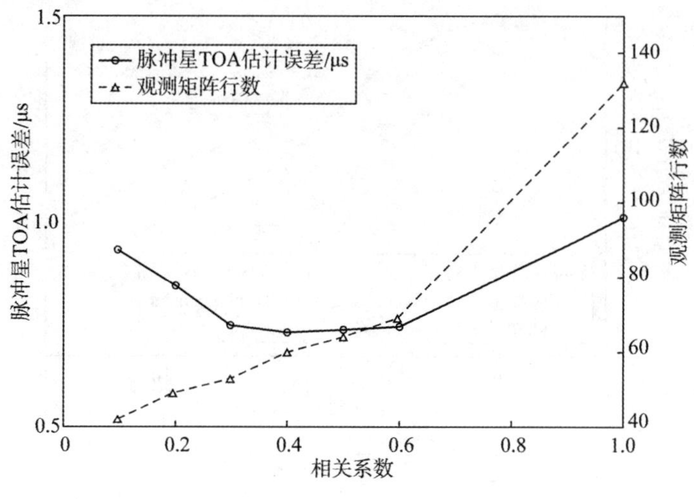

图 3-4　相关系数

3.1.4.3 GA-IMF-CS 与 SH-CS

表 3-4 对比分析了 GA-IMF-CS 与 SH-CS 这两种方法。为了解决观测矩阵列数与脉冲星轮廓间隔数不相等的问题，SH-CS 使用类 Hadamard 矩阵作为观测矩阵，而 GA-IMF-CS 则采用 IMF 作为观测矩阵。

表 3-4 GA-IMF-CS 与 SH-CS 的对比

方法	计算时间/s	间隔数	矩阵行列数	脉冲星 TOA 估计误差/μs
SH-CS	0.117	33400	522×33400	1.41
GA-IMF-CS	0.034	33400	59×33400	0.53
	0.036	33000	65×33000	0.59

从表 3-4 可看出，GA-IMF-CS 的观测矩阵行数仅为 SH-CS 的 12.5%，而 GA-IMF-CS的脉冲星 TOA 估计误差约为 SH-CS 的 40%。SH-CS 的计算时间约是 GA-IMF-CS 的三倍。此外，脉冲星轮廓间隔数对观测矩阵行数和脉冲星 TOA 估计误差的影响较小。因此，相比 SH-CS，GA-IMF-CS 具有更高的精度和更低的计算复杂度，更适合于脉冲星 TOA 的在轨估计。

3.1.4.4 X 射线敏感器面积和累积时间

图 3-5 分析了 X 射线敏感器面积和累积时间之积对脉冲星 TOA 估计误差的影响。可看出，随着 X 射线敏感器面积和累积时间之积增大，脉冲星 TOA 估计误差逐渐减小。若想提高脉冲星 TOA 估计精度，可增大 X 射线敏感器面积和累积时间之积。但是面积时间之积过大不易实现，过小不符合实际需求，选取最优面积时间之积为 80000 $cm^2\cdot s$。此时，所用的 IMF 观测矩阵的行数少。

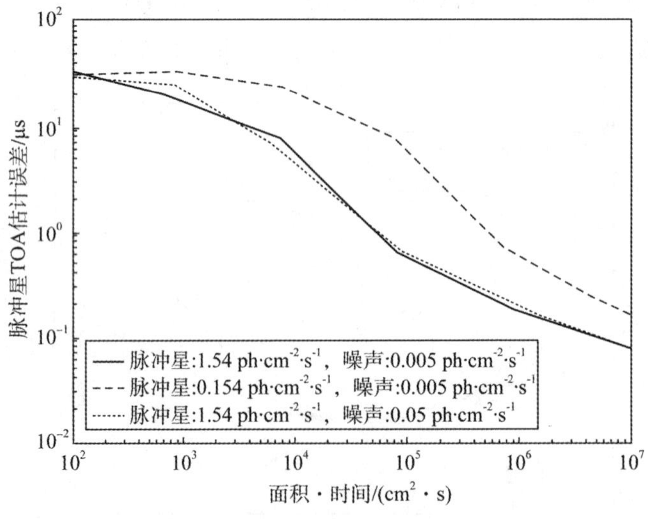

图 3-5 面积时间之积

从图 3-5 还可看出，当宇宙背景噪声流量为 0.005 ph・cm^{-2}・s^{-1}时，1.54 ph・cm^{-2}・s^{-1}脉冲星光子流量的脉冲星 TOA 估计误差小于 0.154 ph・cm^{-2}・s^{-1}脉冲星光子流量的脉冲星 TOA 估计误差。这说明，脉冲星 TOA 估计误差随脉冲星光子流量的增大而减小。当脉冲星光子流量为 1.54 ph・cm^{-2}・s^{-1}时，宇宙背景噪声流量为 0.005 ph・cm^{-2}・s^{-1}和 0.05 ph・cm^{-2}・s^{-1}时，脉冲星 TOA 估计误差变化小。以上结果说明，小宇宙背景噪声流量对脉冲星 TOA 估计误差的影响小，这与接下来的第 3.1.4.5 节的结论完全一致。

3.1.4.5　脉冲星光子流量和宇宙背景噪声流量

本节分别对脉冲星光子流量和宇宙背景噪声流量进行了分析，结果如图 3-6 所示。

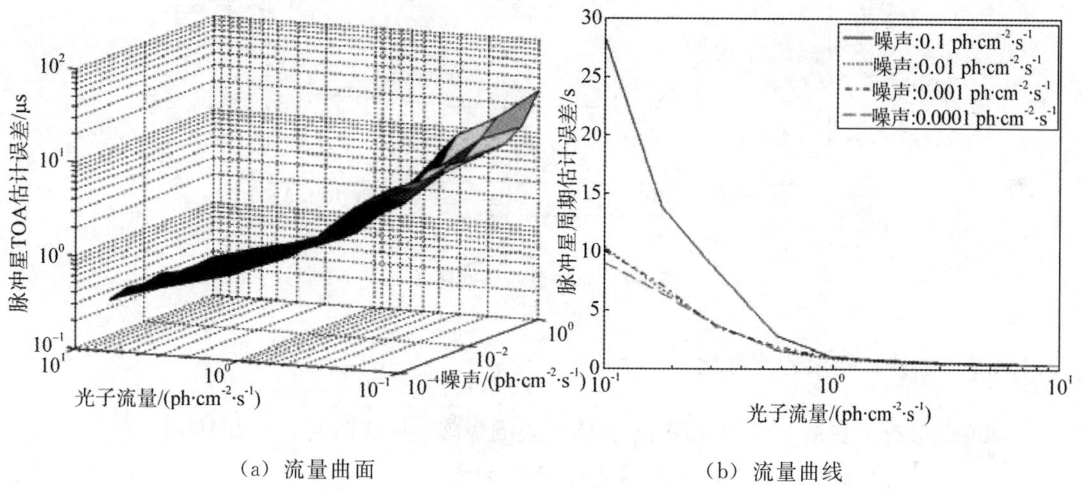

（a）流量曲面　　（b）流量曲线

图 3-6　脉冲星光子流量和宇宙背景噪声流量

由图 3-6（a）可知，当宇宙背景噪声流量固定时，脉冲星 TOA 估计误差随着脉冲星光子流量的增大而减小；当脉冲星光子流量固定时，宇宙背景噪声流量对脉冲星 TOA 估计造成的影响较为复杂，如图 3-6（b）所示。

图 3-6（b）设置了四种不同的宇宙背景噪声流量，可以清晰看出，当脉冲星光子流量大于 1 ph・cm^{-2}・s^{-1}时，或者宇宙背景噪声流量小于 0.1 ph・cm^{-2}・s^{-1}时，脉冲星 TOA 估计误差对宇宙背景噪声流量具有鲁棒性；当脉冲星光子流量小于 1 ph・cm^{-2}・s^{-1}，且宇宙背景噪声流量大于 0.1 ph・cm^{-2}・s^{-1}时，脉冲星 TOA 估计误差随宇宙背景噪声流量的增大而增大。即当脉冲星光子流量较大，或宇宙背景噪声流量较小时，宇宙背景噪声流量对脉冲星 TOA 估计的影响很小。

3.1.4.6　脉冲星轮廓间隔数

图 3-7 分析了一个脉冲星轮廓间隔数对脉冲星周期估计的影响。可看出，随着脉冲星轮廓间隔数的增加，脉冲星 TOA 估计误差减小。当脉冲星轮廓间隔数达到 10^4之后，

脉冲星TOA估计误差趋于稳定。与此同时，观测矩阵行数增加。究其原因，当脉冲星轮廓间隔数较小时，采样误差较大；反之，采样误差较小。选择33000作为脉冲星轮廓间隔数，不仅可以减小采样误差，而且便于与其他方法对比。

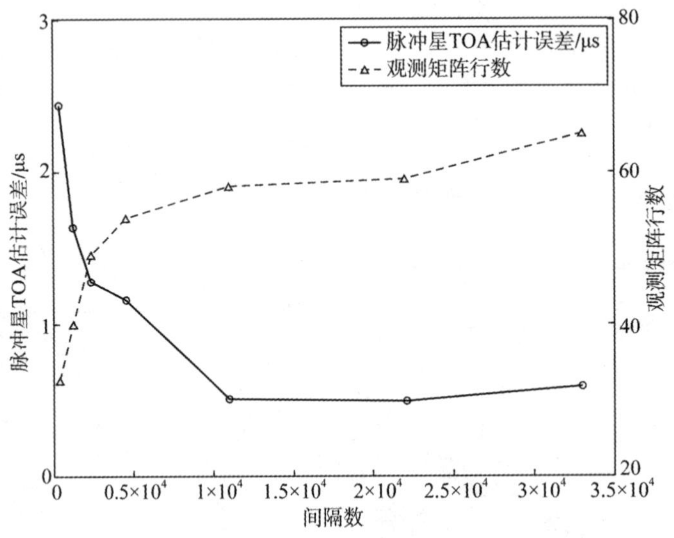

图 3-7　脉冲星轮廓间隔数

3.1.4.7　脉冲星轮廓的信噪比

表3-5分析了在高SNR下筛选出的IMF观测矩阵。面积时间之积为160000 $cm^2\cdot s$。

表 3-5　IMFs 组合

IMF序列号	相移 k_j $k_i=0, 20, 40, 80, 160, 320, 640, 1280, 2560, 5120, 10240$ $j=0, 1, 2, 3, 4, 5, 6, 7, 8, 9, 10$										
	k_{10}	k_0	k_1	k_2	k_3	k_4	k_5	k_6	k_7	k_8	k_9
1	1	0	1	1	0	0	0	1	1	0	1
2	0	0	1	1	0	0	1	0	1	0	0
3	0	1	1	0	0	0	1	1	0	0	1
4	0	0	0	0	0	0	0	1	1	0	1
5	0	0	0	0	1	1	0	1	0	0	0
6	0	0	0	0	0	0	0	1	0	0	1
7	1	0	0	0	0	0	1	1	0	1	0
8	0	0	0	0	0	0	0	0	0	0	1
9	1	1	1	0	0	1	0	1	0	0	1

续表

IMF 序列号	相移 k_j $k_i=0, 20, 40, 80, 160, 320, 640, 1280, 2560, 5120, 10240$ $j=0, 1, 2, 3, 4, 5, 6, 7, 8, 9, 10$										
	k_{10}	k_0	k_1	k_2	k_3	k_4	k_5	k_6	k_7	k_8	k_9
10	1	1	1	1	1	1	1	1	1	1	0
11	1	1	1	1	1	1	1	1	1	1	1
0	1	1	1	1	1	1	1	1	1	1	1

可看出，在高 SNR 条件下，观测矩阵的筛选结果没有明显的规律。此时，脉冲星 TOA 估计误差约为 0.40 μs，观测矩阵行数为 65。低 SNR 下的观测矩阵行数约等于高 SNR 下的观测矩阵行数。这表明观测矩阵行数与 SNR 无关。

利用表 3-5 给出的观测矩阵，考察了不同 SNR 下的观测矩阵与脉冲星 TOA 估计误差之间的关系，如图 3-8 所示。可看出，高 SNR 下的观测矩阵对应的脉冲星 TOA 估计误差小于低 SNR 下的观测矩阵对应的脉冲星 TOA 估计误差。因此，高 SNR 的观测矩阵更有利于脉冲星 TOA 估计精度的提高。

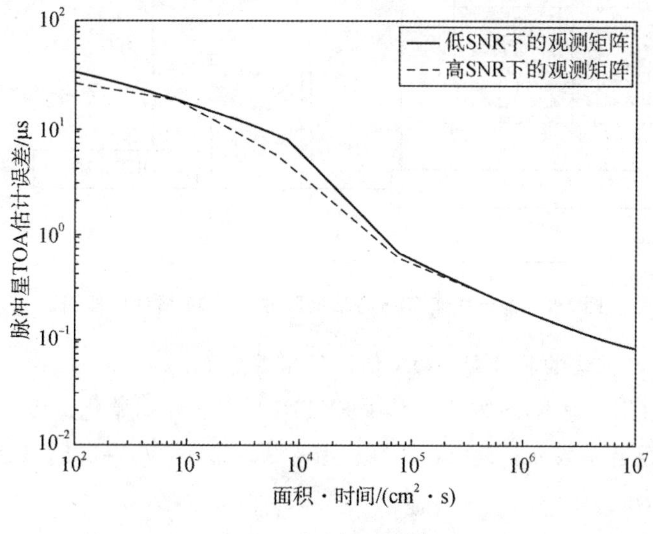

图 3-8　观测矩阵

3.2　基于快速最小二乘法的脉冲星到达时间估计

RLS 方法是一种自适应滤波方法，具有收敛速度快、估计精度高、抗噪能力强等优点。然而，这些优点是以高计算复杂度为代价的。对于脉冲星导航而言，器载计算机的计算能力有限。因此，搭载的方法必须简单有效。快速 RLS 方法除了含有传统 RLS

方法的优点外，计算复杂度低，能够提供实时高精度的脉冲星 TOA 估计。

下面，分别研究了 RLS 方法以及两种快速 RLS 方法——FTRLS 和 SFTRLS，将快速 RLS 方法与自适应滤波器有机融合，并将其应用于脉冲星 TOA 估计方法上。

3.2.1 脉冲星到达时间估计的方法流程

图 3-9 所示为基于快速 RLS 方法的脉冲星 TOA 估计原理图。快速 RLS 方法分为四个步骤，分别为初始化、前向预测、后向预测和联合估计。

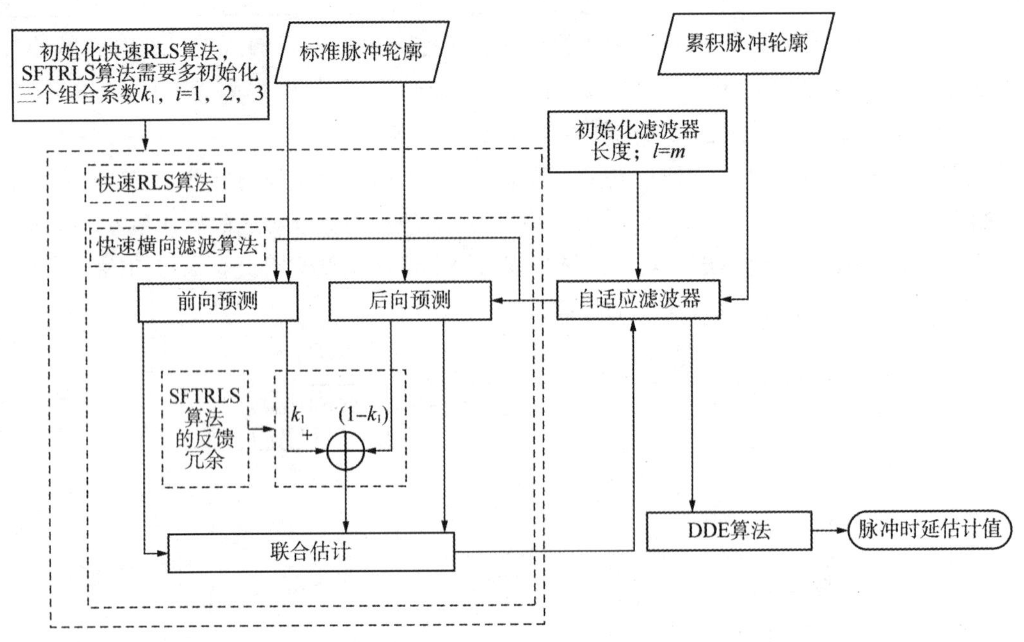

图 3-9 基于快速 RLS 方法的脉冲星 TOA 估计原理图

基于快速 RLS 方法的脉冲星 TOA 估计的步骤如下。

步骤 1：初始化快速 RLS 方法，其中 SFTRLS 方法在初始化过程中要比 FTRLS 方法多初始化三个组合系数 k_i，$i=1$，2，3。其中 $k_1=1.5$，$k_2=2.5$，$k_3=1$。FTRLS 方法的初始化过程为

$$w_f(-1,n)=w_b(-1,n)=w(-1,n)=0 \tag{3-17}$$

$$\hat{\boldsymbol{\Phi}}(-1,n)=0\ ,\ \gamma(-1,n,3)=1 \tag{3-18}$$

$$\xi^d_{b_{\min}}(-1,n)=\xi^d_{f_{\min}}(-1,n)=\varepsilon \tag{3-19}$$

步骤 2：标准脉冲星轮廓 $\boldsymbol{x}$（m）通过循环移位形成输入矩阵 $\boldsymbol{X}$（m）。

步骤 3：设迭代次数为滤波器的长度 n。然后进行迭代，更新滤波器的权重系数，更新过程包括三个估计过程：前向预测，后向预测，联合估计。

步骤 4：利用式（3-20）计算脉冲星 TOA 估计值 D 为

$$D = \arg\max_{m}[\boldsymbol{w}(m)] \tag{3-20}$$

步骤 5：根据直接公式法，可得

$$\hat{T} = k + (A - k)\frac{\boldsymbol{w}_A(l)}{\boldsymbol{w}_A(l) + \boldsymbol{w}_k(l)} \tag{3-21}$$

步骤 6：进行超分辨率估计，得到脉冲星 TOA 的精确估计值 t 为

$$t = \frac{[(D-1) \times 2^{\kappa} + \hat{T}]T_s}{m} \tag{3-22}$$

式中，T_s 为脉冲星周期；m 为脉冲星轮廓间隔数。

3.2.2　计算复杂度分析

与传统 RLS 方法类似，快速 RLS 方法的计算复杂度取决于迭代过程。设脉冲星轮廓间隔数为 m，则 RLS、FTRLS 和 SFTRLS 方法的计算复杂度如表 3-6 所示。

表 3-6　计算复杂度

方法	收敛速度	计算复杂度	稳定性能
RLS	快	$2m^2+6m$	稳定
FTRLS	快	$7m$	不稳定
SFTRLS	快	$9m$	稳定

表 3-6 为三种方法收敛速度与计算复杂度的对比。脉冲星轮廓间隔数 m 大于或等于 1024。当 m 为 1024 时，RLS 方法在收敛过程中需 2103296 MAC，FTRLS 和 SFTRLS 的收敛过程分别需 7168 MAC 与 9216 MAC。相比之下，FTRLS 和 SFTRLS 方法的计算复杂度远远小于 RLS 方法。

3.2.3　仿真实验与结果分析

本节将对比 SFTRLS 方法与 FTRLS 方法和传统 RLS 方法。导航脉冲星选用 PSR B0531+21。脉冲星轮廓来自欧洲脉冲星网络数据库（European pulsar network，EPN）与 RXTE 卫星。实验参数如表 3-7 所示。计算机配置：CPU 为 Intel Core i5，内存为 8 GB。

表 3-7　实验参数

参数	值
RLS、FTRLS、SFTRLS 方法的遗忘因子 λ	1
宇宙背景噪声流量/（$\mathrm{ph \cdot cm^{-2} \cdot s^{-1}}$）	5×10^{-3}
脉冲星光子流量/（$\mathrm{ph \cdot cm^{-2} \cdot s^{-1}}$）	1.54
X 射线敏感器面积/$\mathrm{cm^2}$	800

续表

参数	值
脉冲星周期/s	0.0334
脉冲星轮廓间隔数 m	1024/2048
脉冲星 TOA 过程自适应滤波器的长度 n	$n=m$
脉冲星 TOA 过程自适应滤波器的迭代次数 dim	$dim=m$

3.2.3.1 计算时间

表 3-8 和图 3-10 对 RLS、FTRLS、SFTRLS 方法的计算时间进行了对比。

表 3-8 不同脉冲星 TOA 方法的计算时间 单位：s

	间隔数 $m=1024$	间隔数 $m=2048$
RLS	7.0235	50.7972
FTRLS	0.0207	0.0925
SFTRLS	0.0444	0.1380

从表 3-8 可看出，当脉冲星轮廓间隔数 m 分别为 1024 和 2048 时，FTRLS 和 SFTRLS 方法的计算时间都远小于 RLS 方法。图 3-10 亦可得出相同的结论。因此，基于 FTRLS 和 SFTRLS 方法的脉冲星 TOA 估计可以为航天器提供实时的导航信息。

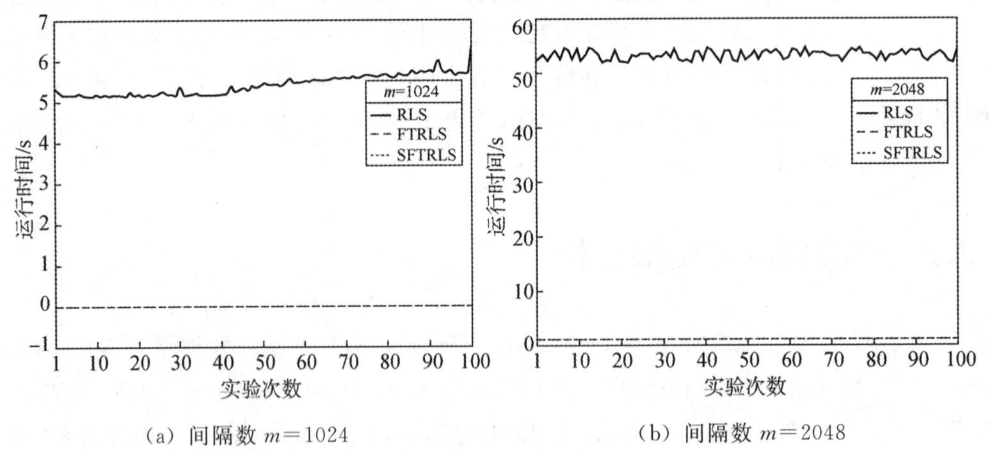

（a）间隔数 $m=1024$　（b）间隔数 $m=2048$

图 3-10 计算时间

3.2.3.2 EPN 仿真数据

下面，利用 EPN 提供的 PSR B0531+21 脉冲星轮廓，在不同累积时间与间隔数下，对比 RLS 和 FTRLS、SFTRLS 的脉冲星 TOA 估计精度。其中，脉冲星 TOA 估计误差可表示为

$$error = \frac{1}{N}\sum_{i=1}^{N} | t_i - \tau | \tag{3-23}$$

式中，N 表示脉冲星 TOA 估计的次数；t_i 表示估计出的第 i 个脉冲星 TOA；τ 为脉冲星 TOA 的真值。

图 3-11 为不同累积时间下 RLS、FTRLS、SFTRLS 方法的脉冲星 TOA 估计误差对比，其中脉冲星轮廓间隔数分别为 1024 和 2048。

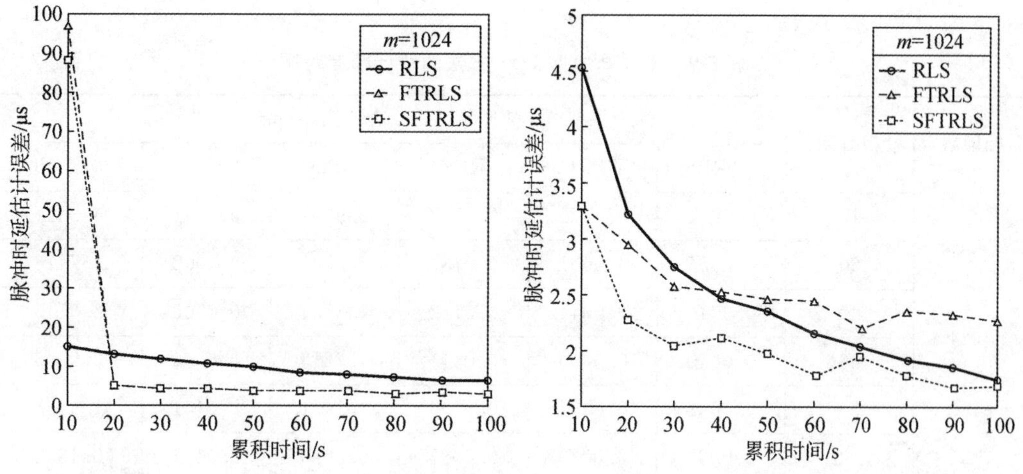

(a) 间隔数 $m=1024$

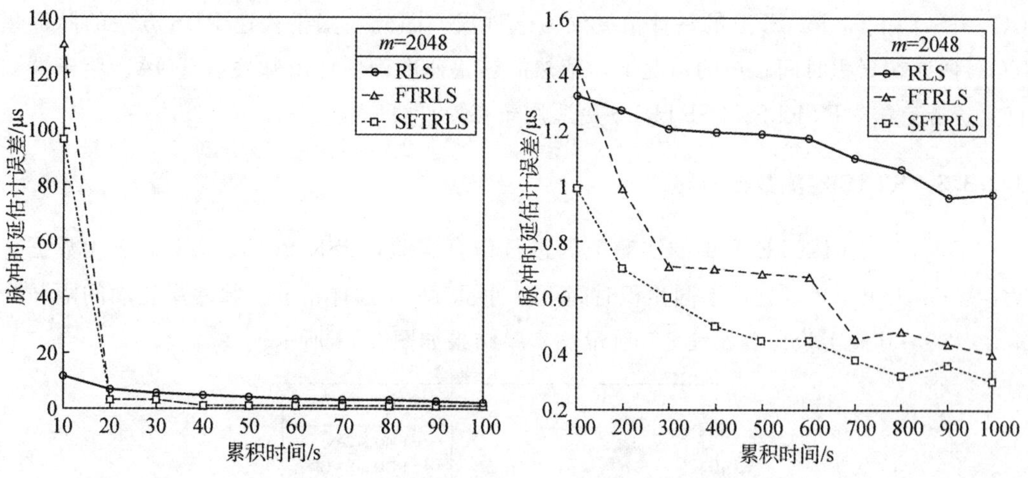

(b) 间隔数 $m=2048$

图 3-11 不同累积时间下脉冲星 TOA 估计误差

图 3-11 表明，随着累积时间延长，累积脉冲星轮廓的 SNR 提高，RLS、FTRLS、SFTRLS 的脉冲星 TOA 估计精度提高。当累积时间为 10 s 时，累积脉冲星轮廓的 SNR 低。从图上可看出，在低 SNR 情况下基于 RLS 的脉冲星 TOA 估计能够有较高的估计精度，TOA 估计误差在 20 μs 以内；而 FTRLS 与 SFTRLS 的估计精度则很低。当累积时间大于 20 s 时，FTRLS 和 SFTRLS 的估计精度优于 RLS，且 SFTRLS 优于

FTRLS。并且，这两种快速 RLS 的计算时间短，也便于硬件实现。

为了体现快速 RLS 方法的优越性，表 3-9 对比了 RLS、FTRLS、SFTRLS 和传统脉冲星 TOA 估计方法。传统脉冲星 TOA 估计方法包括萤火虫优化方法（glowworm swarm optimization，GSO）、CC 方法、Taylor 快速傅立叶变换（fast Fourier transformation，FFT）方法。

表 3-9　不同脉冲星 TOA 方法的估计精度对比

间隔数	累积时间/s	脉冲星 TOA 估计误差/ms					
		FTRLS	SFTRLS	RLS	GSO	CC	Taylor FFT
1024	10	0.0971	0.0875	0.0159	2.9654	0.2741	6.3321
	20	0.0055	0.0051	0.0134	1.5321	0.1002	3.7415
	40	0.0046	0.0041	0.0122	1.3654	0.0563	3.5545
	60	0.0040	0.0039	0.0111	1.2213	0.0542	2.7545
	80	0.0032	0.0035	0.0099	1.1421	0.0461	1.9455
	100	0.0033	0.0030	0.0087	0.0893	0.0452	0.1352

从表 3-9 可看出，RLS、FTRLS 和 SFTRLS 的脉冲星 TOA 估计精度均高于其他方法。当累积时间为 20 s 及以上时，RLS、FTRLS 和 SFTRLS 的估计精度在微秒级；而 CC、GSO 和 Taylor FFT 的估计精度仅为毫秒级。因此，基于快速 RLS 方法的脉冲星 TOA 估计在累积时间较短的情况下，依然能够快速准确估计出脉冲星 TOA。鉴于器载计算资源有限，FTRLS 和 SFTRLS 更适用于在轨计算。

3.2.3.3　RTXE 实测数据

下面，利用 RXTE 卫星的实测数据进行仿真实验，PSR B0531＋21 的实测数据包为 40805-01-05-000，分析不同累积时间下脉冲星 TOA 估计精度。脉冲星轮廓间隔数为 $m=1024$，其他实验参数如表 3-7 所示。实验结果如图 3-12 所示。

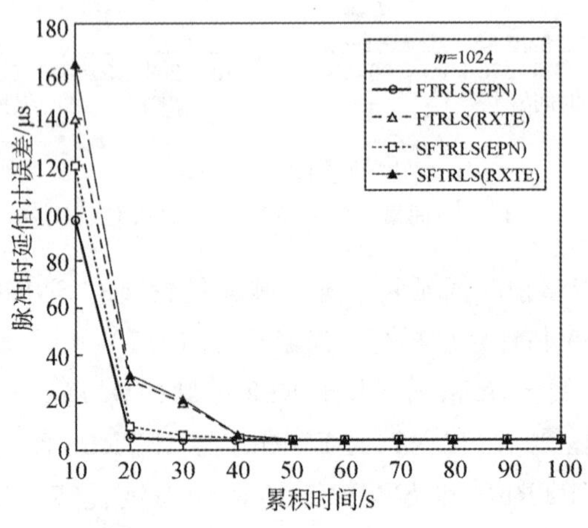

图 3-12　不同累积时间下 PSR B0531＋21 脉冲星 TOA 估计误差

由图 3-12 可知，累积时间在 100 s 以内时，随着累积时间的延长，RXTE 实测数据得到的脉冲星 TOA 估计精度与 EPN 仿真数据得到的脉冲星 TOA 估计精度都有所提高，且二者的误差值接近。这进一步表明了 SFTRLS 的有效性。

3.3　基于小波与递归最小二乘法的脉冲星到达时间估计

基于 RLS 的脉冲星 TOA 估计，自适应滤波器的长度必须等于脉冲星轮廓间隔数，才能对脉冲星 TOA 进行精确估计。此时，自适应滤波器的长度至少达到 10^3 数量级，这将导致滤波器收敛过程的计算复杂度大，收敛时间长，这与自主导航对实时性的要求相悖。为解决脉冲星 TOA 估计中 RLS 方法的不足，同时能够有效利用 RLS 方法在脉冲星 TOA 估计中的高性能，提出了基于小波与递归最小二乘法（wavelet and recursive least square，WRLS）的脉冲星 TOA 估计方法[27]。

3.3.1　基于小波与递归最小二乘法的脉冲星到达时间估计

图 3-13 给出了基于 WRLS 的脉冲星 TOA 估计方法原理图。

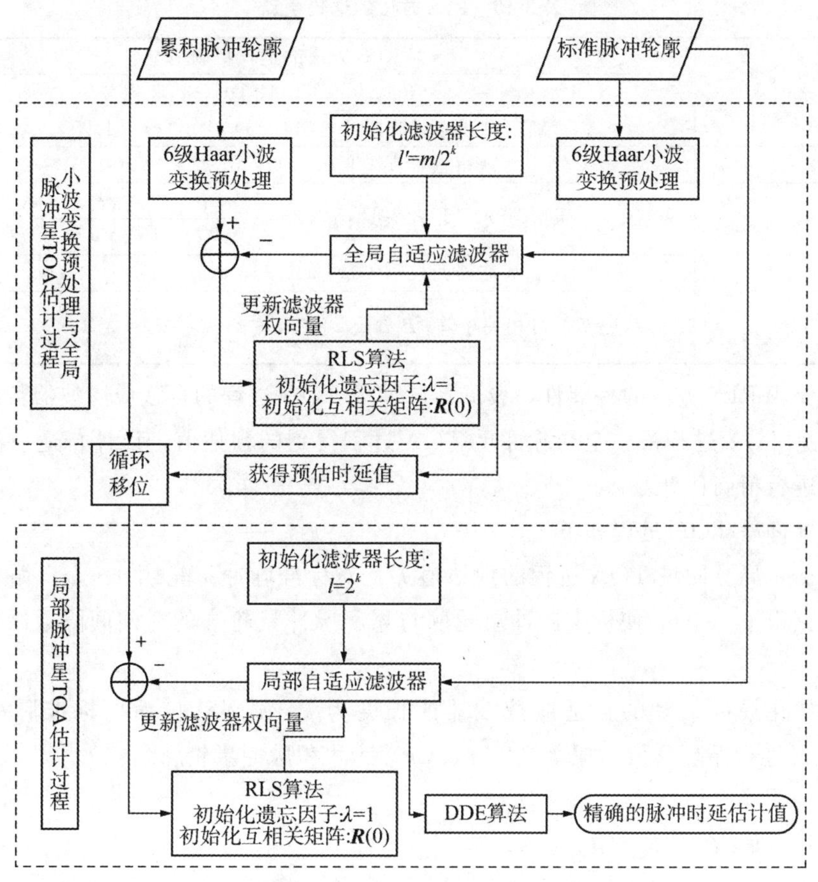

图 3-13　基于 WRLS 的脉冲星 TOA 估计方法原理图

全局脉冲星 TOA 估计过程如下：

①根据脉冲星轮廓间隔数 m，选取 Haar 小波变换的变换级数 κ。经过 Haar 小波变换后，脉冲星轮廓概貌的间隔数为 $m'=m/2^{\kappa}$，并获得经过 Haar 小波变换之后的标准脉冲星轮廓的概貌部分 $xl(m')$ 与累积脉冲星轮廓的概貌部分 $yl(m')$；

②根据脉冲星轮廓概貌的间隔数 m'，初始化自适应滤波器的长度 $l'=m'$。标准脉冲星轮廓的概貌部分 $xl(m')$ 经过循环移位构成 $\boldsymbol{X}(m')$。

③初始化全局估计的 RLS 方法：

$\boldsymbol{w}'(0)=\boldsymbol{0}$，$\boldsymbol{P}(0)=\sigma\boldsymbol{I}$

式中，$\boldsymbol{0}$ 为零矢量；RLS 方法的遗忘因子 $\lambda=1$，$\boldsymbol{w}'(0)$ 为自适应滤波器权重矢量 $\boldsymbol{w}'(m')$的初始值；$\boldsymbol{I}$ 为单位矩阵；σ 为一个很小的常量，一般取 0.001，其目的是使相关矩阵初始值 $\boldsymbol{P}(0)$ 在 $\boldsymbol{P}(m')$ 中所占比重很小。

④RLS 方法的迭代更新过程如表 3-10 所示，其中 $m'=l'=dim'$。

⑤由权重矢量 $\boldsymbol{w}'(m')$ 的最大值得出全局脉冲星 TOA 预估值 D：

$$D=\arg\max_{m}[\boldsymbol{w}'(m')] \tag{3-24}$$

根据全局脉冲星 TOA 过程输出的脉冲星 TOA 预估值 D，以及 Haar 小波分解阶数 κ，就可以预测出脉冲星 TOA 的精确估计值在 $[(D-1)\times 2^{\kappa},(D+1)\times 2^{\kappa}]$ 的范围内。

表 3-10　RLS 方法的迭代更新

step	RLS 方法的迭代更新
	for $i=1, 2, 4, \cdots, m'$
1	确定自适应滤波器的输出：$z(i)=\boldsymbol{w}'^{\mathrm{T}}(i-1)\boldsymbol{X}(i)$
2	获得估计误差信号：$e(i)=yl(i)-z(i)$
3	更新卡尔曼增益矢量：$g(i)=\dfrac{\boldsymbol{P}(i-1)X(i)}{\lambda+\boldsymbol{X}^{\mathrm{T}}(i)\boldsymbol{P}(i-1)\boldsymbol{X}(i)}$
4	更新滤波器的权重矢量：$\boldsymbol{w}'(i)=\boldsymbol{w}'(i-1)+g(i)e(i)$
5	更新逆自相关矩阵：$\boldsymbol{P}(i)=\dfrac{1}{\lambda}\boldsymbol{P}(i-1)-\dfrac{1}{\lambda}g(i)\boldsymbol{X}^{\mathrm{T}}(i)\boldsymbol{P}(i-1)$

为确保 WRLS 方法的鲁棒性，设局部脉冲星 TOA 过程的自适应滤波器长度 $l\geqslant 2^{\kappa}$。局部脉冲星 TOA 过程根据全局脉冲星 TOA 过程得到的预估值，设计自适应滤波器的长度，再进行精确估计。

局部脉冲星 TOA 过程如下：

①根据全局脉冲星 TOA 过程的预估值 D，对标准脉冲星轮廓 $x(m)$ 循环移位 D 个间隔数获得 $x'(m)$，使标准脉冲星轮廓与累积脉冲星轮廓的时间间隔数减少到 l 的范围。

②初始化局部估计的自适应滤波器的长度为 l。循环移位后的标准脉冲星轮廓 $x'(m)$经过连续循环移位构成 $\boldsymbol{X}(l)$，$y(m)$ 为累积脉冲星轮廓。

③初始化局部估计的 RLS 方法：

$\boldsymbol{w}(0)=\boldsymbol{0}$，$\boldsymbol{P}(0)=\sigma\boldsymbol{I}$，$\sigma=0.001$

迭代更新滤波器的权重系数，其更新过程与表 3-10 类似。

④局部估计的精确脉冲星 TOA 估计值为 T：

$$T = \arg\max_{l}[\boldsymbol{w}(l)] \tag{3-25}$$

⑤根据直接公式法，可得

$$\hat{T} = k + (A - k)\frac{\boldsymbol{w}_A(l)}{\boldsymbol{w}_A(l) + \boldsymbol{w}_k(l)} \tag{3-26}$$

⑥进行超分辨率估计，得到脉冲星 TOA 的精确估计值 t 为

$$t = \frac{[(D-1)\times 2^{\kappa} + \hat{T}]\times T_s}{m} \tag{3-27}$$

式中，T_s为脉冲星周期；m 为脉冲星轮廓间隔数。

WRLS 方法中，全局脉冲星 TOA 过程中的扩展输入矩阵 $\boldsymbol{X}$（m'）在脉冲星 TOA 估计之前已经保存在器载计算机中，这样有利于减少脉冲星 TOA 的计算时间。

3.3.2　仿真实验与结果分析

为了评估基于 WRLS 的脉冲星 TOA 估计方法的有效性，与 RLS 方法进行了对比分析，其中数据集为 EPN 仿真数据与 RXTE 实测数据，以 PSR B0531＋21 为导航脉冲星。

表 3-11 列出了相关参数设置。计算机配置：CPU 为 Intel Core i5，内存为 8 GB。

表 3-11　参数设置

参数	值
RLS 方法的遗忘因子 λ	1
Haar 小波分解阶数 κ	6
小波基函数	Haar
宇宙背景噪声流量/（ph·cm^{-2}·s^{-1}）	5×10^{-3}
脉冲星光子流量/（ph·cm^{-2}·s^{-1}）	1.54
X 射线探测器的有效面积/cm^2	800
脉冲星周期/s	0.0334
脉冲星轮廓间隔数 m	1024 / 2048 / 4096 / 16384 / 32768
小波变换的压缩比 r	2
脉冲星轮廓概貌部分的间隔数 m'	$m'=m/r^{\kappa}$
全局脉冲星 TOA 过程自适应滤波器的长度 l'	$l'=m'$
全局脉冲星 TOA 过程自适应滤波器的迭代次数 dim'	$dim'=m'$
局部脉冲星 TOA 过程自适应滤波器的长度 l	$l=r^{\kappa}$
局部脉冲星 TOA 过程自适应滤波器的迭代次数 dim	$dim=m$

3.3.2.1 EPN 仿真数据

(1) 基于 WRLS 与基于 RLS 的脉冲星 TOA 估计方法

表 3-12 与图 3-14 分别给出了基于 WRLS 与基于 RLS 的脉冲星 TOA 估计方法在计算时间和估计精度上的对比。

由表 3-12 可看出，基于 WRLS 的脉冲星 TOA 估计方法的计算时间远小于基于 RLS 的。基于 RLS 的脉冲星 TOA 估计方法计算时间长，不符合时效性要求。并且，当脉冲星轮廓间隔数为 32768 时，滤波器的长度设为 $l=32768$，则滤波器矩阵行列数为 32768×32768，这导致 RLS 方法难以实现。

表 3-12 计算时间

间隔数	基于 WRLS 的脉冲星 TOA 估计/s	基于 RLS 的脉冲星 TOA 估计/s
1024	0.0644	7.0235
2048	0.1459	52.3564
4096	0.2795	600.5245
16384	1.0622	6325.4542
32768	2.0773	无法进行仿真

表 3-12 中，当脉冲星轮廓间隔数大于 2048 时，RLS 方法所需计算时间将很长。因此，图 3-14 的仿真实验中脉冲星轮廓间隔数设为 2048。从图 3-14 可看出，不同累积时间下基于 WRLS 的脉冲星 TOA 估计方法的精度均优于基于 RLS 的。

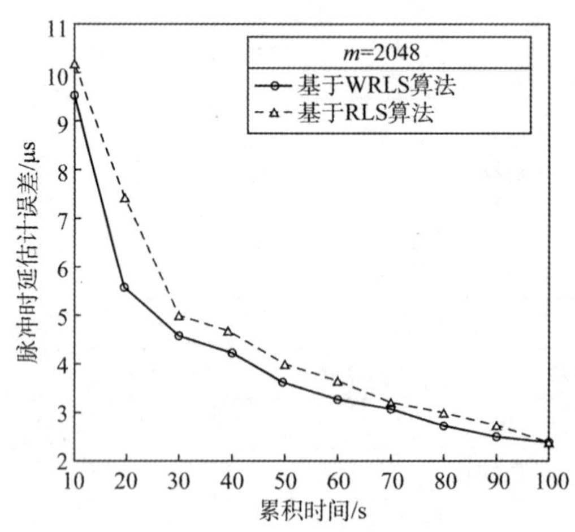

图 3-14 脉冲星 TOA 估计误差

(2) 不同累积时间

累积脉冲星轮廓的 SNR 取决于累积时间，因此，图 3-15 考察了基于 WRLS 的脉冲星 TOA 估计方法在不同累积时间下的估计精度。其中，局部脉冲星 TOA 自适应滤波器的迭代次数为 5000。图 3-15 (a) 和 (b) 给出了累积时间为 10～2500 s 的脉冲星

TOA 估计误差。可看出，脉冲星 TOA 估计误差随累积时间的延长而变小。

(3) 脉冲星轮廓间隔数

脉冲星轮廓间隔数与计算时间相关。当脉冲星轮廓间隔数少时，计算时间较短；反之，计算时间较长。图 3-16 给出了在不同间隔数下的脉冲星 TOA 估计误差。从图 3-16 (a) 可看出，累积时间在 30～100 s 时，间隔数越多，脉冲星 TOA 估计精度越高，计算时间越长；而累积时间在 30 s 内时，间隔数为 4096 的脉冲星 TOA 估计误差最小，小于 5 μs。由图 3-16 (b) 可知，累积时间在 100 s 以上时，间隔数较少的脉冲星 TOA 估计误差随累积时间延长而减小；间隔数较大时，脉冲星 TOA 估计误差基本保持不变，且小于 1 μs。还可看出，当累积时间大于 500 s，间隔数为 2048 时，脉冲星 TOA 估计误差最小，并且计算时间短，约为 0.14589 s。

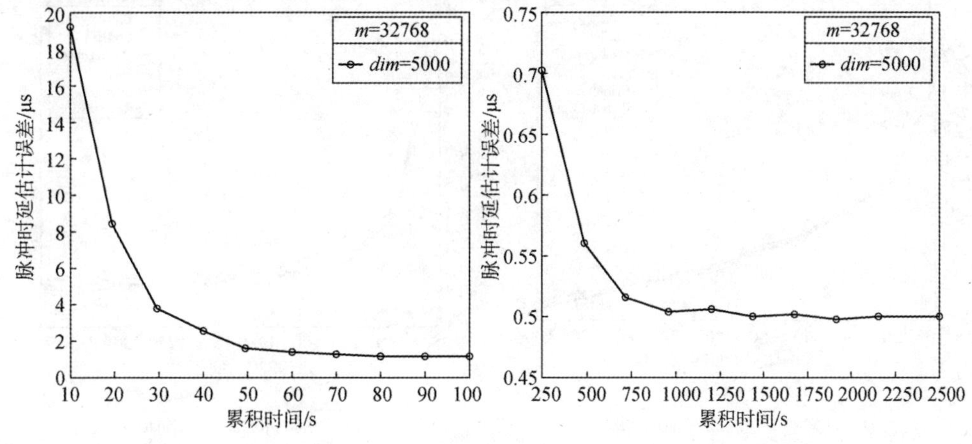

(a) 累积时间 10～100 s　　(b) 累积时间 250～2500 s

图 3-15　不同累积时间下脉冲星 TOA 估计误差

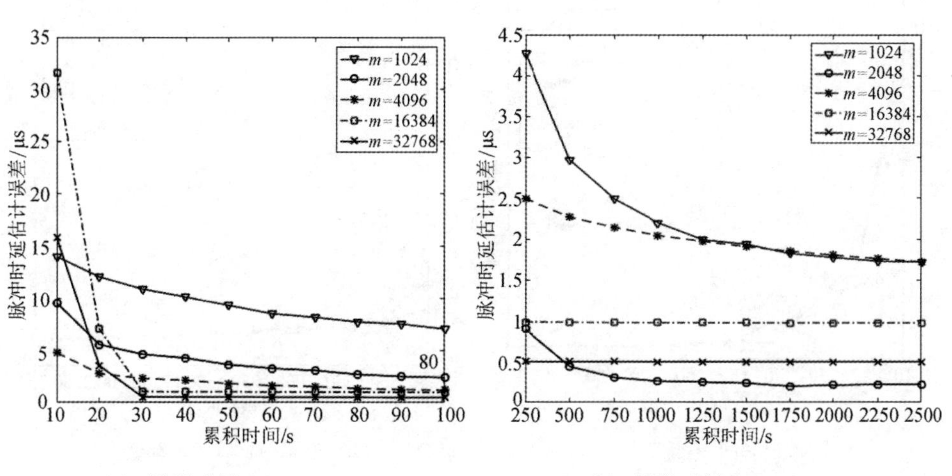

(a) 累积时间 10～100 s　　(b) 累积时间 250～2500 s

图 3-16　不同累积时间与间隔数下的估计误差

（4）小波基函数

小波基函数决定了信号压缩比与去噪效果，合适的小波基函数能够提高脉冲星 TOA 估计精度。本节分析了在脉冲星轮廓预处理中，小波基函数对基于 WRLS 的脉冲星 TOA 估计误差的影响。

图 3-17 和图 3-18 分别给出了脉冲星轮廓间隔数为 2048 和 32768 时，小波基函数的影响。如图 3-17 所示，当累积时间大于 20 s 时，小波基函数对脉冲星 TOA 估计精度影响小。当累积时间小于 20 s 时，Biorthogonal（biorNr. Nd）小波基函数可获得最高的脉冲星 TOA 估计精度，Haar 小波基函数次之。从图 3-18 可看出，当间隔数为 32768 时，coif let 小波基函数的效果明显弱于其他小波基函数。

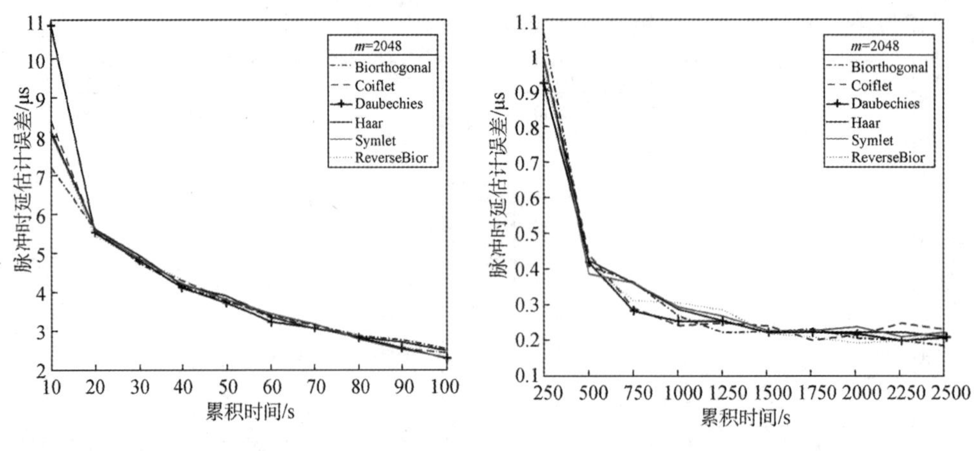

（a）累积时间 10～100 s　　（b）累积时间 250～2500 s

图 3-17　间隔数为 2048 时不同累积时间下不同小波基函数的估计误差

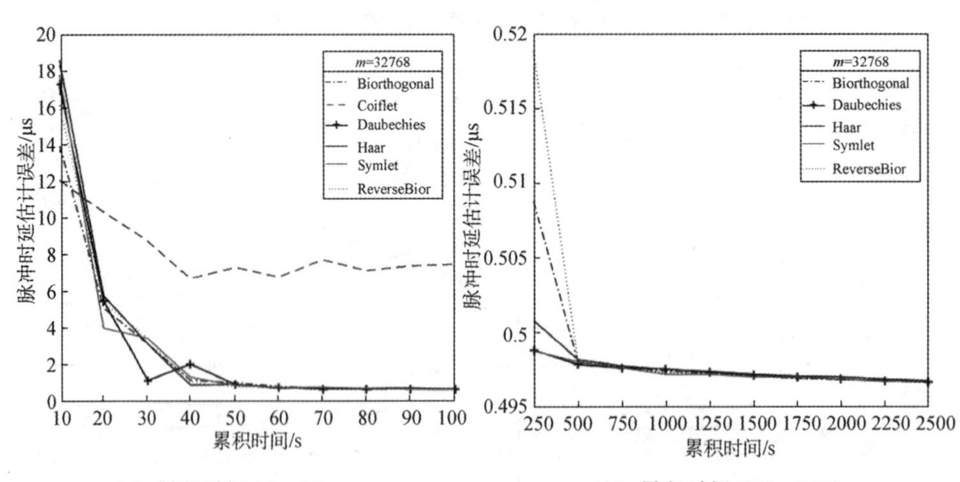

（a）累积时间 10～100 s　　（b）累积时间 250～2500 s

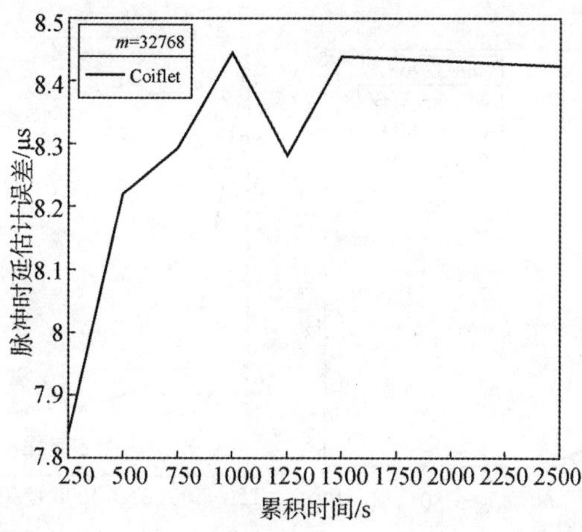

(c) 累积时间 250～2500 s

图 3-18　间隔数为 32768 时不同累积时间下不同小波基函数的估计误差

(5) 迭代次数

脉冲星 TOA 的估计精度与自适应滤波器的迭代次数有关，迭代次数越多，脉冲星 TOA 估计精度越高，计算量越大；反之，脉冲星 TOA 估计精度越低，计算量越小。本节分析迭代次数对局部脉冲星 TOA 滤波器的脉冲星 TOA 估计精度的影响，其中，脉冲星轮廓间隔数 $m=32768$。

从表 3-13 可知，计算时间随迭代次数的增加而增大。如图 3-19 (a) (b) 所示，脉冲星 TOA 估计误差随迭代次数增加而降低。

表 3-13　不同迭代次数下的计算时间

迭代次数 dim	计算时间/s	迭代次数 dim	计算时间/s
1000	0.06695	10000	1.1877
2000	0.10266	20000	1.4721
3000	0.16542	30000	2.0569

(6) 小波分解阶数

小波分解阶数决定信号压缩比与去噪效果，同时也决定了自适应滤波器的长度。合适的小波分解阶数能在脉冲星 TOA 估计精度与计算时间上实现折中。

本节分析了小波分解阶数 κ 对全局脉冲星 TOA 估计精度的影响。表 3-14 与图 3-20 分别给出了累积时间为 10～100 s 时不同小波分解阶数下脉冲星 TOA 的计算时间与估计精度。

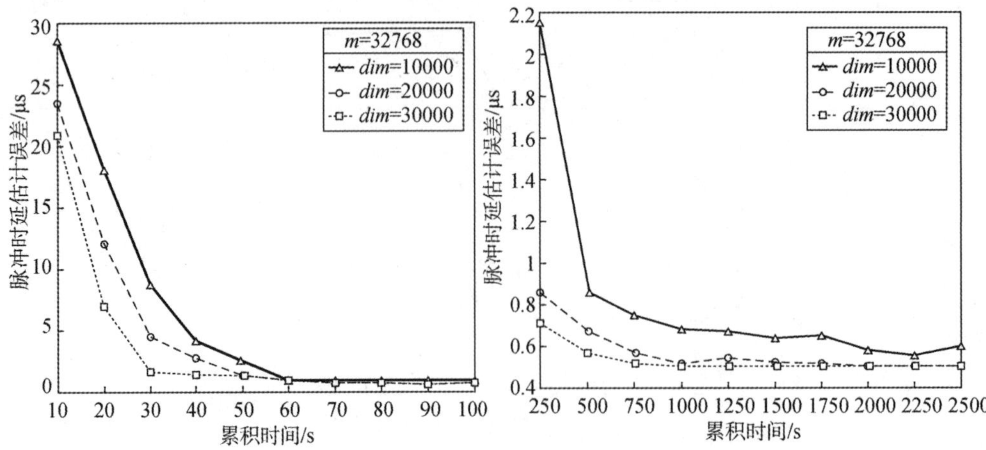

（a）累积时间 10～100 s　　（b）累积时间 250～2500 s

图 3-19　不同累积时间与迭代次数下的估计误差

表 3-14　不同小波分解阶数下的计算时间

间隔数 m	小波分解阶数 κ	全局脉冲星 TOA 过程的计算时间/s	局部脉冲星 TOA 过程的计算时间/s	总计算时间/s
1024	2	0.0604	0.0107	0.0711
	4	0.0028	0.0124	0.0152
	6	0.0002	0.0744	0.0746
	8	0.0001	1.7951	1.7952
2048	2	0.7284	0.0207	0.7491
	4	0.0071	0.0242	0.0313
	6	0.3353	0.0004	0.3357
	8	0.0012	2.9370	2.9382
4096	2	6.0821	0.0316	6.1137
	4	0.0013	0.2018	0.2031
	6	0.0014	0.1988	0.2002
	8	0.0002	6.2115	6.2117
16384	2	/	/	/
	4	6.7383	0.2333	6.9716
	6	0.0591	1.1388	1.1979
	8	0.0109	28.3031	28.3140

续表

间隔数 m	小波分解阶数 κ	全局脉冲星 TOA 过程的计算时间/s	局部脉冲星 TOA 过程的计算时间/s	总计算时间/s
32768	2	/	/	/
	4	45.8455	0.3637	46.2092
	6	0.7876	1.3162	2.1038
	8	0.0188	/	/

从表 3-14 可知，小波分解阶数越少且脉冲星轮廓间隔数越大时，全局脉冲星 TOA 过程的自适应滤波器越长，而局部脉冲星 TOA 过程的自适应滤波器越短，脉冲星 TOA 的计算复杂度集中在全局脉冲星 TOA 过程。从图 3-20 可看出，当 $\kappa=6$ 和 8 时，脉冲星 TOA 估计精度最高。结合表 3-14，综合考虑计算时间，$\kappa=6$ 是最佳选择。表 3-14 中，某些仿真实验的计算时间很长，无实际意义，因此未列出。

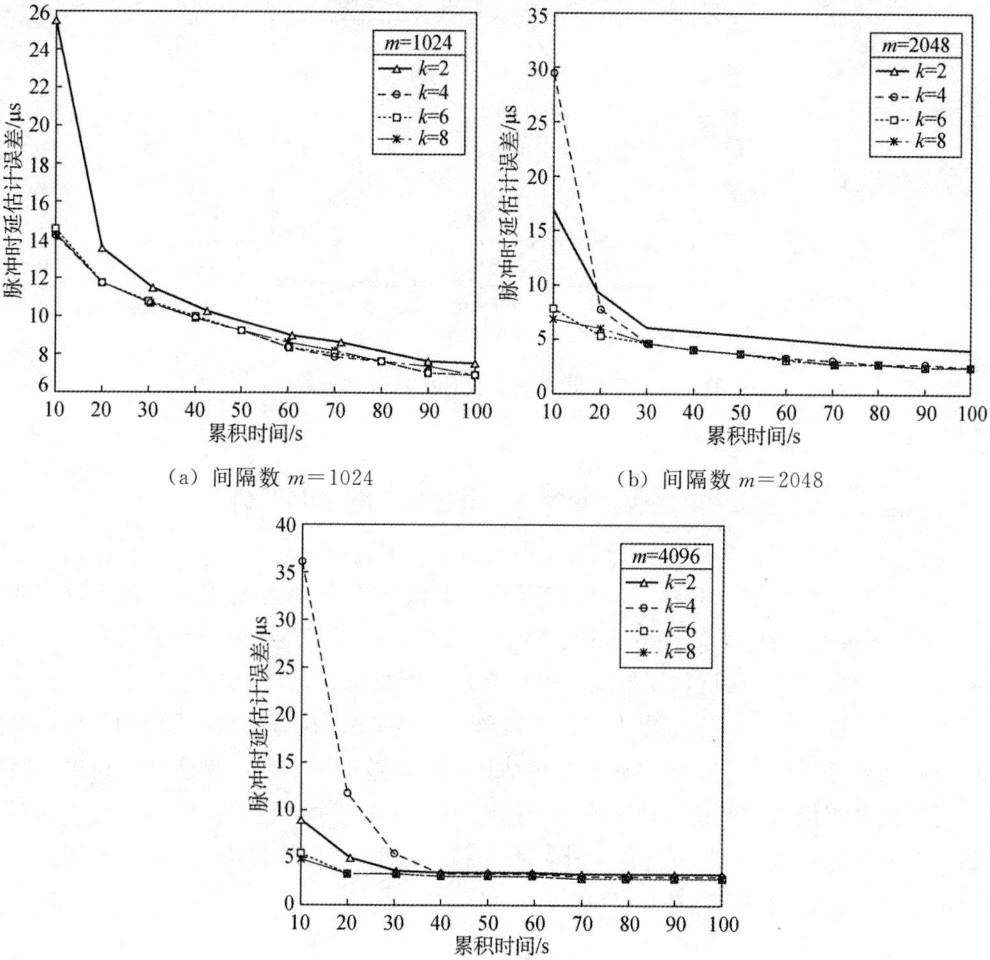

(a) 间隔数 $m=1024$

(b) 间隔数 $m=2048$

(c) 间隔数 $m=4096$

图 3-20　不同小波分解阶数下的估计误差

3.3.2.2 RXTE 实测数据

本节用 RXTE 卫星的实测数据验证基于 WRLS 的脉冲星 TOA 估计方法的性能。导航 PSR B0531＋21 的数据包为 40805-01-05-000。

脉冲星轮廓间隔数 $m=32768$，迭代次数 $dim=6000$ 次，其他实验参数如表 3-11 所示。基于 WRLS 的脉冲星 TOA 估计方法的计算时间为 1.0231 s。图 3-21 给出了采用不同脉冲星数据的脉冲星 TOA 估计误差。

由图 3-21 可知，随着累积时间的延长，RXTE 与 EPN 的脉冲星 TOA 精度均有所提高，且二者相当。这表明了基于 WRLS 的脉冲星 TOA 估计方法的有效性。

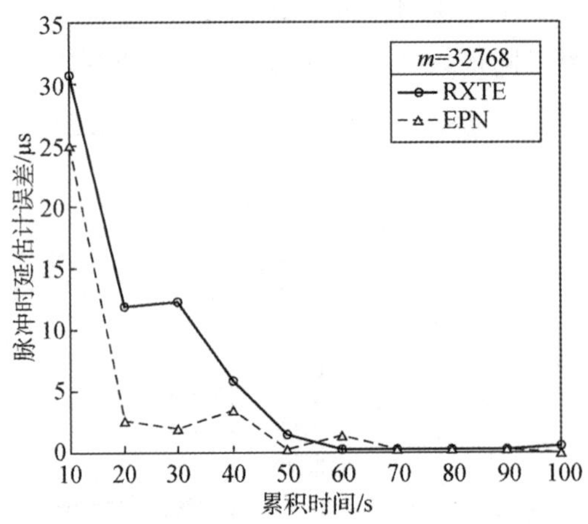

图 3-21 不同脉冲星数据下的 TOA 估计误差

3.4 基于两级压缩感知的脉冲星到达时间估计

鉴于 CS 对稀疏信号的强大处理，将 CS 用于脉冲星 TOA 估计受到了越来越多的关注。CS 的字典是影响 CS 估计精度的主要因素之一，也即字典中原子数量越多，原子间隔越小，脉冲星 TOA 估计精度越高，但计算复杂度也越大。

为了解决这一矛盾，本节提出了采用两级字典的 CS，在提高脉冲星 TOA 估计精度的同时降低计算复杂度。两级字典包括粗估计字典与精估计字典，粗估计字典原子间隔大，能提供全相位估计；精估计字典原子间隔小，且数量少，能提供局部估计。先利用粗估计字典对脉冲星 TOA 进行预估计，将其相位调整到精估计字典的估计范围内，再利用精估计字典得到精确脉冲星 TOA[28]。

3.4.1 脉冲星轮廓稀疏表示

设信号 $\boldsymbol{f}$ 是 $\mathbf{R}^N$ 的有限维子空间矢量，如果 $\boldsymbol{f}$ 的绝大多数元素都为 0，则 $\boldsymbol{f}$ 是严格

稀疏的。如果信号 $\boldsymbol{f}$ 不稀疏，但它在某种变换域中是稀疏的，则可以用 k 个标准脉冲星轮廓的线性组合来建模 $\boldsymbol{f}$，有

$$\boldsymbol{f}(u)=\boldsymbol{\Psi A}=\sum_{i=1}^{k}\varphi_i a_i \tag{3-28}$$

式中，a_i 为在字典 $\boldsymbol{\Psi}$ 中信号 $\boldsymbol{f}$ 的表示系数。

由于累积脉冲星轮廓与标准脉冲星轮廓仅相差一个相位，因此，累积脉冲星轮廓在基于标准脉冲星轮廓的变换域中是稀疏的。所以，可根据标准脉冲星轮廓 $\lambda(u)$ 设计出粗估计与精估计两级字典。

第一级由粗估计字典提供全局相位预估计。粗估计字典包含脉冲星轮廓所有相位，采样点数越多，字典原子间隔越小，脉冲星 TOA 估计越精确，但这种全局估计会增大计算复杂度。因此，第一级可先采用间隔大的粗估计字典对脉冲星 TOA 进行预估计，以减小计算复杂度。粗估计字典 $\boldsymbol{\Psi}_R$ 行列数为 $N_1\times N_1$：

$$\boldsymbol{\Psi}_R:=\{\varphi_{ri}(u)\,|\,\varphi_{ri}(u)=\lambda(u-\rho i)\}\,,i=0,1,2,\cdots,N_1-1 \tag{3-29}$$

式中，$\varphi_{ri}(u)$ 为字典中第 i 个原子；N_1 为第一级字典原子数量；ρ 为累积脉冲星轮廓与第一级输入信号的长度比，$\rho=N/N_1$；N 为脉冲星轮廓间隔数，$N_1<N,\rho>1$。

第二级由精估计字典提供对脉冲星 TOA 的局部精确估计。精估计字典只包含部分相位的原子，其数量少、间隔小，从而减少了字典行列数，降低了计算复杂度。精估计字典矩阵 $\boldsymbol{\Psi}_P$ 行列数为 $N\times D$，其数据量仅为传统字典的 D/N，D 为字典原子数量，$D<N$。即，原子数量远小于脉冲星轮廓间隔数。精估计字典表示如下：

$$\boldsymbol{\Psi}_P:=\{\varphi_{pj}(u)\,|\,\varphi_{pj}(u)=\lambda(u-j)\}\,,j=0,1,\cdots,D-1 \tag{3-30}$$

式中，$\varphi_{pj}(u)$ 为第 j 个原子。

累积脉冲星轮廓可由字典原子与稀疏系数表示为

$$\begin{cases}\boldsymbol{f}_R(u)=\displaystyle\sum_{i=1}^{k}\varphi_{ri}a_i\\[2ex]\boldsymbol{f}_P(u)=\displaystyle\sum_{j=1}^{k}\varphi_{pj}a_j\end{cases} \tag{3-31}$$

式中，$\boldsymbol{f}_R(u)$ 是粗估计累积脉冲星轮廓；a_i 是粗估计字典中第 i 个原子对应的稀疏系数；$\boldsymbol{f}_P(u)$ 是精估计累积脉冲星轮廓；a_j 是精估计字典中第 j 个原子的稀疏系数。

3.4.2　观测矩阵选取

观测矩阵的选取对数据采样和信号重构十分重要。在相同稀疏阶数下，Hadamard 矩阵的恢复效果优于随机 0-1 矩阵。因此，采用 Hadamard 矩阵作为观测矩阵。第一级粗估计观测矩阵 $\boldsymbol{\Phi}_R$ 选取 Hadamard 矩阵的前 M_1 行，表示如下：

$$\boldsymbol{\Phi}_R=\boldsymbol{E}_R\cdot\boldsymbol{H} \tag{3-32}$$

$$\boldsymbol{y}_R=\boldsymbol{\Phi}_R\cdot\boldsymbol{f}_R=\boldsymbol{E}_R\cdot\boldsymbol{H}\cdot\boldsymbol{\Psi}_R\cdot\boldsymbol{A}_R=\boldsymbol{\Theta}_R\cdot\boldsymbol{A}_R \tag{3-33}$$

式中，$\boldsymbol{H}$ 为 Hadamard 矩阵；$\boldsymbol{E}_R = [\boldsymbol{I}_{M_1 \times M_1} \mid \boldsymbol{0}_{M_1 \times (N_1 - M_1)}]$ 为 $M_1 \times N_1$ 矩阵，用于选取 Hadamard 矩阵的前 M_1 行；$\boldsymbol{y}_R$ 是测量值；$\boldsymbol{f}_R$ 为第一级输入信号；$\boldsymbol{\Theta}_R$ 为感知矩阵；$\boldsymbol{A}_R$ 是一阶稀疏系数矩阵，$\boldsymbol{A}_R = \{a_0, a_1, a_2, \cdots, a_{N_1 - 1}\}$。

第二级精估计观测矩阵 $\boldsymbol{\Phi}_P$ 为

$$\boldsymbol{\Phi}_P = \boldsymbol{E}_P \cdot \boldsymbol{H} \tag{3-34}$$

$$\boldsymbol{y}_P = \boldsymbol{\Phi}_P \cdot \boldsymbol{f}_P = \boldsymbol{E}_P \cdot \boldsymbol{H} \cdot \boldsymbol{\Psi}_P \cdot \boldsymbol{A}_P = \boldsymbol{\Theta}_P \cdot \boldsymbol{A}_P \tag{3-35}$$

式中，$\boldsymbol{E}_P = [\boldsymbol{I}_{M_2 \times M_2} \mid \boldsymbol{0}_{M_2 \times (N - M_2)}]$ 为 $M_2 \times N$ 矩阵；$M_2 = Sa_2 N$，Sa_2 为第二级信号采样率；$\boldsymbol{f}_P$ 为第二级输入信号；$\boldsymbol{\Theta}_P$ 为感知矩阵。

3.4.3 脉冲星到达时间估计的流程

累积脉冲星轮廓的重构是一阶稀疏信号的优化问题，可选择正交匹配追踪算法进行累积脉冲星轮廓重构。脉冲星 TOA 估计由粗估计与精估计两级构成，图 3-22 为两级脉冲星 TOA 估计方法流程图。

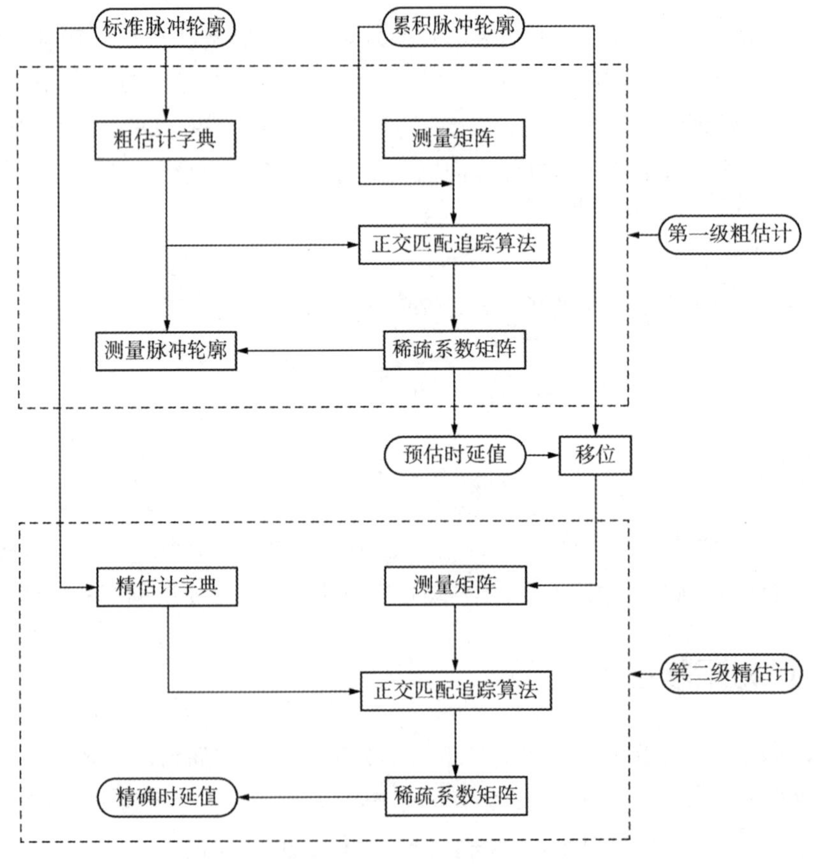

图 3-22　两级脉冲星 TOA 估计方法流程图

第一级粗估计与重构方法如下：

①初始化残差 $\boldsymbol{r}_0 = \boldsymbol{y}_R$ ，迭代选取的位置 $\boldsymbol{\Lambda} = \varphi$，增量矩阵 $\boldsymbol{T} = \varphi$，初始迭代次数 $i=1$。

②寻找感知矩阵中与残差投影系数最大，即内积最大的列原子矢量，保存最大投影系数对应的位置 $\boldsymbol{\Lambda}_i = \boldsymbol{\Lambda}_{i-1} \cup \{t\}$, $t = \arg\max_t |\langle \boldsymbol{r}_{i-1}, \boldsymbol{\theta}_t \rangle|$ 。保存其对应的列原子矢量 $\boldsymbol{T}_i = \boldsymbol{T}_{i-1} \cup \boldsymbol{\theta}_t$ 。

③求 $\boldsymbol{y}_R = \boldsymbol{T}_i a_i$ 的最小二乘解 $\hat{a}_i$ 。

④输出稀疏系数 A，利用信号重构估计 t。

由第一级粗估计的输出索引值 t，可得脉冲星 TOA 预估值 $\tau_1 = t\rho$, ρ 为第二级与第一级输入信号的比值。脉冲星 TOA 精确估计值通过第二级得到。第二级精估计字典为 $N \times D$，只包含标准脉冲星轮廓的部分相位。因此，需利用预估脉冲星 TOA 值 τ_1 的先验条件，使累积脉冲星轮廓 $\boldsymbol{f}(u)$ 处于精估计字典包含的相位范围内，即将其移位到精估计字典中间位置 $D/2$，移位值为 $\Delta = D/2 - \tau_1$ ，移位修正后的输入信号为 $\boldsymbol{f}_P(u) = \boldsymbol{f}(u - \Delta)$，再进行第二级脉冲星 TOA 精确估计。

第二级精估计方法如下：

①初始化残差 $\boldsymbol{r}_0 = \boldsymbol{y}_P$ ，迭代选取的位置 $\boldsymbol{\Lambda} = \varphi$，增量矩阵 $\boldsymbol{T} = \varphi$，初始迭代次数 $i=1$。

②寻找感知矩阵中与残差投影系数最大，即内积最大的列原子矢量，保留最大投影系数对应的位置 $\boldsymbol{\Lambda}_i = \boldsymbol{\Lambda}_{i-1} \cup \{t_1\}$, $t_1 = \arg\max_{t_1} |\langle \boldsymbol{r}_{i-1}, \boldsymbol{\theta}_{t_1} \rangle|$ 。保存其对应的列原子矢量 $\boldsymbol{T}_i = \boldsymbol{T}_{i-1} \cup \boldsymbol{\theta}_{t_1}$ 。

由第二级精估计的输出索引值 t_1，可得脉冲星 TOA 精确估计值 $\tau = (t\rho + t_1 - D/2) \times 10^{-6}\,\mathrm{s}$ 。

3.4.4　计算复杂度分析

在 CS 中，脉冲星轮廓字典行列数对脉冲星 TOA 估计精度影响很大。在脉冲星轮廓间隔数为 N，且采样率为 M/N 的情况下，如使用一级 CS 方法，若设 $N=32768$，字典原子间隔为 1 μs，则脉冲星轮廓字典行列数为 $N \times N$，即 32768×32768。可见一级 CS 的字典占用较大内存，且计算时间长。而采用两级 CS，一级字典行列数仅为 $N_1 \times N_1$，即 1024×1024，二级字典为 $N \times D$，即 32768×300，二级字典所占存储空间比一级字典小两个数量级。因此，两级 CS 能有效提高测量精度且兼顾合理的计算时间与内存。

3.4.5　仿真实验与结果分析

使用 EPN 数据与 RXTE 实测数据对两级 CS 进行了验证与分析。导航脉冲星为

B0531+21、B1821−24 和 B1937+21。根据 EPN 可仿真这三颗脉冲星的数据；RXTE 则提供 PSR B0531+21 的实测数据。

PSR B0531+21 的周期为 0.0334 s，宇宙背景噪声流量为 0.005 $ph \cdot cm^{-2} \cdot s^{-1}$，脉冲星光子流量为 1.54 $ph \cdot cm^{-2} \cdot s^{-1}$，其采用的 X 射线敏感器面积设为 800 cm^2。PSR B1821−24 和 B1937+21 的脉冲星光子流量分别为 $1.93\times10^{-4} ph \cdot cm^{-2} \cdot s^{-1}$ 和 $4.99\times10^{-5} ph \cdot cm^{-2} \cdot s^{-1}$，二者采用的 X 射线敏感器面积设为 1 m^2。计算机配置：CPU 为 Intel Core i5，内存为 8 GB。

3.4.5.1 EPN 仿真数据

(1) 累积时间

为验证两级 CS 在重构脉冲星轮廓方面的有效性，将两级 CS 与 EF 方法对 PSR B0531+21 恢复出的脉冲星轮廓 SNR 进行对比。设脉冲星轮廓间隔数为 $N=32768$。两级 CS 的第一级观测矩阵为 $M_1\times N_1$，其中，$N_1=1024$，$M_1=614$，则粗估计字典为 $N_1\times N_1$，采样率 Sa_1 为 $M_1/N_1=0.6$。第二级观测矩阵为 $M_2\times N_2$，其中，$N_2=N=32768$，$M_2=1024$，精估计字典为 $N_2\times D$，其中 $D=300$，采样率 Sa_2 为 $M_2/N_2=0.03125$。

图 3-23（a）（b）（c）分别给出了累积时间为 1 s、10 s、100 s 下两级 CS 与 EF 方法恢复出的累积脉冲星轮廓。

由图 3-23 可知，累积时间较短时，EF 方法获得的轮廓近似于噪声形状，而两级 CS 恢复出的累积脉冲星轮廓具有 PSR B0531+21 的明显形状，其 SNR 远高于 EF 方法；当累积时间较长时，如图 3-23（c）所示，两级 CS 和 EF 方法恢复出的累积脉冲星轮廓基本相同。因此，两级 CS 方法能重构出高 SNR 的累积脉冲星轮廓。

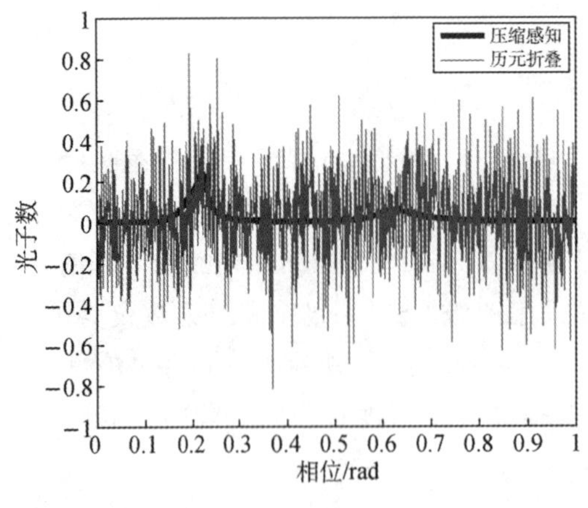

(a) 累积时间 1 s

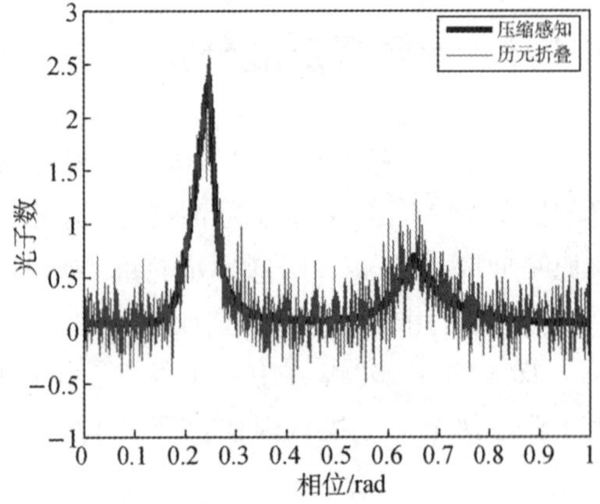

(b) 累积时间 10 s

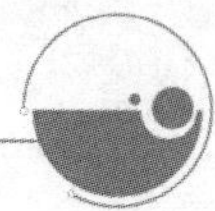

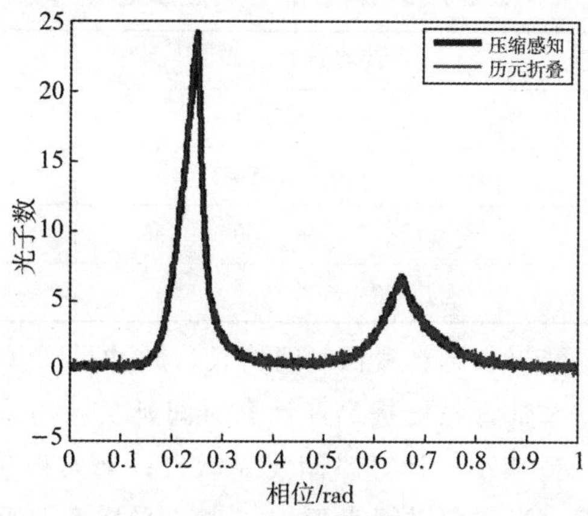

（c）累积时间 100 s

图 3-23　不同累积时间下不同方法重构轮廓

（2）采样率

观测矩阵行数与计算复杂度有关。当观测矩阵行数少时，计算复杂度较小，脉冲星 TOA 估计精度低；反之，计算复杂度大，脉冲星 TOA 估计精度高。采样率为观测矩阵行数与列数之比。

本节分析了 PSR B0531＋21 在不同采样率下的脉冲星 TOA 估计精度。第一级的字典和观测矩阵参数与第 3.4.5.1 节的（1）相同；第二级精估计字典行列数也与第 3.4.5.1 节的（1）相同，观测矩阵行列数为 $M_2 \times N_2$，其中，$N_2 = N = 32768$，M_2 为采样点数。

图 3-24（a）和（b）分别给出了累积时间为 10～100 s 和 500～2500 s 时不同采样率的估计误差值，不同采样率的计算时间如表 3-15 所示。

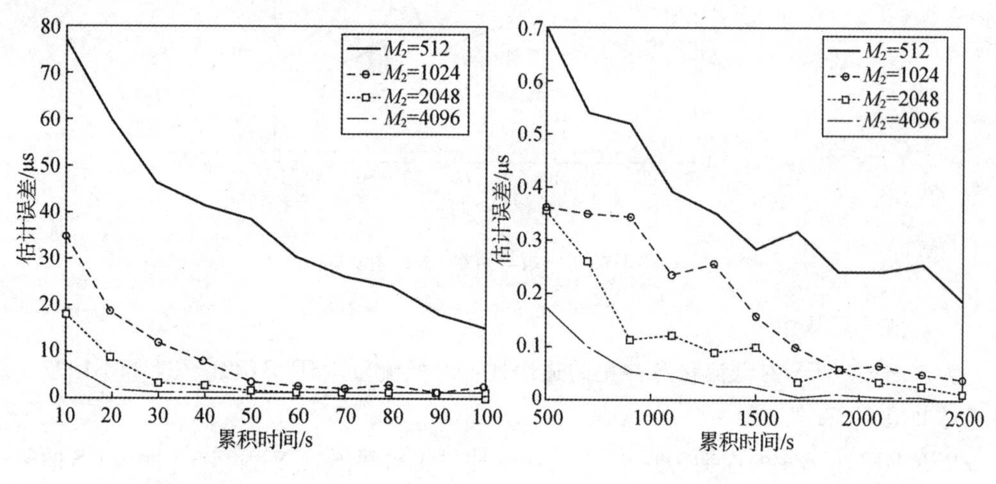

（a）累积时间 10～100 s　　（b）累积时间 500～2500 s

图 3-24　累积时间和采样率

表 3-15　不同采样率下的计算时间

采样率 Sa	两级计算时间/s	一级计算时间/s
0.015625	0.564174	61.494966
0.03125	0.967580	105.46622
0.0625	1.903259	207.455231
0.125	3.836607	418.190163

由图 3-24 与表 3-15 可知，随着累积时间增长，脉冲星 TOA 估计误差降低；随着采样率增大，脉冲星 TOA 估计精度提高，计算时间延长。当采样率大于 0.03125 时，脉冲星 TOA 估计误差缓慢减小，计算时间明显增大；当累积时间大于 40 s 时，选择 0.03125 为最优的采样率；当累积时间小于 40 s 时，采样率严重影响估计误差。所以，当累积时间较短时，有必要增大采样率，选择采样率为 0.125。

（3）两级 CS 与一级 CS

图 3-25 对比了两级 CS 与一级 CS 对 PSR B0531＋21 脉冲星 TOA 估计精度。两级 CS 的参数与第 3.4.5.1 节的（1）相同，一级 CS 的脉冲星轮廓间隔数为 $N=1024$，观测矩阵为 $M\times N$，其中，$M=614$，字典为 $N\times N$，采样率 Sa 为 $M/N=0.6$。

如图 3-25 所示，两级 CS 的脉冲星 TOA 估计精度高于一级 CS。随着累积时间延长，脉冲星 TOA 估计精度显著提高。

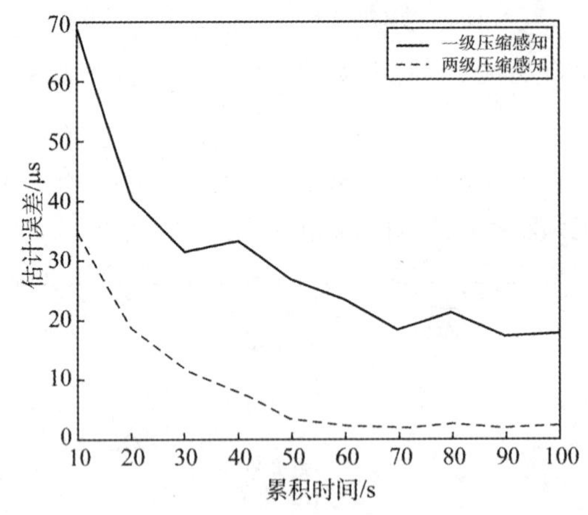

图 3-25　一级与两级 CS 的对比

（4）低流量脉冲星

为探索两级 CS 对低流量脉冲星的适用性，对低流量 PSR B1821－24 和 B1937＋21 进行脉冲星 TOA 估计。

PSR B1821－24 的周期为 0.00305 s，脉冲星轮廓间隔数 $N=4096$。两级 CS 的第一级粗估计字典为 $N_1\times N_1$，观测矩阵为 $M_1\times N_1$，$N_1=1024$，$M_1=614$，采样率 Sa_1 为 $M_1/N_1=0.6$；第二级精估计字典为 $N_2\times D$，观测矩阵为 $M_2\times N_2$，$N_2=N=4096$，

$M_2=512$，$D=300$，采样率 Sa_2 为 $M_2/N_2=0.125$。

PSR B1937＋21 的周期为 0.00156 s，脉冲星轮廓间隔数 $N=2048$，两级 CS 的第一级参数与 B1821－24 一致；第二级精估计字典为 $N_2\times D$，观测矩阵为 $M_2\times N_2$，$N_2=N=2048$，$M_2=1024$，$D=300$，采样率 Sa_2 为 $M_2/N_2=0.5$。

图 3-26（a）和（b）分别给出了 PSR B1821－24 和 PSR B1937＋21 累积时间在 1000～10000 s 的脉冲星 TOA 估计精度。可看出，随着累积时间延长，两颗脉冲星的 TOA 估计精度都提高。累积时间大于 1000 s 时，PSR B1821－24 的脉冲星 TOA 估计误差小于 22.51 μs；累积时间大于 2000 s 时，PSR B1937＋21 的脉冲星 TOA 估计误差小于 28.59 μs。可见，低流量脉冲星较 Crab 脉冲星需要更长的累积时间，才能得到较高脉冲星 TOA 估计精度。即使在较长累积时间下，两级 CS 对低流量脉冲星仍有效。

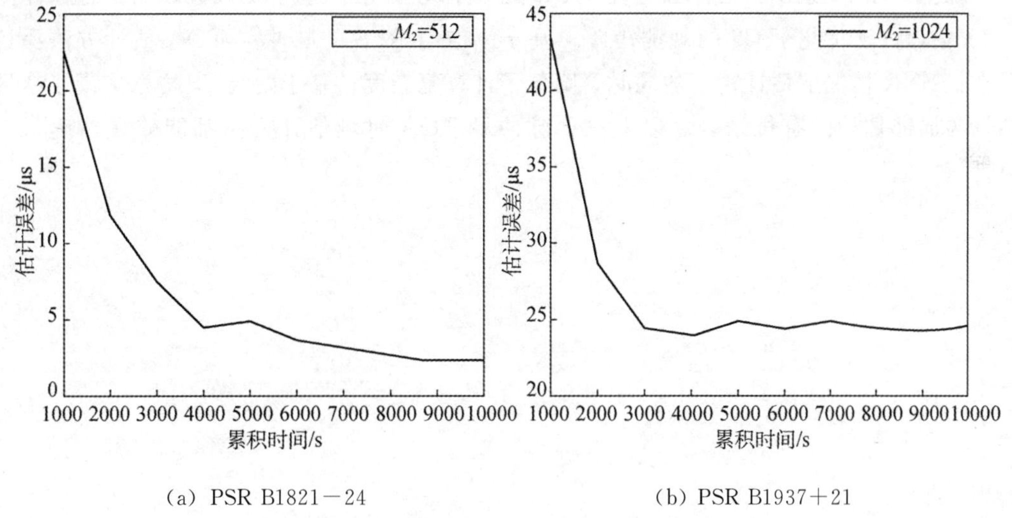

（a）PSR B1821－24　　（b）PSR B1937＋21

图 3-26　低流量脉冲星的 TOA 估计精度

3.4.5.2　RXTE 实测数据

为了验证两级 CS 方法的实用性，使用 RXTE 提供的 Crab 脉冲星实测数据进行验证。PSR B0531＋21 在 RXTE 中的数据包为 40805-01-05-000。表 3-16 对比分析了不同累积时间下分别采用 RXTE 实测数据与 EPN 数据脉冲星的 TOA 估计精度。其中，第二级观测矩阵行列数为 512×32768，其他实验条件与第 3.4.5.1 节的（1）一致。

由表 3-16 可知，随着累积时间延长，RXTE 实测数据与 EPN 数据得到的估计精度都有所提高，RXTE 实测数据得到的估计精度较 EPN 数据略有差异，但差距小。以上实验结果都表明了两级 CS 的有效性。

表 3-16　RXTE 实测数据与 EPN 数据

累积时间/s	RXTE 实测数据/μs	EPN 数据/μs
10	78.2932	77.23
30	55.0833	46.47
80	26.5455	23.91
100	21.1667	15.23

3.5　本章小结

综上，本章提出了三种脉冲星 TOA 时域估计方法。基于 GA-IMF-CS 的脉冲星 TOA 估计方法优化了 CS 的观测矩阵；基于小波与 RLS 的脉冲星 TOA 估计方法保持了在低 SNR 情况下估计精度的同时，降低了计算复杂度；基于两级 CS 方法实现了全局估计与局部估计的有机结合。以上三种脉冲星 TOA 时域估计方法都能兼顾精度与实时性。

第 4 章　脉冲星到达时间的变换域估计

脉冲星 TOA 是脉冲星导航系统的基本测量值。脉冲星 TOA 估计方法可分为时域方法与变换域方法。上一章已介绍了脉冲星 TOA 估计的三种时域方法，本章介绍两种变换域方法。变换域方法虽不受采样的限制，但对噪声更敏感。考虑到 FRFT 能将脉冲星信号集中到某一分数阶数，双谱抑噪能力强，所以，提出了两种抗噪声的脉冲星 TOA 变换域估计方法：基于 FRFT 的脉冲星 TOA 估计[29]，基于小波－双谱的快速脉冲星 TOA 估计[30]。

4.1　基于分数阶傅立叶变换的脉冲星到达时间估计

常用的脉冲星 TOA 变换域估计方法包括 Taylor FFT 和双谱法。二者都是基于傅立叶变换这一数学工具。傅立叶变换是一种广泛应用的研究平稳信号的有效数学工具。但是，傅立叶变换无法有效处理非平稳信号。脉冲星周期虽然稳定，但是受脉冲星自行现象和多普勒效应等的影响，脉冲星信号属于非平稳信号。此外，傅立叶变换无法有效处理复杂的宇宙背景噪声。而 FRFT 能有效解决非平稳信号问题，在处理脉冲星 TOA 估计问题上极具潜力。

本节将 FRFT 与广义加权互相关方法相结合[29]，以获得高精度的脉冲星 TOA 估计。首先，将标准脉冲星轮廓和累积脉冲星轮廓变换到最优的 FRFT 变换域中，再利用广义加权互相关法处理 FRFT 变换域中的脉冲星轮廓，最后，估计出脉冲星 TOA。

4.1.1　广义加权互相关估计

本节介绍和分析了广义加权互相关方法在脉冲星导航中如何实现脉冲星 TOA 估计，建立了广义加权互相关脉冲星 TOA 估计方法的数学模型，分析了其优点和缺陷。还介绍了几种用于广义加权互相关法中的几种加权函数。

4.1.1.1　基本框架

在脉冲星 TOA 估计领域中，CC 方法应用广泛，其根据两路信号的相互关系，取其互相关函数峰值对应的滞后为其脉冲星 TOA 估计值。下面介绍广义加权互相关的基本数学模型。设接收到的信号 $x_1(t)$ 、$x_2(t)$ 满足关系：

$$x_1(t) = s(t) + n_1(t) \tag{4-1}$$

$$x_2(t) = s(t-D) + n_2(t) \tag{4-2}$$

式中，$s(t)$ 为原信号，在脉冲星导航中可表示为标准脉冲星轮廓；$n_1(t)$ 和 $n_2(t)$ 分别为加性噪声；D 为脉冲星 TOA 真值。由信号 $x_1(t)$ 、$x_2(t)$ 可获得两者时域互相关函数 $R_{x_1x_2}(\tau)$ 如下：

$$\begin{aligned} R_{x_1x_2}(\tau) &= \int_{-\infty}^{\infty} x_1(t)x_2(t+\tau)\mathrm{d}t \\ &= \int_{-\infty}^{\infty} [s(t)+n_1(t)][s(t-D+\tau)+n_2(t)]\mathrm{d}t \\ &= E[s(t)s(t-D+\tau)] \\ &= R_{ss}(t-D) \end{aligned} \tag{4-3}$$

由式（4-3）可知，$R_{x_1x_2}(\tau)$ 为最大时，$R_{ss}(t-D)$ 也达到最大。所以，互相关函数峰值所对应的函数自变量值即为脉冲星 TOA 估计的最优解。

虽然传统的 CC 方法容易实现并且计算复杂度极小，但当信号与噪声、噪声与噪声之间的关联性过强时，CC 方法会出现大的误差，影响脉冲星 TOA 估计的效果。为了解决这一问题，提出了广义加权互相关方法，利用加权函数的去互相关特性，在频域中对信号和噪声都进行去相关处理，可以使互相关函数峰值更加突出，从而得到更高的脉冲星 TOA 估计精度。广义加权互相关方法的流程图如图 4-1 所示。

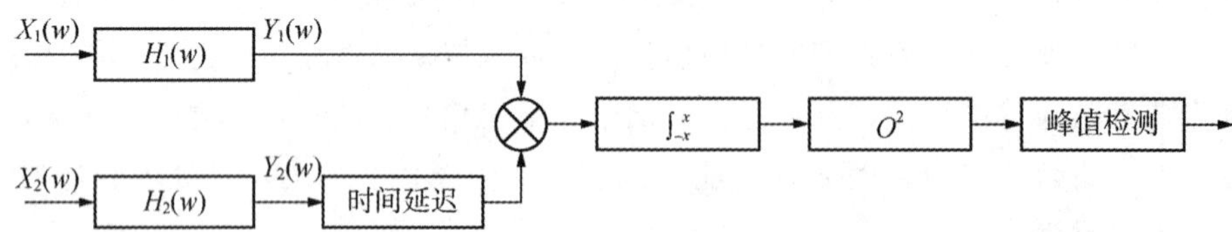

图 4-1　广义加权互相关方法流程图

$$G_{y_1y_2}(w) = H_1(w)H_2^*(w)G_{x_1x_2}(w) = \Psi(w)G_{x_1x_2}(w) \tag{4-4}$$

$$R_{y_1y_2}(\tau) = \int_{-\infty}^{\infty} G_{y_1y_2}(w)\cdot \mathrm{e}^{\mathrm{j}2\pi\omega\tau}\mathrm{d}w \tag{4-5}$$

4.1.1.2　加权函数

一个合适的加权函数对于提高广义加权互相关方法的估计精度极为重要，下面介绍广义加权互相关方法中的加权函数，并做简单的分析。首先由图 4-1 可知，当 $H_1(w)H_2^*(w)$ 为 1 时，就是传统的 CC，其他的加权方法如下。

①Roth 加权法。其加权函数如式（4-6）。Roth 加权法的优点是可抑制强噪声频带，其缺点是会将相关函数的峰展宽。

$$\Psi(w) = \frac{1}{G_{x_1x_1}} \tag{4-6}$$

②平滑相干变换（smoothed coherence transformation，SCOT）加权法。其加权函数如式（4-7），加权的同时考虑两个通道，能有效抑制两路信号中噪声大的频带。当 $G_{x_1x_1}=G_{x_2x_2}$ 时，SCOT 和 Roth 两种加权法是等效的，所以有互相关函数的峰被展宽的弊端。

$$\Psi(w)=\frac{1}{\sqrt{G_{x_1x_1}G_{x_2x_2}}} \tag{4-7}$$

③相位变换（phase transformation，PHAT）加权法。其加权函数如式（4-8）。PHAT 加权法等价于白化滤波，使用 $|G_{x_1x_2}|$ 对频域互功率谱 $G_{x_1x_2}$ 进行加权，在互功率谱能量极小时，脉冲星 TOA 估计精度会产生较大误差。

$$\Psi(w)=\frac{1}{|G_{x_1x_2}|} \tag{4-8}$$

④Echart 加权法。其加权函数如式（4-9）。该方法以最高 SNR 为其优化目标，可抑制强噪声频带，同时也不会有 PHAT 加权的弊端。但 Eckart 加权法要同时对信号噪声的功率谱进行计算，这要求方法实现过程中先对源信号和噪声进行处理。因此，该加权法将会增加脉冲星 TOA 估计的计算复杂度。

$$\Psi(w)=\frac{aG_{x_1x_1}}{G_{n_1n_1}G_{n_2n_2}} \tag{4-9}$$

⑤多层/多线程（multi level/hyperthreading，ML/HT）加权法。其加权函数如式（4-10）。ML/HT 加权法理论上为统计意义下的最优滤波器，但其弊端也很明显，其抑制了信号的统计特性。

$$\Psi(w)=\frac{|r_{12}|^2}{G_{x_1x_2}(1-|r_{12}|^2)} \tag{4-10}$$

式中，$|r_{12}|^2$ 为模平方相干函数。

4.1.2　基于分数阶傅立叶变换的广义加权互相关估计

在脉冲星导航中，累积脉冲星轮廓的累积时间不宜过长，否则会影响 X 射线脉冲星自主导航的实时性。而累积时间较短则会导致累积脉冲星轮廓 SNR 低。这将需要一个高精度的脉冲星 TOA 估计方法保证抗噪能力、估计精度和运算速度。为此，本节提出一种基于 FRFT 的广义加权互相关脉冲星 TOA 估计方法。该方法首先在地面站进行仿真实验，找出抑噪能力最优的旋转角 α，将其储存于航天器中。然后在航天器端通过基于 FRFT 改进的广义加权互相关方法对接收到的 X 射线脉冲星信号进行处理，最终通过基于 FRFT 的互相关函数的极值点实现脉冲星 TOA 精确估计。同时，地面站也可以不断将更新的最优旋转角 α 传送到航天器端，确保航天器端导航系统脉冲星 TOA 估计的精度，即确保脉冲星导航的精确性。

4.1.2.1　数学模型

基于 FRFT 的广义加权互相关脉冲星 TOA 估计分为两部分：一部分为地面站对接

收到的脉冲星信号进行处理，并选择抑噪能力强的旋转角 α，将其传送至航天器端；另一部分，航天器端采用基于 FRFT 的脉冲星 TOA 估计方法对接收到的 X 射线脉冲星信号进行处理，获取高精度的脉冲星 TOA 估计。

设 $x(t)$ 和 $y(t)$ 分别为标准和累积脉冲星轮廓，将两个脉冲星轮廓变换到 FRFT 域内，如式（4-11）和式（4-12）：

$$X_\alpha(w)=\int_{-\infty}^{\infty}x(t)K_\alpha(u,t)=F^\alpha(x(t)) \tag{4-11}$$

$$Y_\alpha(w)=\int_{-\infty}^{\infty}y(t)K_\alpha(u,t)=F^\alpha(y(t)) \tag{4-12}$$

标准脉冲星轮廓和累积脉冲星轮廓的 FRFT 自相关函数和两个脉冲星轮廓的 FRFT 互相关函数分别为式（4-13）、式（4-14）和式（4-15）：

$$R_{xx}^\alpha(\tau)=F^{-\alpha}[G_{xx}^\alpha(w)] \tag{4-13}$$

$$R_{yy}^\alpha(\tau)=F^{-\alpha}[G_{yy}^\alpha(w)] \tag{4-14}$$

$$R_{xy}^\alpha(\tau)=F^{-\alpha}[G_{xy}^\alpha(w)] \tag{4-15}$$

式中，$G_{xx}^\alpha(w)$ 和 $G_{yy}^\alpha(w)$ 分别为标准脉冲星轮廓和累积脉冲星轮廓的自功率谱；$G_{xy}^\alpha(w)$ 为标准脉冲星轮廓和累积脉冲星轮廓的互功率谱。

基于 FRFT 的广义加权互相关脉冲星 TOA 估计方法采用的加权函数为 SCOT 加权函数，由式（4-13）和式（4-14）得到频域内基于 FRFT 的 SCOT 加权函数 $H^\alpha(w)$：

$$H^\alpha(w)=\frac{1}{\sqrt{G_{xx}^\alpha(w)G_{yy}^\alpha(w)}} \tag{4-16}$$

对 FRFT 互功率谱 $G_{xy}^\alpha(w)$ 加权，得到加权互功率谱 $\hat{G}_{xy}^\alpha(w)$：

$$\hat{G}_{xy}^\alpha(w)=H^\alpha(w)G_{xy}^\alpha(\omega)=\frac{G_{xy}^\alpha(\omega)}{\sqrt{G_{xx}^\alpha(w)G_{yy}^\alpha(w)}} \tag{4-17}$$

最后，通过分数阶傅立叶逆变换将基于 FRFT 的加权互功率谱 $\hat{G}_{xy}^\alpha(w)$ 变换回时域，得到基于 FRFT 的互相关函数 $\hat{R}_{xy}^\alpha(\tau)$：

$$\hat{R}_{xy}^\alpha(\tau)=F^{-\alpha}[\hat{G}_{xy}^\alpha(w)] \tag{4-18}$$

寻找基于 FRFT 的互相关函数 $\hat{R}_{xy}^\alpha(\tau)$ 的峰值，其峰值对应的 τ 为脉冲星 TOA 估计 $\hat{D}$：

$$\hat{D}=\arg\max_\tau[\hat{R}_{xy}^\alpha(\tau)] \tag{4-19}$$

将 α 值在周期内以 $0.001\pi/2$ 的增量递增取值，通过遍历所有 α 取值，选取对该 X 射线脉冲星信号抑噪能力最强的 α 值。为每个 X 射线脉冲星选择不同的 α 值，将针对不同脉冲星的 α 值储存于航天器端。航天器上搭载的 X 射线敏感器捕捉到的 X 射线脉冲星光子，经过 EF 和坐标变换处理后，利用存储在航天器上的 α 值，针对不同的 X 射线脉冲星信号利用基于 FRFT 的广义加权互相关脉冲星 TOA 估计方法，获取该脉冲星的高精度 TOA 估计。该方法进一步提高了脉冲星 TOA 估计的精度，进而提高脉冲星导航空间三维状态估计的准确性。

遍历所有旋转角 α，搜索抑噪能力最强的 α 值。这种最优旋转角 α 值搜索方式的计算复杂度大。基于 FRFT 的广义加权互相关方法中，通过对最优 α 值的搜索范围进行限制，以减小最优 α 值搜寻的计算复杂度，进而提高搜索效率。下面将对此进行说明。

设 $\alpha_1 = \alpha + \pi(0 \leqslant \alpha \leqslant \pi)$，基于 FRFT 的广义加权互相关的互功率谱表示为

$$\hat{G}_{xy}^{\alpha_1}(w) = \hat{G}_{xy}^{\alpha+\pi}(w) = H^{\alpha+\pi}(w)G_{xy}^{\alpha+\pi}(w) \tag{4-20}$$

由式（4-13）至式（4-15）可得

$$\begin{aligned}\hat{G}_{xy}^{\alpha+\pi}(w) &= \frac{X_{\alpha+\pi}(w)Y_{\alpha+\pi}^{*}(w)}{\sqrt{X_{\alpha+\pi}(w)X_{\alpha+\pi}^{*}(w)Y_{\alpha+\pi}(w)Y_{\alpha+\pi}^{*}(w)}} \\ &= \frac{X_{\alpha}(w)X_{\pi}(w)Y_{\alpha}^{*}(w)Y_{\pi}^{*}(w)}{\sqrt{X_{\alpha}(w)X_{\pi}(w)X_{\alpha}^{*}(w)X_{\pi}^{*}(w)Y_{\alpha}(w)Y_{\pi}(w)Y_{\alpha}^{*}(w)Y_{\pi}^{*}(w)}} \\ &= \frac{G_{xy}^{\alpha}(w)}{\sqrt{G_{xx}^{\alpha}(w)G_{yy}^{\alpha}(w)}} \\ &= \hat{G}_{xy}^{\alpha}(w)\end{aligned} \tag{4-21}$$

由式（4-21）可以发现，基于 FRFT 的广义加权互相关方法在区间 $[0,\pi]$ 和 $[\pi,2\pi]$ 取得同样的效果，因此无须在整个周期内搜寻最优 α 值，只需要在区间 $[0,\pi]$ 或者 $[\pi,2\pi]$ 内寻优即可。下面将证明基于 FRFT 的广义加权互相关方法也无须在整个区间 $[0,\pi]$ 或者 $[\pi,2\pi]$ 内寻优，只需要在区间 $[0,\pi/2]$ 或者 $[\pi/2,\pi]$ 内搜寻最优 α 值。

设 $\alpha_2 = \pi - \alpha(0 \leqslant \alpha \leqslant \pi/2)$，基于 FRFT 的广义加权互相关的互功率谱表示为

$$\hat{G}_{xy}^{\alpha_2}(w) = \hat{G}_{xy}^{\pi-\alpha}(w) = H^{\pi-\alpha}(w)G_{xy}^{\pi-\alpha}(w) \tag{4-22}$$

由式（4-13）至式（4-15）可得

$$\begin{aligned}\hat{G}_{xy}^{\pi-\alpha}(w) &= \frac{X_{\pi-\alpha}(w)Y_{\pi-\alpha}^{*}(w)}{\sqrt{X_{\pi-\alpha}(w)X_{\pi-\alpha}^{*}(w)Y_{\pi-\alpha}(w)Y_{\pi-\alpha}^{*}(w)}} \\ &= \frac{X_{-\alpha}(w)X_{\pi}(w)Y_{-\alpha}^{*}(w)Y_{\pi}^{*}(w)}{\sqrt{X_{-\alpha}(w)X_{\pi}(w)X_{-\alpha}^{*}(w)X_{\pi}^{*}(w)Y_{-\alpha}(w)Y_{\pi}(w)Y_{-\alpha}^{*}(w)Y_{\pi}^{*}(w)}} \\ &= \frac{G_{xy}^{\alpha}(w)}{\sqrt{G_{xx}^{\alpha}(w)G_{yy}^{\alpha}(w)}} \\ &= \hat{G}_{xy}^{\alpha}(w)\end{aligned} \tag{4-23}$$

根据式（4-23）可以发现，FRFT 互功率谱在区间 $[0,\pi]$ 是以 $\alpha=\pi/2$ 为对称轴而对称的。因此，只需要在区间 $[0,\pi/2]$ 内搜寻具有最优抗噪能力的 α，不再需要在整个周期中搜寻，这样可以减少为不同脉冲星找到最优 FRFT 域的时间。

4.1.2.2 方法流程

基于 FRFT 的广义加权互相关脉冲星 TOA 估计方法流程图如图 4-2 所示。

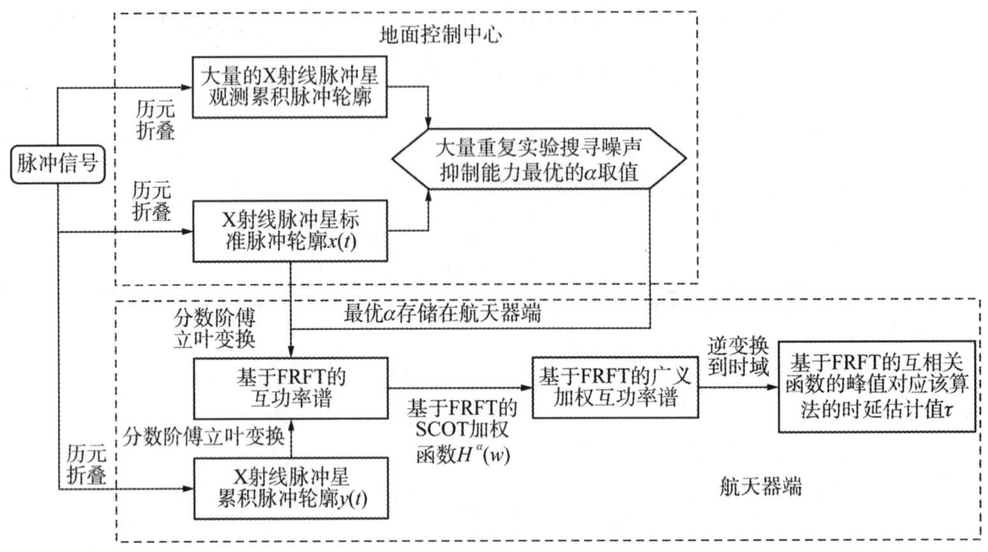

图 4-2 基于 FRFT 的广义加权互相关脉冲星 TOA 估计方法流程图

步骤 1：地面站通过长期累积来自不同脉冲星的光子信号，对其进行坐标变换和 EF 处理，获取标准脉冲星轮廓，并通过仿真实验获取 X 射线脉冲星的最优 α 值。

步骤 2：将地面站获取的不同 α 值储存到航天器端，为航天器端的脉冲星 TOA 估计方法提供最佳参数。

步骤 3：航天器端根据式（4-13）、式（4-14）和式（4-15），计算标准脉冲星轮廓和累积脉冲星轮廓的 FRFT 自功率谱 $G_{xx}^{\alpha}(w)$ 和 $G_{yy}^{\alpha}(w)$ 以及它们之间的 FRFT 互功率谱 $G_{xy}^{\alpha}(w)$。

步骤 4：通过式（4-16），利用标准脉冲星轮廓和累积脉冲星轮廓的 FRFT 自功率谱 $G_{xx}^{\alpha}(w)$ 和 $G_{yy}^{\alpha}(w)$ 计算基于 FRFT 的 SCOT 加权函数 $H^{\alpha}(w)$。

步骤 5：根据式（4-17），对基于 FRFT 的频域互相关函数 $G_{xy}^{\alpha}(w)$ 进行 SCOT 加权，获取 $\hat{G}_{xy}^{\alpha}(w)$。

步骤 6：根据式（4-18），通过分数阶傅立叶逆变换将基于 FRFT 的加权互功率谱 $\hat{G}_{xy}^{\alpha}(w)$ 变换到时域，得到基于 FRFT 的互相关函数 $\hat{R}_{xy}^{\alpha}(\tau)$。

步骤 7：根据式（4-19），检测 $\hat{R}_{xy}^{\alpha}(\tau)$ 的峰值所对应的 τ，即为所求的脉冲星 TOA 估计。

4.1.3　仿真实验与结果分析

本节对比基于 FRFT 的广义加权互相关方法与传统广义互相关方法（generalized cross correlation，GCC）。导航脉冲星是脉冲星 B0531＋21、B1821－24 和 B1937＋21。PSR B0531＋21 的脉冲星信号数据来自 RXTE 的实测数据。PSR B1821－24 和 PSR B1937＋21 的标准脉冲星轮廓来自 EPN。计算机配置：CPU 为 Intel Core i5，内存为 8 GB。

4.1.3.1　脉冲星轮廓的 Wigner-Ville 分布

本节对标准脉冲星轮廓和累积脉冲星轮廓进行时频分析。图 4-3（a）描述了 PSR B0531＋21 的归一化标准脉冲星轮廓和累积脉冲星轮廓，其中，累积时间为 20 s；图 4-3（b）描述了其归一化幅度谱。从图 4-3 可看出，脉冲星 B0531＋21 的能量分布不均匀，且集中在低频段。

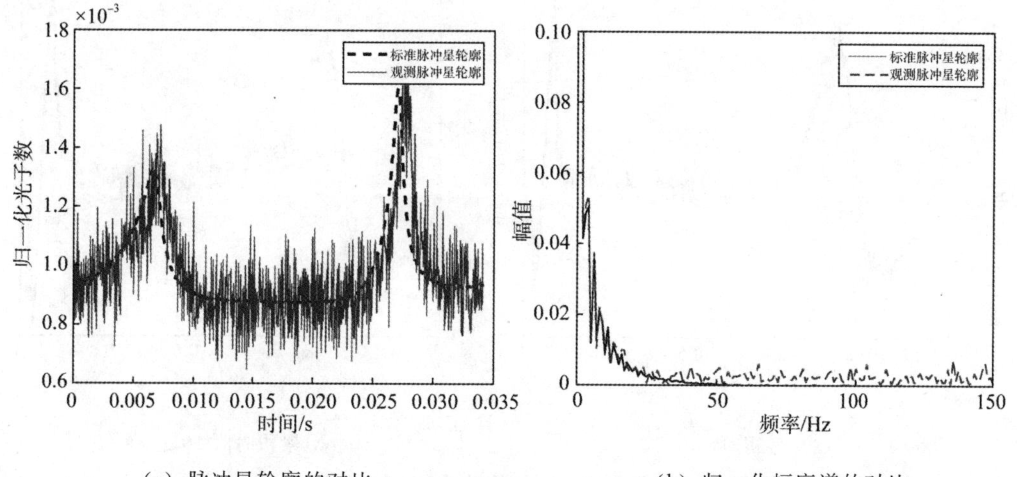

（a）脉冲星轮廓的对比　　（b）归一化幅度谱的对比

图 4-3　脉冲星 B0531＋21 的标准脉冲星轮廓和累积脉冲星轮廓的对比

图 4-4（a）和（b）分别描述了 PSR B0531＋21 的标准脉冲星轮廓和累积脉冲星轮廓的 Wigner-Ville 分布，其中，累积时间为 20 s。可看出，脉冲星信号的能量集中在信号的概貌部分，并且在脉冲星轮廓的两个峰处能量集中非常明显，并不是单纯地与坐标轴平行分布。因此，传统的傅立叶变换达不到对累积脉冲星轮廓中噪声的最佳抑制效果，需要利用 FRFT 来分析处理其累积脉冲星轮廓。

4.1.3.2　最佳分数阶数

图 4-5（a）和（b）分别分析了 PSR B0531＋21 在累积时间为 0.5 s 和 10 s 下，不

同分数阶数 p 对应的脉冲星 TOA 估计精度。可看出，p 为 0.971 时，抑噪效果最佳。

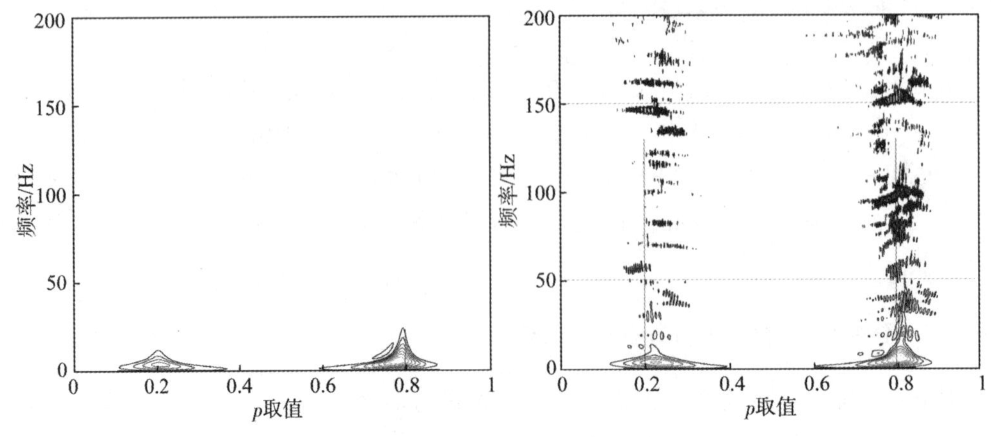

（a）标准脉冲星轮廓　　（b）累积脉冲星轮廓

图 4-4　PSR B0531＋21 轮廓的 Wigner-Ville 分布

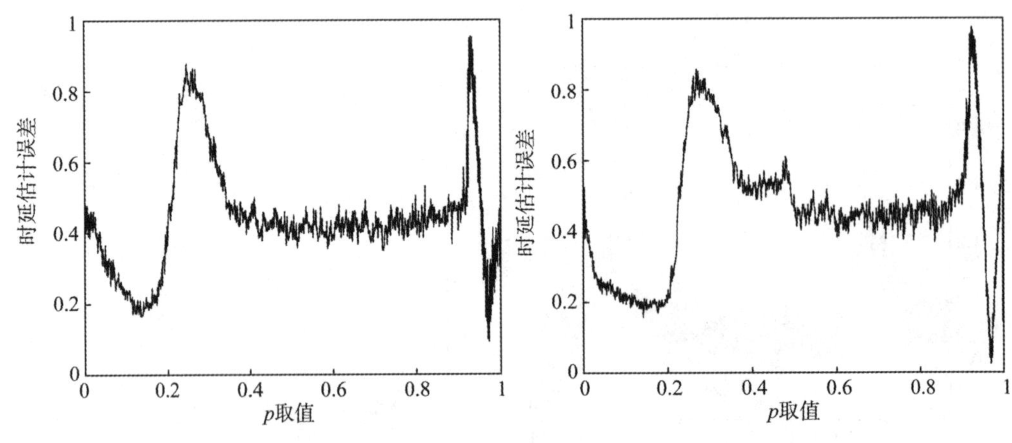

（a）累积时间 0.5 s　　（b）累积时间 10 s

图 4-5　分数阶数 p 对应的脉冲星 TOA 估计误差

4.1.3.3　基于 FRFT 的广义互相关方法与传统 GCC 方法

本节对比了基于 FRFT 的广义加权互相关方法与传统 GCC 方法的 TOA 估计精度。

图 4-6 和图 4-7 都是针对 PSR B0531＋21，图 4-6（a）和（b）的最佳分数阶数 p 分别为小分数阶数 0.971 和 1.029；图 4-7（a）和（b）的最佳分数阶数 p 分别为大分数阶 2.971 和 3.029。从图 4-6 和图 4-7 都可看出，基于 FRFT 的广义加权互相关方法的估计精度比传统 GCC 方法的高。还可看出，$p=0.971$ 的估计精度与 $p=1.029$ 的相等，$p=2.971$ 的估计精度与 $p=3.029$ 的相等，这证实了第 4.1.2.1 节中所述的对称性。

图 4-8 对比了两种方法对低流量 PSR B1821－24 和 B1937＋21 的脉冲星 TOA 估计精度。

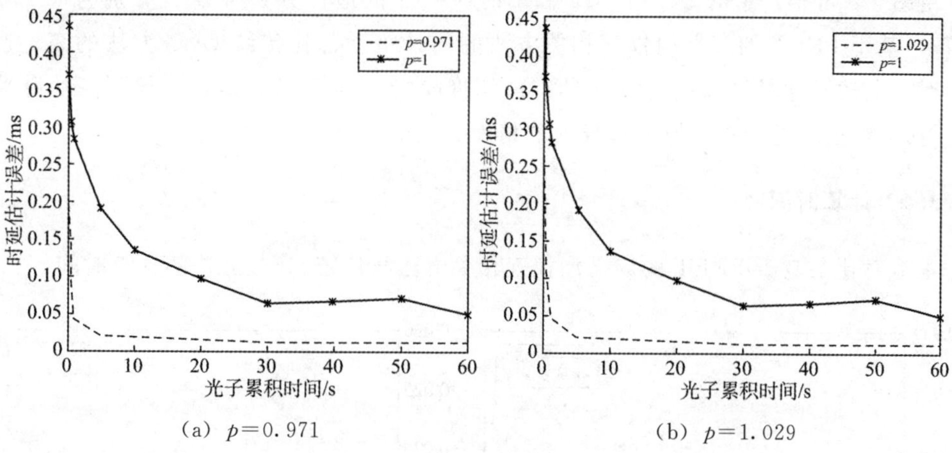

（a） $p=0.971$　　（b） $p=1.029$

图 4-6　基于 FRFT 的广义加权互相关与 GCC（小分数阶数）

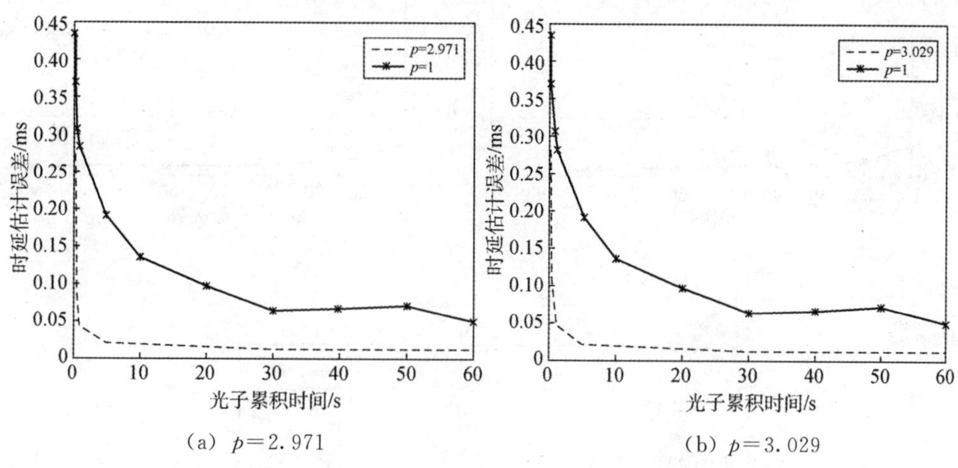

（a） $p=2.971$　　（b） $p=3.029$

图 4-7　基于 FRFT 的广义加权互相关与 GCC（大分数阶数）

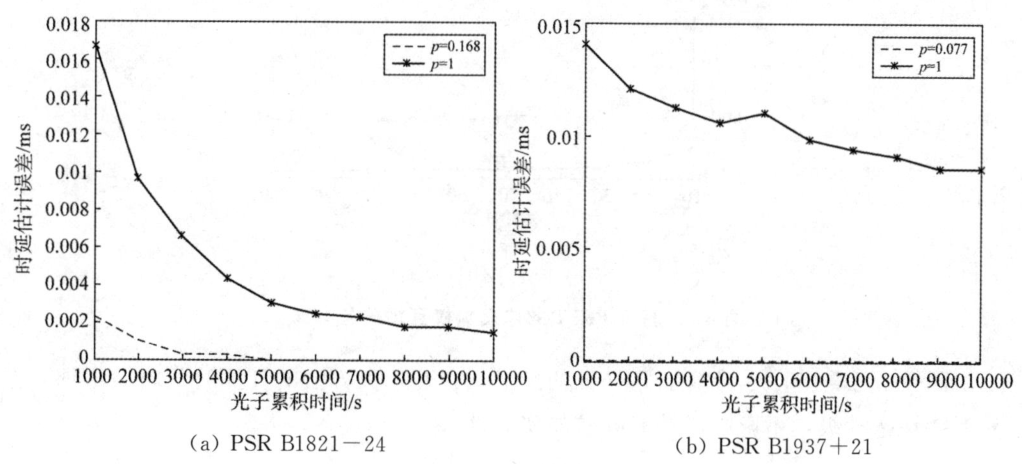

（a） PSR B1821－24　　（b） PSR B1937＋21

图 4-8　基于 FRFT 的广义加权互相关与 GCC（低流量脉冲星）

由图 4-8 可知，PSR B1821－24 和 B1937＋21 的最佳分数阶数 p 分别为 0.168 和 0.077，基于 FRFT 的广义加权互相关方法的估计精度都比传统 GCC 方法的高。这表明，对于上述脉冲星可以通过选择具有最佳抑噪能力的不同 p 值，获得更高的脉冲星 TOA 估计精度，进而提高脉冲星导航的精度。

4.1.3.4 计算时间

本节对比了基于 FRFT 的广义加权互相关方法与传统 GCC 方法的计算时间。

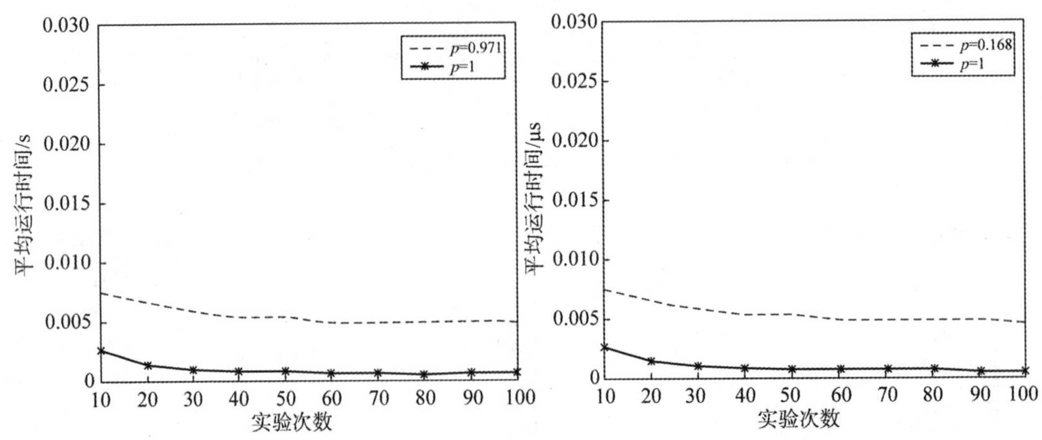

(a) PSR B0531＋21　　(b) PSR B1821－24

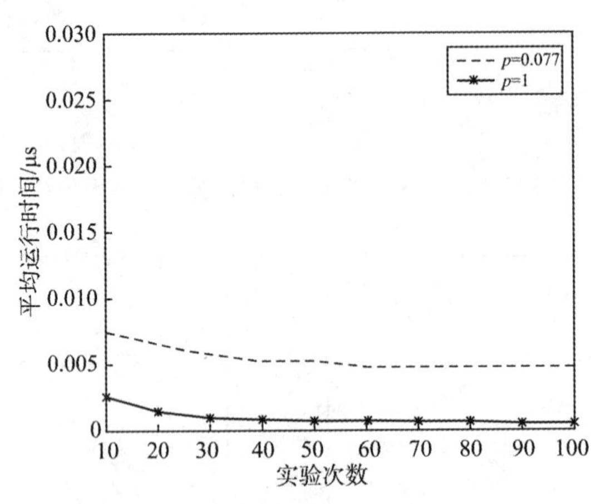

(c) PSR B1937＋21

图 4-9　基于 FRFT 的广义加权互相关与 GCC

由图 4-9 可看出，尽管基于 FRFT 的广义加权互相关方法的计算时间略微增加，但仍然保持在毫秒级，不影响脉冲星导航的实时性。

4.2　基于小波—双谱的快速脉冲星到达时间估计

由于双谱可有效抑制高斯噪声，因此在低 SNR 情况下，基于双谱的脉冲星 TOA 估计比 Taylor FFT 方法的精度更高。但是，二维傅立叶变换的计算复杂度大，这导致双谱的计算时间长。器载计算机的性能有限，且导航对实时性的要求高。在确保精度的同时减小计算复杂度是优化基于双谱的脉冲星 TOA 估计的关键。

针对基于双谱的脉冲星 TOA 估计方法计算复杂度大这一问题，本节结合双谱以及小波变换的优点，分析了标准脉冲星轮廓和累积脉冲星轮廓的双谱特征，提出一种计算复杂度更小、速度更快的双谱脉冲星 TOA 估计方法[30]。该方法只选用包含绝大部分脉冲星轮廓信息的概貌成分，再通过对比脉冲星轮廓的自双谱和互双谱，求解平方累积误差的极值点，实现脉冲星 TOA 估计。

4.2.1　双谱估计

Taylor FFT 方法是脉冲星 TOA 估计的常用方法，其估计精度取决于累积脉冲星轮廓的 SNR，不同于时域方法受限于脉冲星轮廓的时间分辨率。虽然如此，脉冲星存在不确定因素，如脉冲星周期跃变、相对论效应、行星自行及其他干扰等，累积脉冲星轮廓中仍混有一定的干扰与噪声。本节介绍了采用能有效抑制高斯噪声的传统双谱方法进行脉冲星 TOA 估计。

4.2.1.1　脉冲星轮廓的双谱

高阶统计量在处理非因果、非最小相位系统以及非高斯信号问题上得到了大量的应用。相比于二阶统计量比如信号的功率谱以及相关函数，高阶统计量能反映出一定的相角信息，故其在信号处理领域使用广泛。在脉冲星 TOA 估计领域高阶统计量也有很大用途。在工程应用与实际生活中，大多数信号都是非高斯平稳随机过程，而加性噪声一般独立且其均值为零，是平稳高斯过程。若已知信号是均值为零的平稳高斯序列，则其三阶累积量为零，故可以在高阶域内消除加性高斯噪声的影响。

双谱是高阶统计量中阶数最普遍的一种谱，其阶数为 3，一般是复值的，具有幅值和相位，同时能够有效抑制高斯白噪声，故广泛应用于参数估计领域。求信号的双谱可通过两种方法：直接法和间接法。已知 $x(n)$ 为随机过程，取其中一定长度的观测序列并求其傅立叶序列，再对选择的定长序列进行三重相关运算，此为直接法；间接法的顺序与直接法相反，先通过计算得到序列的三阶累积量，再对其做傅立叶变换即为相应的双谱值。

设实测数据的长度是 N，序列为 $\{x(0), x(1), \cdots, x(n-1)\}$ 以及 $\{y(0), y(1), \cdots, y(n-1)\}$，将 N 个数据分为 M 段，每段长度为 L，则 $N=ML$，每段数

据减去其均值，则直接法与间接法的具体过程分别如下。

（1）直接法

计算上述两序列的 DFT（discrete Fourier transform，DFT）系数 $X(w)$、$Y(w)$，其中 $w=0,1,\cdots,L/2,i=1,2,\cdots,M$，$\{x^i(n),n=0,1,\cdots,M-1\}$ 是第 i 段数据：

$$X^i(w)=\frac{1}{L}\sum_{n=0}^{L-1}x^i(n)\exp(-j2\pi nw/L) \tag{4-24}$$

$$Y^i(w)=\frac{1}{L}\sum_{n=0}^{L-1}y^i(n)\exp(-j2\pi nw/L) \tag{4-25}$$

再计算 DFT 系数的三重相关：

$$B_{\text{SSS}_i}(w_1,w_2)=X^i(w_1)X^i(w_2)X^{i^*}(w_1+w_2) \tag{4-26}$$

$$B_{\text{SPS}_i}(w_1,w_2)=X^i(w_1)Y^i(w_2)X^{i^*}(w_1+w_2) \tag{4-27}$$

则所给数据的双谱估计为 M 段数据所估得的双谱值的平均值：

$$B_{\text{SSS}}(w_1,w_2)=\frac{1}{M}\sum_{i=1}^{M}B_{\text{SSS}_i}(w_1,w_2) \tag{4-28}$$

$$B_{\text{SPS}}(w_1,w_2)=\frac{1}{M}\sum_{i=1}^{M}B_{\text{SPS}_i}(w_1,w_2) \tag{4-29}$$

最终得到自双谱 $B_{\text{SSS}}(w_1,w_2)$ 以及互双谱 $B_{\text{SPS}}(w_1,w_2)$。

（2）间接法

计算上述两序列的三阶自累积量 $c_{xxx}(t_1,t_2)$、$c_{yyy}(t_1,t_2)$，以及三阶互累积量 $c_{xyx}(t_1,t_2)$：

$$c_{xxx}(t_1,t_2)=\frac{1}{N}\sum_{t=N_1}^{N_2}x(t)x(t+t_1)x(t+t_2) \tag{4-30}$$

$$c_{yyy}(t_1,t_2)=\frac{1}{N}\sum_{t=N_1}^{N_2}y(t)y(t+t_1)y(t+t_2) \tag{4-31}$$

$$c_{xyx}(t_1,t_2)=\frac{1}{N}\sum_{t=N_1}^{N_2}x(t)y(t+t_1)x(t+t_2)=c_{xxx}(t_1-t_0,t_2) \tag{4-32}$$

式中，t_0 是脉冲星轮廓 $\boldsymbol{x}$ 与 $\boldsymbol{y}$ 之间的脉冲星 TOA；$N_1=\max\{0,-t_1,-t_2\}$；$N_2=\max\{N-1,N-1-t_1,N-1-t_2\}$。

上述三阶累积量通过傅立叶变换即为所给数据的双谱：$B_{xxx}(w_1,w_2)$、$B_{yyy}(w_1,w_2)$、$B_{xyx}(w_1,w_2)$。且自双谱 $B_{xxx}(w_1,w_2)$ 与互双谱 $B_{xyx}(w_1,w_2)$ 之间满足：

$$B_{xyx}(w_1,w_2)=B_{xxx}(w_1,w_2)\mathrm{e}^{-j2\pi w_1t_0} \tag{4-33}$$

根据式（4-33）得到 PSR B0531+21 标准脉冲星轮廓双谱图如图 4-10 所示。图 4-10（a）为标准脉冲星轮廓的双谱切片图（w_1 为定值），可以看出低频部分的双谱幅值明显大于高频部分的双谱幅值，即脉冲星轮廓的双谱集中在低频部分；图 4-10（b）为标准脉冲星轮廓的双谱等高值图，同样看到脉冲星轮廓的双谱集中在概貌部分。

由于脉冲星轮廓的双谱信息集中在低频部分，而高频部分的双谱幅值很小，故受噪声影响较大，无法准确估计高频段双谱的相位变化，且高频部分中包含影响双谱法估计精度的非高斯噪声。为此，采用小波变换将脉冲星轮廓进行分解，得到包含信号双谱信息的概貌部分，舍弃细节部分，减小了计算复杂度，能在保证估计精度的前提下缩短计算时间。

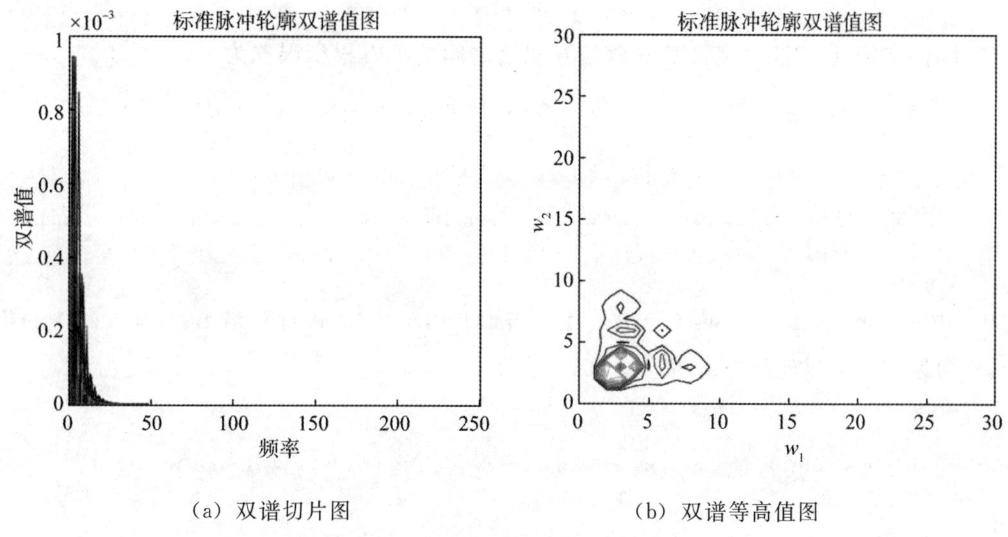

(a) 双谱切片图　　(b) 双谱等高值图

图 4-10　PSR B0531＋21 的双谱图

图 4-11 所示为脉冲星轮廓的三阶小波能量谱。可以看到，能量集中在第一频段上，小波分解后的信号能量为原信号的 99.9%，能量的损失可忽略不计，故利用小波分解得到脉冲星轮廓的概貌部分进行脉冲星 TOA 估计是可行的。由于脉冲星信号是非平稳信号，相比于通过傅立叶变换得到概貌分量，小波分解具有更好的时频局部性，后续实验也验证了基于小波－双谱的脉冲星 TOA 估计性能更优。

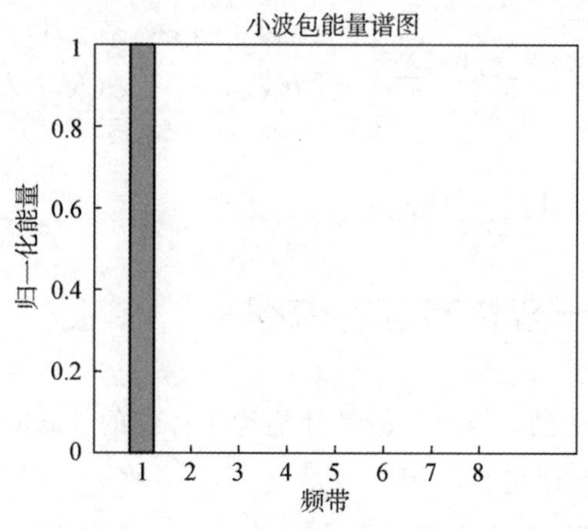

图 4-11　脉冲星轮廓的三阶小波能量谱

4.2.1.2 双谱估计方法

通过双谱方法得到标准脉冲星轮廓的自双谱：

$$B_{SSS}(w_1,w_2)=X(w_1)X(w_2)X^*(w_1+w_2) \tag{4-34}$$

以及标准脉冲星轮廓与累积脉冲星轮廓的互双谱：

$$B_{SPS}(w_1,w_2)=X(w_1)Y(w_2)X^*(w_1+w_2) \tag{4-35}$$

参考 Taylor FFT 方法，定义自双谱与互双谱之间的平方累积误差为

$$\begin{aligned}\chi^2(\tau)&=\sum_{w_1}\sum_{w_2}\left|\,|B_{SPS}(w_1,w_2)|-|B_{SSS}(w_1,w_2)|\exp[i\theta(w_1,w_2)-i\varphi(w_1,w_2)-i2\pi w_1\tau/N]\right|\\&=\sum_{w_1}\sum_{w_2}\left|\begin{matrix}|B_{SPS}(w_1,w_2)|^2+|B_{SSS}(w_1,w_2)|^2-\\2|B_{SSS}(w_1,w_2)|\,|B_{SPS}(w_1,w_2)|\exp[i\theta(w_1,w_2)-i\varphi(w_1,w_2)-i2\pi w_1\tau/N]\end{matrix}\right|\end{aligned} \tag{4-36}$$

式中，$\theta(w_1,w_2)$、$\varphi(w_1,w_2)$ 分别是互双谱 $B_{SPS}(w_1,w_2)$ 和自双谱 $B_{SSS}(w_1,w_2)$ 的相位，τ 为累积脉冲星轮廓的脉冲星 TOA。由于：

$$\begin{aligned}&e^{i[\theta(w_1,w_2)-\varphi(w_1,w_2)-2\pi w_1\tau/N]}\\&=\cos[\theta(w_1,w_2)-\varphi(w_1,w_2)-2\pi w_1\tau/N]+i\sin[\theta(w_1,w_2)-\varphi(w_1,w_2)\\&\quad-2\pi w_1\tau/N]\end{aligned} \tag{4-37}$$

则

$$\sin[\theta(w_1,w_2)-\varphi(w_1,w_2)-2\pi w_1\tau/N]\xrightarrow{\tau\leftrightarrow t_0}0 \tag{4-38}$$

且

$$\frac{\partial\chi^2(\tau)}{\partial\tau}\xrightarrow{\tau^i\to t_0}0 \tag{4-39}$$

即当 τ 越接近真实脉冲星 TOAt_0 时，$\chi^2(\tau)$ 的值越小，则 $\partial\chi^2(\tau)/\partial\tau$ 越接近于 0：

$$\partial\chi^2(\tau)/\partial\tau=-4\pi/N\sum_{w_1}w_1\sum_{w_2}\left(\begin{matrix}|B_{SPS}(w_1,w_2)_A^j|\,|B_{SSS}(w_1,w_2)_A^j|\\\sin[\theta(w_1,w_2)-\varphi(w_1,w_2)-2\pi w_1\tau/N]\end{matrix}\right) \tag{4-40}$$

故可用式（4-40）估计脉冲星 TOAτ。

4.2.2 基于小波—双谱方法的流程

高斯噪声对双谱方法的影响小，故其性能优于传统的 Taylor FFT 方法。但是双谱方法的计算复杂度太大。究其原因，双谱是二维函数，故基于式（4-40）的脉冲星 TOA 估计的计算复杂度与双谱点数的平方成正比。而利用小波分解得到脉冲星轮廓的概貌部分，可以减少周期分段数，进而减小方法的计算复杂度，同时也消除了高频部分

的噪声对估计精度的影响。

4.2.2.1　小波－双谱方法

基于双谱的脉冲星 TOA 估计利用了三阶统计量特性，理论上高斯过程的双谱为零，所以双谱方法的精度不受高斯噪声的影响，故可在脉冲星轮廓累积时间较短时也可取得较高的精度。

设标准脉冲星轮廓 $\boldsymbol{s}$ 和累积脉冲星轮廓 $\boldsymbol{p}$ 经小波分解后的结果为

$$S_A^j = \langle \boldsymbol{s}, \varphi_j \rangle ; S_D^j = \langle \boldsymbol{s}, \psi_j \rangle \tag{4-41}$$

$$P_A^j = \langle \boldsymbol{p}, \varphi_j \rangle ; P_D^j = \langle \boldsymbol{p}, \psi_j \rangle \tag{4-42}$$

式中，S_A^j 、P_A^j 代表标准脉冲星轮廓与累积脉冲星轮廓的第 j 阶分解得到的概貌部分；S_D^j、P_D^j 代表脉冲星轮廓的第 j 阶分解得到的细节部分；φ 为尺度函数；ψ 为小波基函数。

选用近似部分进行双谱脉冲星 TOA 估计，设 $X_A^j(w)$、$Y_A^j(w)$ 分别是 S_A^j 和 P_A^j 的离散傅立叶变换，则可得到小波分解后标准脉冲星轮廓的自双谱：

$$B_{\mathrm{SSS}}(w_1, w_2)_A^j = X_A^j(w_1) X_A^j(w_2) X_A^{j^*}(w_1 + w_2) \tag{4-43}$$

以及小波分解后标准脉冲星轮廓与累积脉冲星轮廓的互双谱：

$$B_{\mathrm{SPS}}(w_1, w_2)_A^j = X_A^j(w_1) Y_A^j(w_2) X_A^{j^*}(w_1 + w_2) \tag{4-44}$$

式中，$w_1 = 0,1,\cdots,N/2^{(j+1)}$ ；$w_2 = 0,1,\cdots,N/2^{(j+1)}$ 。

参考式（4-44），可知自双谱与互双谱之间的平方累积误差为

$$\chi^2(\tau) = \sum_{w_1}\sum_{w_2}\left|\frac{|B_{\mathrm{SPS}}(w_1, w_2)_A^j| - |B_{\mathrm{SSS}}(w_1, w_2)_A^j|}{\exp[i\theta(w_1, w_2) - i\varphi(w_1, w_2) - i2\pi w_1 \tau / N]}\right|^2 \tag{4-45}$$

式中，$\theta(w_1, w_2)$ 、$\varphi(w_1, w_2)$ 分别是互双谱 $B_{\mathrm{SPS}}(w_1, w_2)_A^j$ 和自双谱 $B_{\mathrm{SSS}}(w_1, w_2)_A^j$ 的相位；τ 为累积脉冲星轮廓的脉冲星 TOA；当 τ 越接近真实脉冲星 TOA 时，$\chi^2(\tau)$ 的值越小，则 $\partial\chi^2(\tau)/\partial\tau$ 越接近于 0：

$$\partial\chi^2(\tau)/\partial\tau = -4\pi/N \sum_{w_1} w_1 \sum_{w_2}\left(\frac{|B_{\mathrm{SPS}}(w_1, w_2)_A^j|\,|B_{\mathrm{SSS}}(w_1, w_2)_A^j|}{\sin[\theta(w_1, w_2) - \varphi(w_1, w_2) - 2\pi w_1 \tau / N)]}\right) \tag{4-46}$$

故可用式（4-46）估计脉冲星 TOAτ 。

利用小波分解得到脉冲星轮廓的概貌部分，可以减少数据量，进而减小方法的计算复杂度，同时也消除了细节部分的噪声对估计精度的影响。若进一步减少数据量，虽能使方法计算复杂度更小，但会导致估计精度的下降；若希望估计精度高，则数据量就越大，那么计算复杂度呈平方增长。故需兼顾估计精度以及合理的计算时间和内存。图 4-12 为基于小波－双谱的快速脉冲星 TOA 估计流程图。

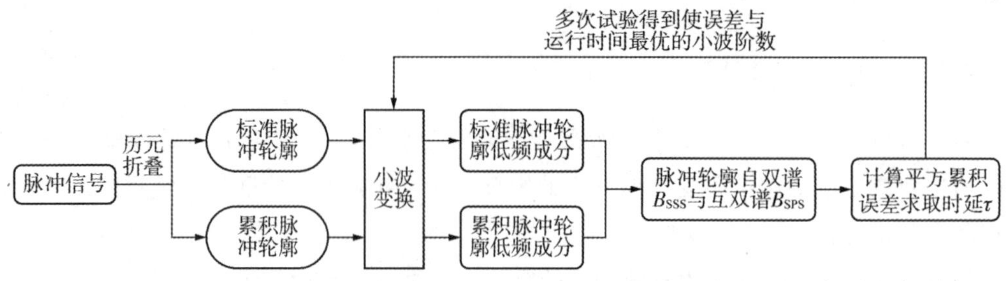

图 4-12　基于小波一双谱的快速脉冲星 TOA 估计流程图

4.2.2.2　计算复杂度分析

由式（4-36）、式（4-40）可知，传统双谱中的平方累积误差的计算复杂度大。若设脉冲星轮廓间隔数为 N，则双谱中的平方累积误差需 $N^2/2$ 次加法运算，$N^2/2+N/2$ 次乘法运算和 $N^2/4$ 次三角运算。若对脉冲星轮廓进行 n 阶小波分解，需 $2N(1-2^{-n})$ 次乘法运算与 $2(N-1)(1-2^{-n})$ 次加法运算。当小波分解阶数为 1 时，得到脉冲星轮廓间隔数为 $N/2$ 的概貌部分，平方累积误差需 $N^2/8$ 次加法运算，$N^2/8+N/4$ 次乘法运算和 $N^2/16$ 次三角运算，计算复杂度约为传统双谱的 1/4。传统双谱需 $N\times N$ 的双谱矩阵；小波的双谱矩阵仅为 $(N/2)\times(N/2)$，减少了双谱的数据存储量。

表 4-1　传统双谱与小波一双谱法的计算复杂度

方法	加法次数	乘法次数	三角运算次数	双谱矩阵行列数
传统双谱方法	$N^2/2$	$N^2/2+N/2$	$N^2/4$	$N\times N$
一阶小波一双谱法	$N^2/8$	$N^2/8+N/4$	$N^2/16$	$(N/2)\times(N/2)$
二阶小波一双谱法	$N^2/32$	$N^2/32+N/8$	$N^2/64$	$(N/4)\times(N/4)$

4.2.3　仿真实验与结果分析

为验证基于小波一双谱的快速脉冲星 TOA 估计的性能，分别对 PSR B0531＋21、PSR B1821－24 和 PSR B1937＋21 进行实验，其中脉冲星 B0531＋21 的实验数据来自 RXTE 的实测，数据包为 40805-01-05-000；PSR B1821－24、B1937＋21 的实验数据来自 EPN。计算机配置：CPU 为 Intel Core i5，内存为 8 GB。

4.2.3.1　估计精度

图 4-13 为 PSR B0531＋21 在小波一双谱法、传统双谱方法以及 Taylor FFT 方法下的估计精度对比。PSR B0531＋21 的脉冲星周期为 33.5 ms，设置相位点数为 1024。标准脉冲星轮廓是用整个数据包的信息累积得到，累积时间为 13580 s；对实测数据加上脉冲星 TOA 并经过不同累积时间得到累积脉冲星轮廓。

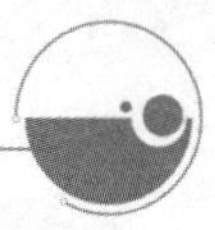

图 4-13（a）和（b）的累积时间分别为 1～10 s 和 10～100 s（实测数据）。由图 4-13（a）和（b）可知，小波－双谱法的估计精度比 Taylor FFT 方法高，与传统双谱法相近；在累积时间大于 10 s 以后，利用小波进行二阶分解后的脉冲星 TOA 估计精度要略优于传统双谱方法以及一阶小波分解的。

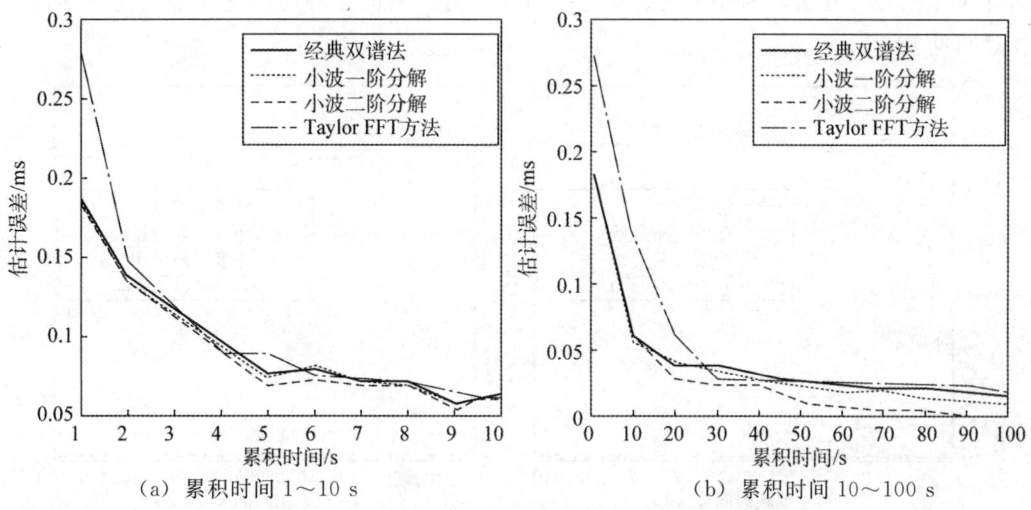

（a）累积时间 1～10 s　　（b）累积时间 10～100 s

图 4-13　PSR B0531＋21 在不同累积时间下的精度对比

为验证基于小波－双谱的快速脉冲星 TOA 估计方法的普适性，对低流量 PSR B1821－24 和 B1937＋21 也进行了同样的实验，结果如图 4-14 所示。PSR B1821－24 和 B1937＋21 的周期分别为 3.05 ms 和 1.56 ms，两颗脉冲星轮廓间隔数都设为 1024。由图 4-14 可看出，二阶小波分解后的脉冲星 TOA 估计精度同样优于 Taylor FFT 方法和传统双谱方法以及一阶分解的，说明利用概貌部分的确可以获得较高的估计精度。

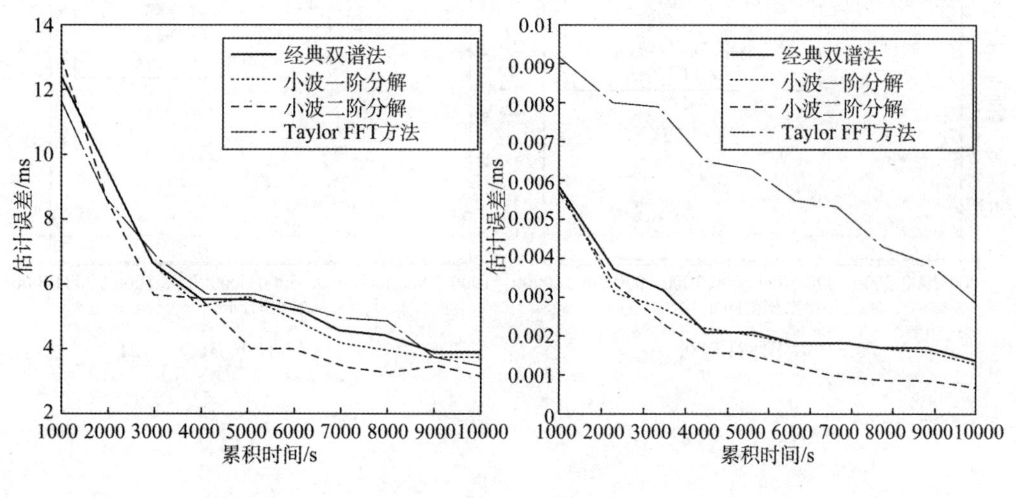

（a）PSR B1821－24　　（b）PSR B1937＋21

图 4-14　低流量脉冲星在不同累积时间下的精度对比

4.2.3.2 计算时间

图 4-15 对比分析了各方法的计算时间，可看出，Taylor FFT 方法、小波－双谱法计算复杂度与累积时间无关，小波－双谱法能有效减小计算复杂度，提高脉冲星 TOA 估计速度。还可看出，脉冲星轮廓经过二阶小波分解后的运行速度进一步提高。具体计算时间见表 4-2。

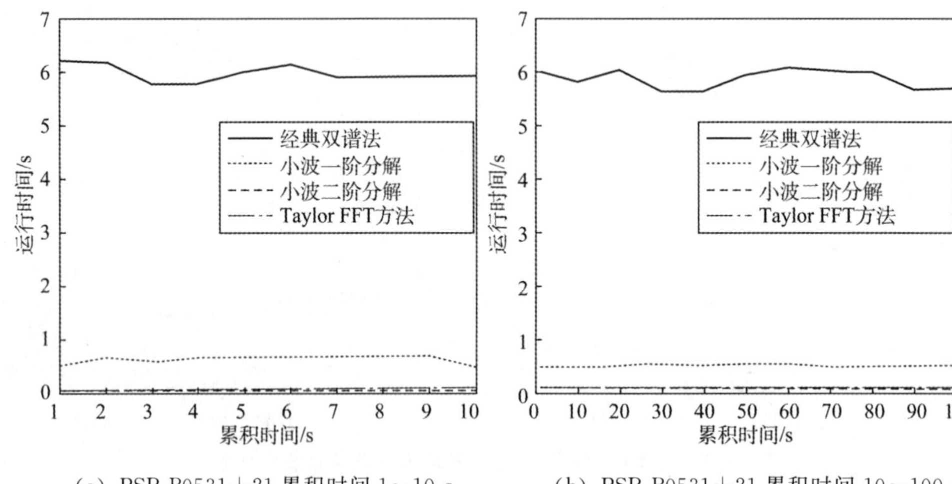

(a) PSR B0531＋21 累积时间 1～10 s　　(b) PSR B0531＋21 累积时间 10～100 s

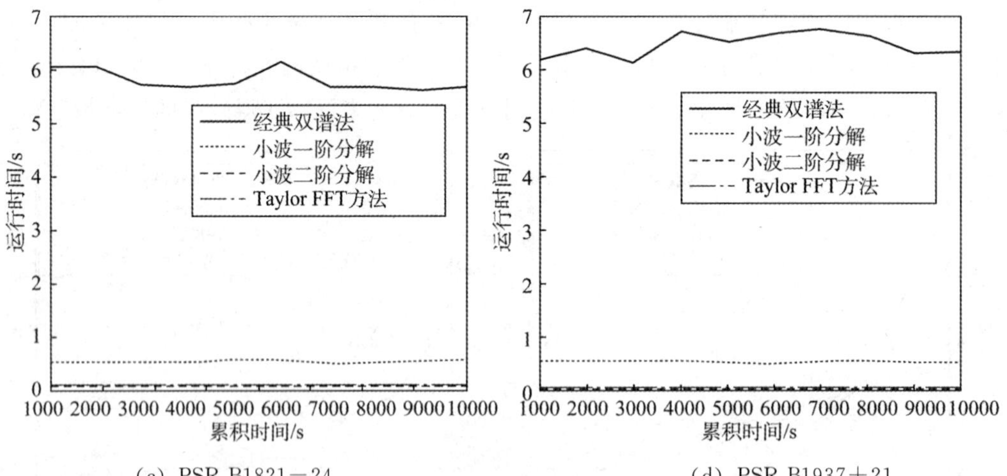

(c) PSR B1821－24　　(d) PSR B1937＋21

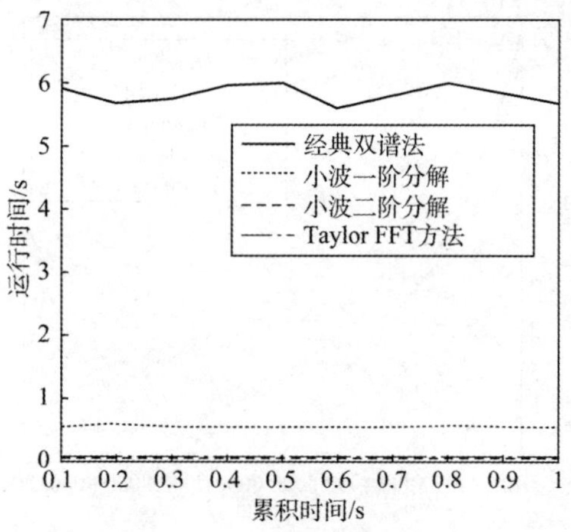

(e) PSR B0531＋21 累积时间 0.1～1 s

图 4-15　不同方法的计算时间对比

表 4-2　Taylor FFT 方法、传统双谱法与小波一双谱法的计算时间对比

脉冲星	传统双谱方法/s	Taylor FFT 方法/s	一阶分解/s	二阶分解/s
B0531＋21	5.9737	0.0972	0.6358	0.0712
B1821－24	5.7775	0.0954	0.5098	0.0614
B1937＋21	6.3808	0.0945	0.5666	0.0652

4.2.3.3　小波基函数

小波基函数可能对估计精度产生影响，常用的小波基函数有 Haar 小波、Symlets 小波、Coiflet 小波、Biorthogonal 小波和 Meyer 小波，本节分别选用这五种小波基函数对上述三颗脉冲星进行实验并对比，结果如图 4-16 和图 4-17 所示。可看出，小波基函数对脉冲星 TOA 估计精度的影响小；各小波基函数进行实验的计算时间相差也小，但 Haar 小波拥有简单、快速等优势，故选用 Haar 小波。

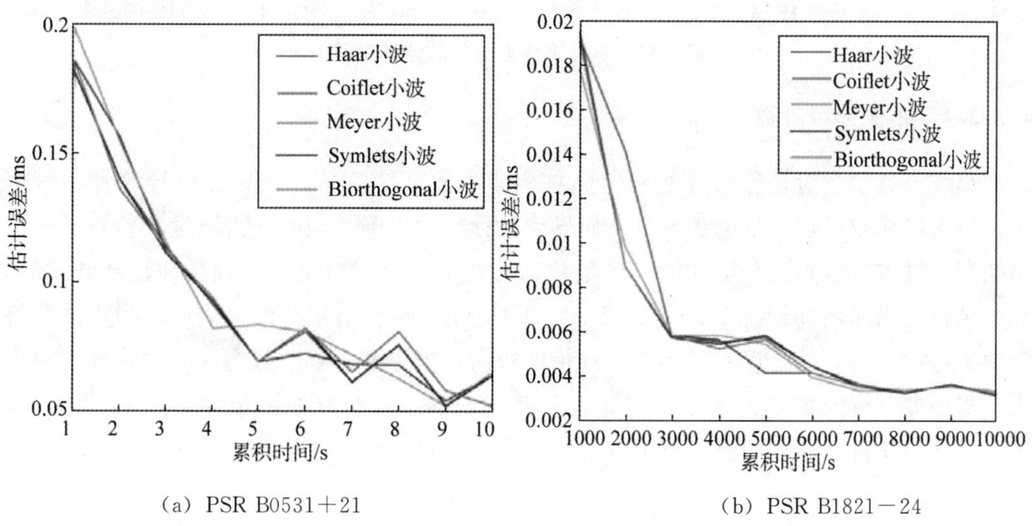

(a) PSR B0531＋21　　　(b) PSR B1821－24

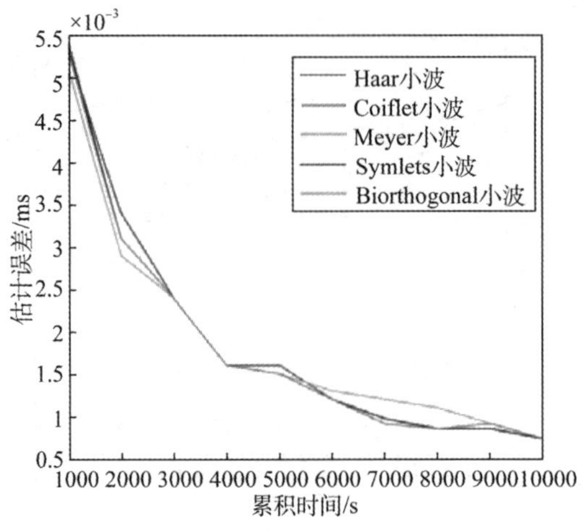

（c）PSR B1937＋21

图 4-16　不同小波基函数的脉冲星 TOA 估计精度

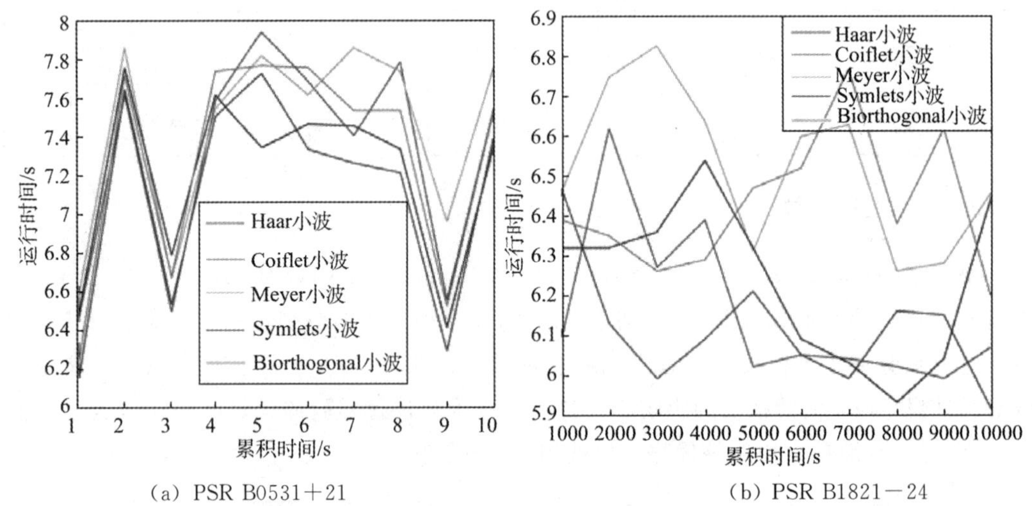

（a）PSR B0531＋21　　（b）PSR B1821－24

图 4-17　不同小波基函数的计算时间

4. 2. 3. 4　小波分解阶数

小波分解阶数对估计精度有一定影响，即小波分解阶数越高则方法计算复杂度越小，但也造成双谱域信息的丢失，从而导致估计精度下降。因此，需通过实验找出脉冲星轮廓经过多少阶小波分解才能得到最佳估计精度。分别对上述三颗脉冲星展开实验，脉冲星轮廓间隔数都设为 1024，结果如图 4-18 和图 4-19 所示。结果表明，当小波分解阶数不超过 2 时，估计误差较小，估计精度较高；当小波分解阶数为 3 时，估计误差增大；当小波分解阶数超过 3 后，估计误差急剧增加，故没有在图中显示出来。究其原因，脉冲星轮廓的双谱信息已有部分丢失，故脉冲星 TOA 估计精度下降。

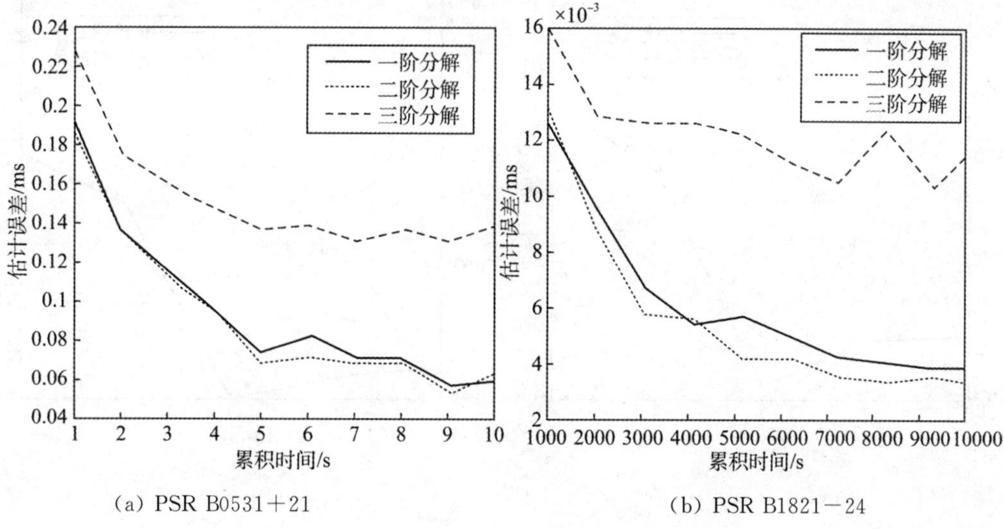

(a) PSR B0531＋21　　(b) PSR B1821－24

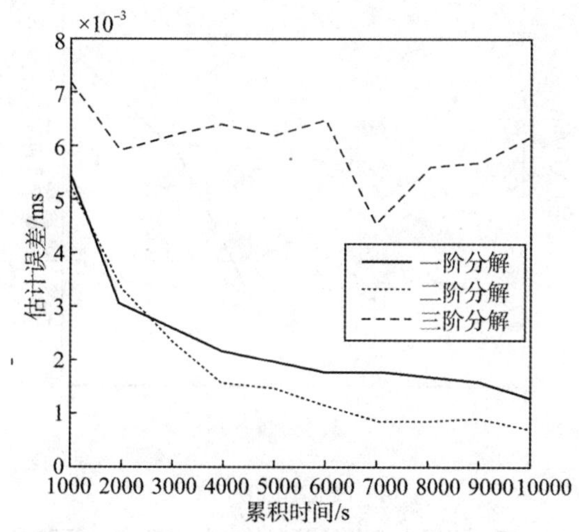

(c) PSR B1937＋21

图 4-18　不同小波分解阶数的估计误差

图 4-19 表明随小波分解阶数增加，计算时间减小，而估计误差则是先减后增。当小波分解阶数为 2 时，估计误差最小，且计算时间远小于传统双谱方法。通过实验可得到兼顾误差与计算时间的最优小波分解阶数。

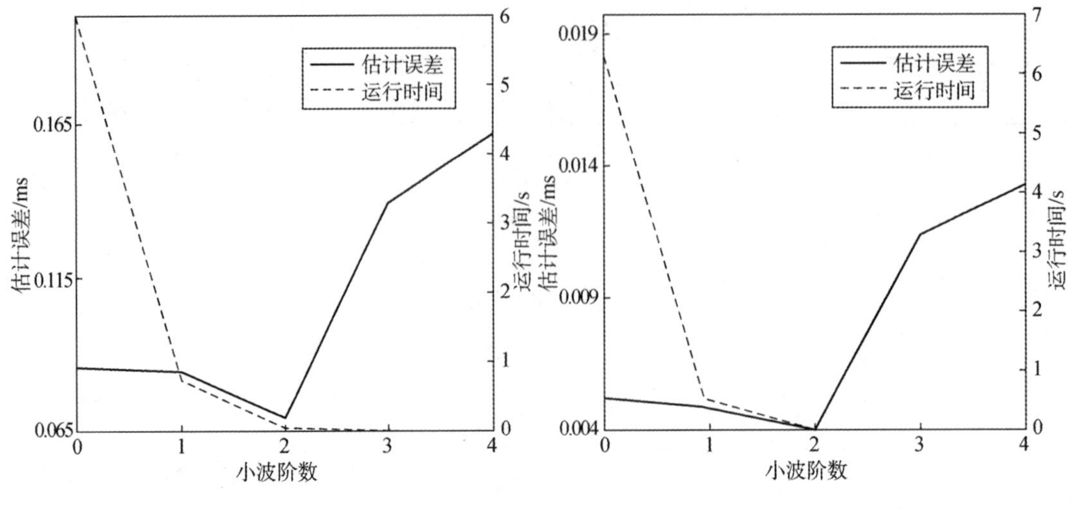

(a) PSR B0531+21　　(b) PSR B1821－24

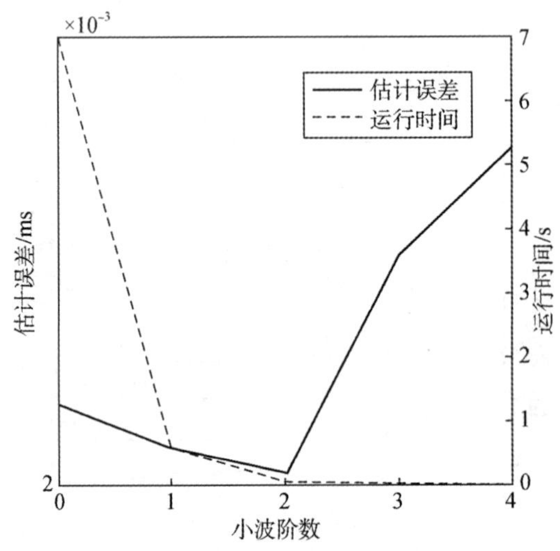

(c) PSR B1937+21

图 4-19　不同小波分解阶数的估计误差和运行时间

4.2.3.5　基于小波－双谱与基于低频双谱方法

图 4-20 给出了基于小波－双谱与传统双谱和基于低频双谱方法的对比，其中，小波分解阶数为 2。可看出，二阶小波－双谱的脉冲星 TOA 估计精度优于基于低频双谱的和传统双谱的，且计算时间比二者都短。

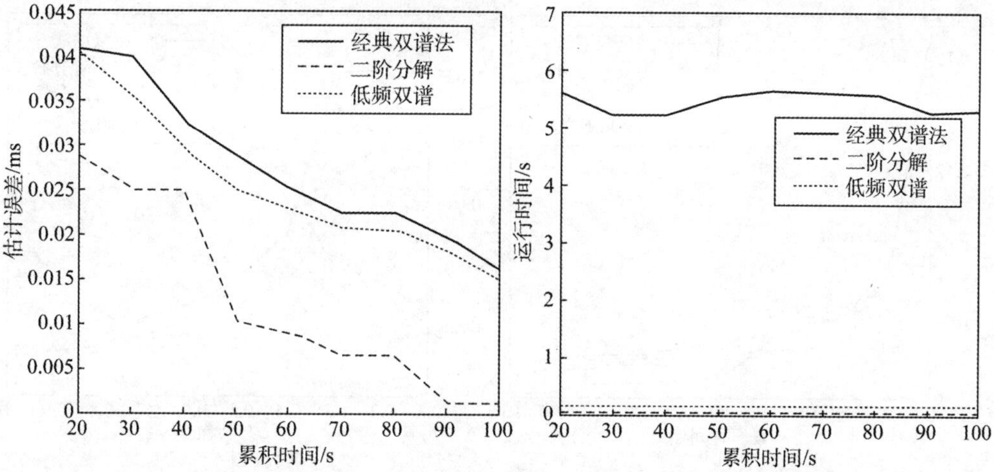

（a）PSR B0531＋21　　（b）PSR B0531＋21

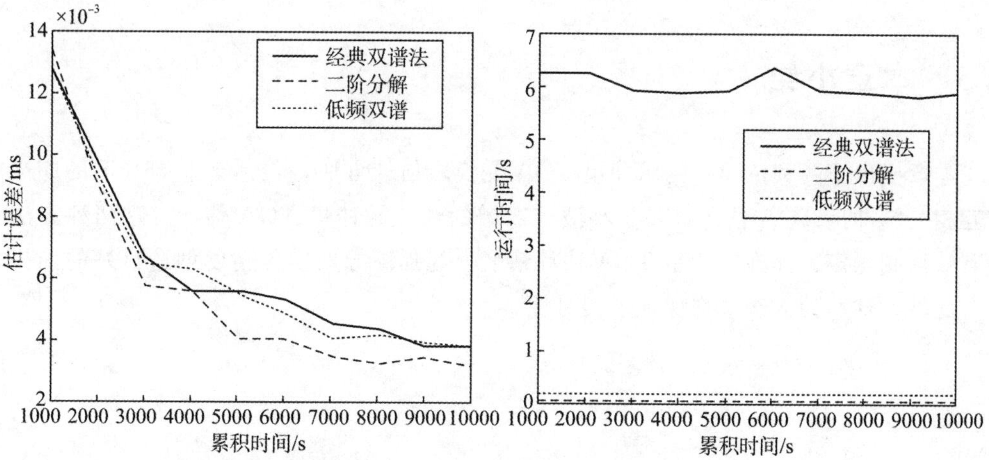

（c）PSR B1821－24　　（d）PSR B1821－24

图 4-20　小波－双谱与传统双谱和低频双谱

4.2.3.6　傅立叶变换与小波变换

通过傅立叶变换得到信号的概貌部分也是一种常用的方法，图 4-21 展现了傅立叶变换与小波变换对后续估计方法精度的影响，选用 PSR B0531＋21 的实测数据以及模拟数据进行实验。实验结果表明傅立叶变换的效果与传统双谱法相近，小波变换的效果略优于傅立叶变换，且由于傅立叶变换后信号的周期分段数未减少，故计算复杂度较传统双谱法无减小，所以小波变换在提高性能方面优于傅立叶变换。

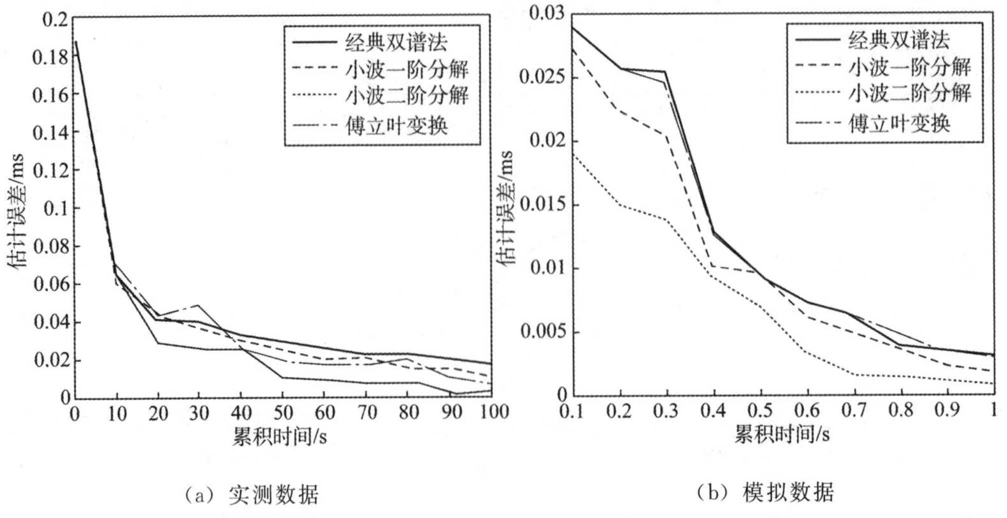

（a）实测数据　　（b）模拟数据

图 4-21　不同分解方法

4.3　本章小结

本章提出了两种抗噪声的脉冲星 TOA 变换域估计方法，包括基于 FRFT 的广义加权互相关脉冲星 TOA 估计，基于小波—双谱的快速脉冲星 TOA 估计。这两种方法均能有效抑制噪声，提高脉冲星 TOA 估计精度，为提高导航定位精度创造良好的前提条件。此外，这两种方法也都保证了实时性。

第 5 章　脉冲星周期估计及联合估计

脉冲星导航系统按照脉冲星估计周期折叠脉冲星信号，估计脉冲相位，结合航天器位置预估值，提供实时高精度的位置信息。脉冲相位或脉冲星 TOA 是脉冲星导航测量值。但是，航天器高速飞行和脉冲星周期跃变等都会导致累积脉冲星轮廓发生畸变，使得脉冲星 TOA 出现偏移。因此，脉冲星周期估计也是一个重要课题。鉴于器载计算机能力有限，实时性和高精度都是重要的优化目标。

传统脉冲星周期估计方法按多个脉冲星周期累积出多个累积脉冲星轮廓，导致计算复杂度大。基于单畸变脉冲星轮廓（single distorted profiles，SDP）的脉冲星周期估计仅累积一次，计算复杂度小但精度有限。快速蝶形历元折叠（fast butterfly epoch folding，FBEF）可以减少 EF 过程中的冗余求和操作，计算速度介于基于单畸变脉冲星轮廓与传统多畸变脉冲星轮廓的脉冲星周期估计之间。本章将基于单畸变脉冲星轮廓的脉冲星周期估计和 FBEF 相结合，提出了基于少量快速蝶形历元折叠（fast butterfly epoch folding with a few distorted profiles，FBEF-FDP）的脉冲星周期估计。此外，还提出了两种联合估计：基于遗传－量子－压缩感知（genetic algorithm-optimized quantum-compressed sensing，GQCS）的脉冲星 TOA 和周期联合估计[31]，以及基于准极大似然和最小二乘法的脉冲星位置和速度联合估计（pulsar position and velocity joint estimation based on near-maximum likelihood and least square，PPVNL）[32]。二者均能联合估计脉冲星视线方向上的位置和速度。

5.1　脉冲星周期估计的基本理论

5.1.1　基于轮廓对比的脉冲星到达时间估计

基于累积脉冲星轮廓对比的脉冲星 TOA 估计方法，均是对比 X 射线敏感器处经 EF 恢复出的累积脉冲星轮廓和 SSB 处的标准脉冲星轮廓，通过构建不同的代价函数，求最优解的过程。时域求解法中，典型的方法有准极大似然法（near-maximum likelihood，NML）、非线性最小二乘法和 CC。这三种方法的目标函数 $J_{NML}(\varphi)$、$J_{NLS}(\varphi)$和 $J_{CC}(\varphi)$的表达式分别为

$$J_{\mathrm{NML}}(\varphi) = \sum \tilde{h}(t)\log[h(h,\varphi)] \tag{5-1}$$

$$J_{\mathrm{NLS}}(\varphi) = \sum [\tilde{h}(t) - h(t,\varphi)]^2 \tag{5-2}$$

$$J_{\mathrm{CC}}(\varphi) = \sum \tilde{h}(t)h(t,\varphi)^2 \tag{5-3}$$

式中，$\tilde{h}$ (t) 和 h (t) 分别是 X 射线敏感器处的累积脉冲星轮廓和标准脉冲星轮廓。由上面的三个式子可得到相位的估计值 $\hat{\varphi}$ 分别为

$$\hat{\varphi}_{\mathrm{NML}} = \arg\max_{\varphi\in[0,1)} J_{\mathrm{NML}}(\varphi) \tag{5-4}$$

$$\hat{\varphi}_{\mathrm{NLS}} = \arg\min_{\varphi\in[0,1)} J_{\mathrm{NLS}}(\varphi) \tag{5-5}$$

$$\hat{\varphi}_{\mathrm{CC}} = \arg\max_{\varphi\in[0,1)} J_{\mathrm{CC}}(\varphi) \tag{5-6}$$

5.1.2　χ^2周期估计

χ^2周期估计方法是一种传统有效的脉冲星周期估计方法，并在 RXTE 上得到验证。χ^2周期估计方法先对脉冲星信号按照不同的周期进行多次 EF，形成多个不同畸变的累积脉冲星轮廓。然后将畸变脉冲星轮廓与标准脉冲星轮廓做对比，最后用χ^2值来评价各累积脉冲星轮廓的失真程度。峰值最尖锐对应的χ^2最大，χ^2最大表示脉冲星轮廓失真最小。因此，对应最大χ^2值的畸变脉冲星轮廓的周期与标准脉冲星周期最接近。

χ^2周期估计方法是基于统计特性，所以统计的数据量越大，χ^2周期估计方法的精度越高。而当周期初值未知时，则需更大的周期搜索范围，将带来更大的计算复杂度。

5.1.3　畸变脉冲星轮廓模型

5.1.3.1　畸变脉冲星轮廓形成机理

航天器在飞行过程中不断收集脉冲星光子，并按照预估的周期（或频率）对其进行 EF，进而恢复出实时的累积脉冲星轮廓。由于脉冲星周期未知，所以按照预估周期得到的累积脉冲星轮廓跟标准脉冲星轮廓相比会存在一定的畸变。如图 5-1 所示。

图 5-1（a）为三个标准脉冲星轮廓和实际脉冲星周期，图 5-1（b）为对图 5-1（a）中的三个标准脉冲星轮廓用预估周期进行折叠，得到了图 5-1（c）所示的累积脉冲星轮廓。可看出，由于预估周期与实际周期不一致，折叠过程中三个标准脉冲星轮廓没有完全重叠，存在三个明显的相移，使得图 5-1（c）中的累积脉冲星轮廓出现畸变。

5.1.3.2　畸变脉冲星轮廓模型

设 $h\phi$ 为标准脉冲星轮廓，脉冲星频率为 f_0，周期为 $T_0=1/f_0$。预估频率 $\tilde{f}$ 可表示为

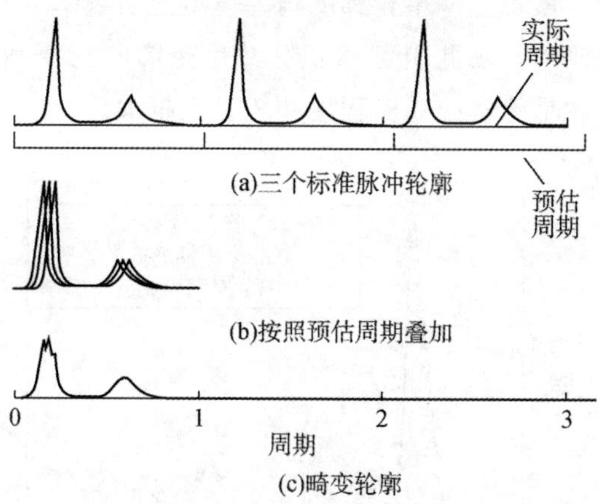

图 5-1　畸变脉冲星轮廓的形成示意图

$$\tilde{f} = f_0 + \Delta f \tag{5-7}$$

式中，Δf 为频率估计误差，则第 i 个累积脉冲星轮廓 $h_i(\tilde{\phi})$ 可表示为

$$h_i(\tilde{\phi}) = h(\tilde{f} t) \tag{5-8}$$

式中，t 为第 i 个累积脉冲星轮廓的累积时间，$t \in [1, T_{obs}]$，T_{obs} 为累积时间。t 可表示为

$$t = iT_0 + \Delta t \tag{5-9}$$

式中，$i = 1, \cdots, I; I = T_{obs}/T_0$。

将式（5-7）和式（5-9）代入式（5-8）可得

$$h_i(\tilde{\varphi}) = h[(f_0 + \Delta f)(iT_0 + \Delta t)] = h[f_0(iT_0 + \Delta t) + \Delta f(iT_0 + \Delta t)] \approx h(\varphi + \Delta f i T_0) \tag{5-10}$$

设 $\Delta f i T_0 = \Delta\phi_i$，称作第 i 个轮廓的相位 ϕ_i 的误差。则式（5-10）说明，第 i 个轮廓 $h_i(\tilde{\phi})$ 可近似看作标准脉冲星轮廓的畸变脉冲星轮廓 $h(\phi + \Delta\phi_i)$。因此，用预估频率 $\tilde{f}$ 累积得到的累积脉冲星轮廓 $\tilde{h}(\tilde{\phi})$ 可表示为

$$\tilde{h}(\tilde{\phi}) = \frac{1}{I}\sum_{i=0}^{I-1} h_i(\tilde{\phi}) \tag{5-11}$$

将式（5-10）代入上式得

$$\tilde{h}(\tilde{\phi}) \approx \frac{1}{I}\sum_{i=0}^{I-1} h(\phi + \Delta\phi_i) \approx \int_0^{\Delta f T_{obs}} s(\Delta\phi) h(\phi + \Delta\phi) \mathrm{d}\Delta\phi \tag{5-12}$$

可看出 $s(\Delta\phi)$ 为门函数，其表达式为

$$s(\Delta\phi) = \begin{cases} \dfrac{1}{\Delta f T_{obs}}, & \min\{0, \Delta f T_{obs}\} \leqslant \Delta\phi \leqslant \max\{0, \Delta f T_{obs}\} \\ 0, & \text{其他} \end{cases} \tag{5-13}$$

综上，根据累积脉冲星轮廓的畸变原理得出累积脉冲星轮廓的畸变模型，即累积脉冲星轮廓可表示为门函数与标准脉冲星轮廓的卷积，表达式为

$$\tilde{h}(\tilde{\phi}) = s(\phi) * h(\phi) \tag{5-14}$$

式中，$*$ 表示卷积运算。累积脉冲星轮廓的畸变模型说明频率（或周期）误差导致累积脉冲星轮廓的相位出现误差，由此引起累积脉冲星轮廓的畸变和相移。如图 5-2 所示，频率误差越大，累积脉冲星轮廓的畸变程度和相移也越大。

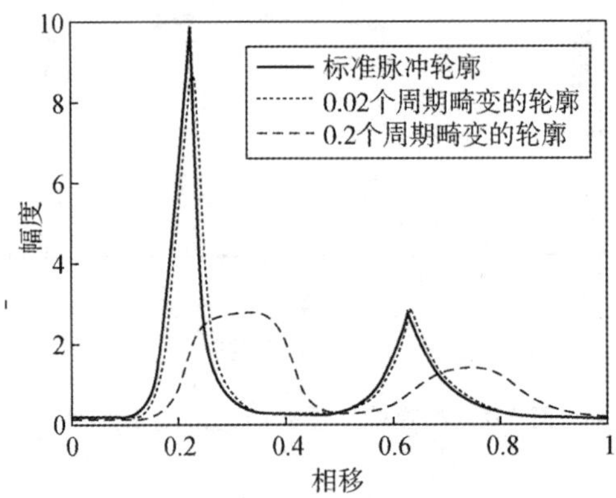

图 5-2　累积脉冲星轮廓的畸变和相移示意图

5.1.3.3　频率误差与相位误差

上一节里，第 i 个轮廓相位 ϕ_i 的误差 $\Delta\phi_i = \Delta f i T_0$ 。设累积脉冲星轮廓相位 ϕ 的误差为 $\Delta\phi$ ，将 $\Delta\phi$ 定义为在累积时间 T_{obs} 上所有 I 个轮廓相位误差的均值，表达式为

$$\Delta\phi = \frac{1}{I}\sum_{i=0}^{I-1}\Delta\phi_i = \frac{1}{I}\sum_{i=0}^{I-1}\Delta f i T_0 = \Delta f T_{\text{obs}}/2 \tag{5-15}$$

因此，相位误差（也即相移）为 $\Delta\phi$ 的累积脉冲星轮廓对应的频率误差 Δf 为

$$\Delta f = 2\Delta\phi / T_{\text{obs}} \tag{5-16}$$

5.1.3.4　频率误差的符号问题

默认 $\Delta f > 0$ ，$+\Delta f$ 和 $-\Delta f$ 对应的相位误差为 $+\Delta\phi$ 和 $-\Delta\phi$ ，对应的相位为 $\tilde{\phi}_+$ 和 $\tilde{\phi}_-$ ，$\tilde{h}(\tilde{\phi}_+)$ 和 $\tilde{h}(\tilde{\phi}_-)$ 分别是由 $+\Delta f$ 和 $-\Delta f$ 得到的畸变累积脉冲星轮廓，由式（5-12）可得 $\tilde{h}(\tilde{\phi}_+)$ 的表达式为

$$\tilde{h}(\tilde{\phi}_+) = \int_0^{\Delta f T_{\text{obs}}} s(\Delta\phi) h(\phi + \Delta\phi)\,\mathrm{d}\Delta\phi \tag{5-17}$$

由式（5-16）和式（5-17）可得 $\tilde{h}(\tilde{\varphi}_-)$ 的表达式为

$$\begin{aligned}\tilde{h}(\tilde{\phi}_-) &= \int_0^{-\Delta f T_{\text{obs}}} s(\Delta\phi) h(\phi + \Delta\phi)\,\mathrm{d}\Delta\phi \\ &= \int_0^{\Delta f T_{\text{obs}}} s(\Delta\phi + \Delta f T_{\text{obs}}) h(\phi + \Delta\phi + \Delta f T_{\text{obs}})\,\mathrm{d}(\Delta\phi + \Delta f T_{\text{obs}}) \\ &= \int_0^{\Delta f T_{\text{obs}}} s(\Delta\phi) h(\phi + \Delta\phi + \Delta f T_{\text{obs}})\,\mathrm{d}(\Delta\phi) \\ &= \tilde{h}(\tilde{\phi}_+ + \Delta f T_{\text{obs}})\end{aligned}$$

$$= \widetilde{h}(\widetilde{\phi}_{+} + 2\Delta\phi) \tag{5-18}$$

式（5-18）说明，由 $+\Delta f$ 和 $-\Delta f$ 得到的两个畸变累积脉冲星轮廓的幅度相同，即二者的畸变程度相同。但是相位不同，其中一个可看作是另一个相位偏移 2 倍的结果。

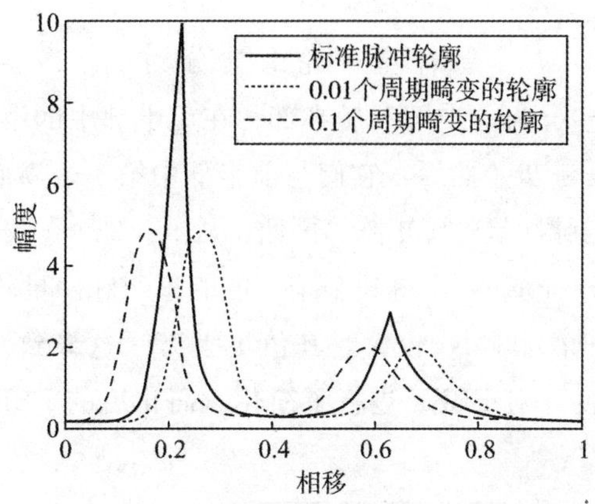

图 5-3　$+\Delta\phi$ 和 $-\Delta\phi$ 对应的畸变脉冲星轮廓图

图 5-3 展示了 $+\Delta\phi$ 和 $-\Delta\phi$ 对应的两个累积脉冲星轮廓，可看出它们的畸变完全相同，但相位不同。

5.2　基于少量快速蝶形历元折叠的脉冲星周期估计

SDP 可由单个累积脉冲星轮廓得到 X 射线脉冲星周期估计，避免了 X 射线脉冲星信号的多次折叠，大大减小了计算复杂度。但是，其估计精度仍有改进的空间。究其原因，SDP 仅使用一个畸变脉冲星轮廓进行估计，信息利用有限；而基于轮廓畸变的脉冲星周期估计方法需要将脉冲星信号按多个周期折叠，这导致计算复杂度大；类似于 FFT 的 FBEF 则可以减少折叠过程中的冗余求和操作，提高了计算速度。

所以，本节将 SDP 和 FBEF 相结合，发挥各自优势，提出了基于 FBEF-FDP 的脉冲星周期估计[33]。FBEF 将脉冲星光子序列仅按数个周期折叠，获得多个累积脉冲星轮廓。然后，使用 SDP 估计每个累积脉冲星轮廓的畸变度。通过证明这些累积脉冲星轮廓的噪声是不完全相关的，因此，这些畸变度的估计误差也不完全相关。这是综合这些畸变度以获得更高精度的脉冲星周期估计值的基础。

5.2.1　快速蝶形历元折叠

试探性 EF 采用多个脉冲星周期来折叠脉冲星光子序列，因而计算复杂度较大。类似于 FFT 的 FBEF 则可减少不同周期 EF 过程中的冗余求和运算，计算复杂度急剧下降。FBEF 包括以下两个步骤。

步骤 1：脉冲星轮廓矩阵。将脉冲星光子序列分为 N_g 组。设脉冲星轮廓间隔数为 N。按照预估周期分别累积 X 射线脉冲星子轮廓，构造脉冲星轮廓矩阵（$N_g \times N$）。N_g 满足不等式：

$$N/2 < N_g < 2N \tag{5-19}$$

步骤 2：蝶形求和。N_g 个脉冲星子轮廓被分为 $N_g/2^k$ 个子集（$k=1, 2, \cdots, \log_2 N_g$）。每个子集进一步分为前半部和后半部。在后半部中的第 j 个周期的脉冲星子轮廓向左移动了 j 步和 $j+1$ 步。然后，它们与前半部中第 j 个周期的脉冲星子轮廓相加。通过上述操作获得了新的脉冲星轮廓矩阵。因此，从 $N_g/2^k$ 个子集中获得 $N_g/2^k$ 个矩阵。

重复步骤 2，直到 $k=\log_2 N_g$，得到多畸变度的累积脉冲星轮廓矩阵。

从不等式（5-19）可看出，N_g 较大，其值可上万。这导致步骤 2 的计算复杂度很大。为了降低计算复杂度，对 FBEF 进行了简化。简化后的 FBEF 如图 5-4 所示。具体步骤如下。

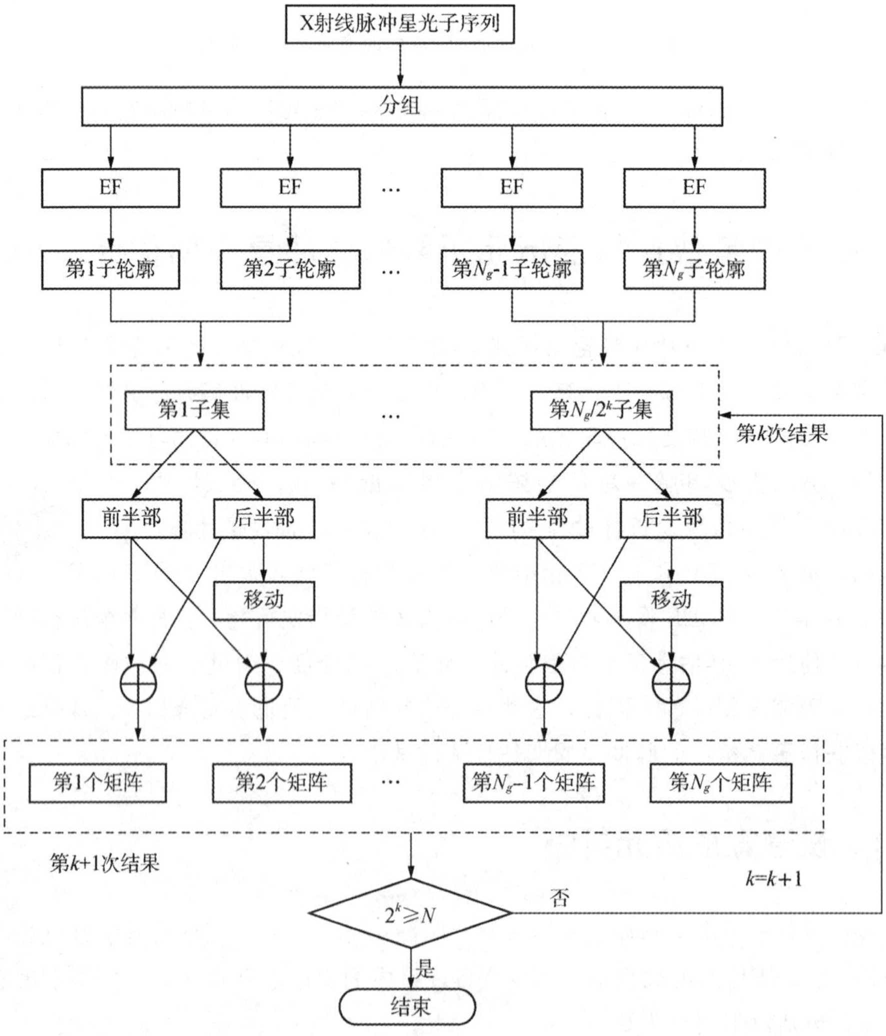

图 5-4　简化的 FBEF

步骤 1：轮廓分组。设累积时间为 T，将累积时间内的脉冲星信号均分为 N_g 组，其中，N_g 是 2 的幂。将每组中的脉冲星信号折叠以得到子轮廓。在简化的 FBEF 中，N_g 较小，为个位数或十位数。因此，简化的 FBEF 计算复杂度急剧下降。

步骤 2：蝶形求和。该过程与传统方法类似。

5.2.2　脉冲星周期估计的方法流程

简化的 FBEF 产生的累积脉冲星轮廓数量非常少。这导致某些畸变度的脉冲星轮廓可能不在畸变脉冲星轮廓的集合中。而 SDP 只利用单个畸变脉冲星轮廓，即使只有一个畸变脉冲星轮廓也能估计出脉冲星周期。从理论上讲，利用多个畸变脉冲星轮廓可提高估计精度。所以，将 FBEF 与 SDP 相结合提出了基于 FBEF-FDP 的脉冲星周期估计方法。在 FBEF-FDP 中，简化的 FBEF 会产生少量畸变脉冲星轮廓，基于 SDP 的脉冲星周期估计方法提供每个畸变脉冲星轮廓的畸变度。基于这些畸变度值，采用基于多极小值的非线性搜索算法提供畸变度最优估计。

如图 5-5 所示，基于 FBEF-FDP 的脉冲星周期估计方法包括三个模块：FBEF，基于 SDP 的匹配估计，基于多极小值的非线性搜索算法。

FBEF 及其简化方法已在上文介绍，不再赘述。

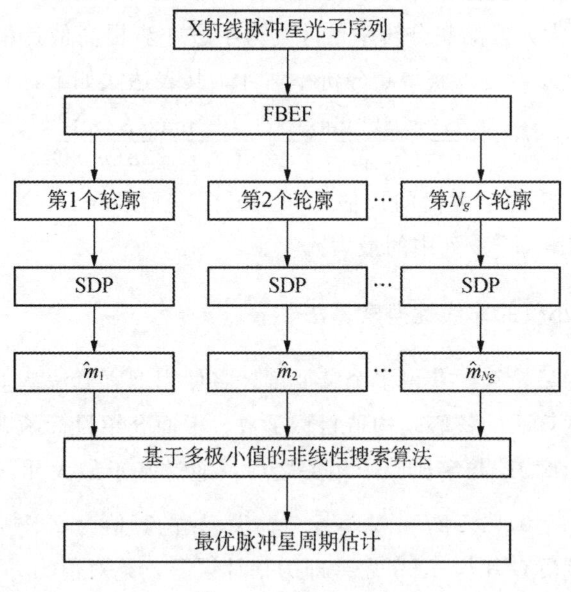

图 5-5　FBEF-FDP

5.2.2.1　基于单个畸变脉冲星轮廓的匹配估计

传统的 SDP 方法利用 FFT 和 CC 来估计脉冲星周期。但是，FFT 会引入虚数。因此，直接采用 CC 来实现基于单个畸变脉冲星轮廓的匹配估计，包括以下三个步骤。

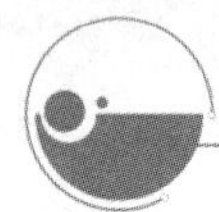

步骤1：畸变脉冲星轮廓字典。畸变脉冲星轮廓字典是通过标准脉冲星轮廓和扩展矢量的循环相关构建的。

畸变脉冲星轮廓字典 $\boldsymbol{\Psi}(N\times M)$ 表示为

$$\boldsymbol{\Psi}=\{\boldsymbol{\varphi}_m\},m=0,1,\cdots,M-1 \tag{5-20}$$

式中，m 表示畸变度；M 是最大畸变度；$\boldsymbol{\varphi}_m(N\times 1)$ 表示字典 $\boldsymbol{\Psi}$ 中的第 m 个原子，其表达式为

$$\boldsymbol{\varphi}_m(N\times 1)=\boldsymbol{G}_m(N\times 1)\star\boldsymbol{h} \tag{5-21}$$

式中，$\boldsymbol{h}(N\times 1)$ 是标准脉冲星轮廓；$\star$ 表示循环相关；$\boldsymbol{G}_m(N\times 1)$ 表示扩展矢量。$\boldsymbol{G}_m(n)$ 表示如下：

$$\boldsymbol{G}_m(n)=\begin{cases}\dfrac{1}{m},0\leqslant n\leqslant m-1\\ 0,m\leqslant n\leqslant N-1\end{cases} \tag{5-22}$$

步骤2：匹配矩阵。利用字典 $\boldsymbol{\Psi}(N\times M)$ 和累积脉冲星轮廓矩阵 $\bar{\boldsymbol{H}}$ 之间的相关性，可以构建匹配矩阵 $\boldsymbol{S}$，如下所示：

$$\boldsymbol{S}=\boldsymbol{\Psi}\cdot\bar{\boldsymbol{H}} \tag{5-23}$$

式中，$\bar{\boldsymbol{H}}$ 表示平移的脉冲星轮廓集合。

$$\bar{\boldsymbol{H}}=\{\boldsymbol{H}_{\pm p}\},\ p=0,\ 1,\ 2,\ \cdots,\ (P-1)/2 \tag{5-24}$$

式中，$\boldsymbol{H}_{\pm p}$ 表示累积脉冲星轮廓的左移或右移；P 是相移的范围。

步骤3：基于最大元素的超分辨率估计。为了进一步提高估计精度，使用匹配矩阵中最大值的行和列下标，可以获得超分辨率估计，其表达式如下：

$$\hat{m}=\frac{m-0.5[\max(\boldsymbol{S}_{m+1})-\max(\boldsymbol{S}_{m-1})]}{\max(\boldsymbol{S}_{m+1})+\max(\boldsymbol{S}_{m-1})-2\boldsymbol{S}(n,m)} \tag{5-25}$$

式中，n 和 m 分别是 $\boldsymbol{S}$ 的最大值的预估行和列下标。元素 $\max(\boldsymbol{S}_{m+1})$ 和 $\max(\boldsymbol{S}_{m-1})$ 分别是第 $m+1$ 列和第 $m-1$ 列中的最大元素。

5.2.2.2 基于多极小值的非线性搜索算法

从多个畸变脉冲星轮廓中获得多个畸变度，将使用搜索算法从多个畸变度中获取畸变度最优估计。搜索算法的核心是构造目标函数，下面介绍目标函数。

将累积脉冲星轮廓 $\boldsymbol{H}_i$ 与字典原子相关之后，通过基于最大元素的超分辨率估计可获得畸变估计 $\hat{m}_j$，$j=0,\ 1,\ 2,\ \cdots,\ N_g-1$。设 $\hat{m}_j$ 的真值为 $d+j$，其中，d 表示由周期偏置引起的畸变偏置，其与 $d+j$ 之差即为估计误差，绝对值为

$$\Delta d_j=\left|\hat{m}_j-|d+j|\right| \tag{5-26}$$

N_g 个累积脉冲星轮廓分别对应 N_g 个估计误差。目标函数是 N_g 个估计误差的绝对值之和：

$$\Delta d_s=\sum_{j=0}^{N_g-1}\Delta d_j \tag{5-27}$$

$$d = \arg\min_{d} \Delta d_s = \arg\min_{d} \sum_{j=0}^{N_g-1} \Delta d_j = \arg\min_{d} \sum_{j=0}^{N_g-1} (|\hat{m}_j - |d+j||) \tag{5-28}$$

当 Δd_s 最小时，这些估计误差与真实误差之差最小。这时，相应的畸变偏差 d 就是解。显然，上述目标函数是非线性的，因此使用非线性搜索算法来获得最优估计。如果存在多个极小值，则将 d 的均值作为畸变度最优估计。

基于最大元素的超分辨率估计只能估计误差幅度，而不能估计正负号。搜索算法解决了这个问题。

设 Δf_m 是对应原子的频偏，表示为

$$\Delta f_m = \frac{\hat{m}}{N_g T} \tag{5-29}$$

ΔT 是相应的脉冲星周期估计误差，可以表示为

$$\Delta T = -\Delta f T_0^2 \tag{5-30}$$

式中，T_0 表示实际脉冲星周期。

因此，脉冲星周期估计表示如下：

$$T = T_0 + \Delta T = T_0 - \Delta f T_0^2 = T_0 - \frac{T_0^2 \Delta m}{\Delta T N_g} \tag{5-31}$$

5.2.2.3　累积脉冲星轮廓之间的相关性

利用相同的脉冲星光子序列来累积多个畸变脉冲星轮廓，然后估计累积脉冲星轮廓的畸变度。只有当这些畸变度误差不完全相关时，基于多极小值的非线性搜索算法才能获得更高精度的畸变度估计。下面研究累积脉冲星轮廓之间的相关性。

设脉冲星轮廓为 $\boldsymbol{h}_i'(n)$，$i=0, 1, 2, \cdots, N-1$，标准脉冲星轮廓为 $\boldsymbol{h}(n)$。二者之间的关系如下：

$$\boldsymbol{h}_i'(n) = \boldsymbol{h}(n+i) + \boldsymbol{\delta}_i^b(n) \tag{5-32}$$

式中，$\boldsymbol{\delta}_i^b(n)$ 是宇宙背景噪声流量，方差为 σ^2。

累积脉冲星轮廓 $\boldsymbol{H}_j(n), j=0,1,2,\cdots,N_g-1$，表示为

$$\boldsymbol{H}_j(n) = \sum_{i=0}^{N-1} \boldsymbol{h}_i'\left(n + \mathrm{round}\,\frac{ij}{N-1}\right) = \sum_{i=0}^{N-1} \boldsymbol{h}\left(n + \mathrm{round}\,\frac{ij}{N-1}\right) + \sum_{i=0}^{N-1} \boldsymbol{\delta}_i^b\left(n + \mathrm{round}\,\frac{ij}{N-1}\right) \tag{5-33}$$

对于来自相同脉冲星光子序列的两个累积脉冲星轮廓 $\boldsymbol{H}_j(n)$ 和 $\boldsymbol{H}_{j+b}(n)$，其噪声的相关系数 r_n 如下：

$$r_n = \frac{E\left\{\sum_{i=0}^{N-1} \boldsymbol{\delta}_i^b\left(n + \mathrm{round}\,\frac{ij}{N-1}\right) \sum_{i=0}^{N-1} \boldsymbol{\delta}_i^b\left[n + \mathrm{round}\,\frac{i(j+b)}{N-1}\right]\right\}}{N\sigma^2} \tag{5-34}$$

由于不同脉冲星轮廓的噪声相关系数为零，因此上式可以简化为：

$$r_n = \frac{E\left\{\sum_{i=0}^{N-1} \boldsymbol{\delta}_i^b\left(n + \mathrm{round}\,\frac{ij}{N-1}\right) \boldsymbol{\delta}_i^b\left[n + \mathrm{round}\,\frac{i(j+b)}{N-1}\right]\right\}}{N\sigma^2} \tag{5-35}$$

如果下面式（5-36）成立，

$$\operatorname{round}\frac{ij}{N-1}=\operatorname{round}\frac{i(j+b)}{N-1} \tag{5-36}$$

则有：

$$E\left\{\boldsymbol{\delta}_i^b\left(n+\operatorname{round}\frac{ij}{N-1}\right)\boldsymbol{\delta}_i^b\left[n+\operatorname{round}\frac{i(j+b)}{N-1}\right]\right\}=\sigma^2 \tag{5-37}$$

相反，如果式（5-36）不成立，则：

$$E\left\{\boldsymbol{\delta}_i^b\left(n+\operatorname{round}\frac{ij}{N-1}\right)\boldsymbol{\delta}_i^b\left[n+\operatorname{round}\frac{i(j+b)}{N-1}\right]\right\}=0 \tag{5-38}$$

为了便于分析，仅考察式（5-36）成立的必要条件：

$$\frac{ib}{N-1}<1\Rightarrow i<\frac{N-1}{b} \tag{5-39}$$

在式（5-39）中，两个畸变度值 b 增大，i 减小。设 I 是式（5-39）的最大值，可以得到式（5-40）：

$$E\left\{\sum_{i=0}^{N-1}\boldsymbol{\delta}_i^b\left(n+\operatorname{round}\frac{ij}{N-1}\right)\boldsymbol{\delta}_i^b\left[n+\operatorname{round}\frac{i(j+b)}{N-1}\right]\right\}\leqslant(I+1)\sigma^2 \tag{5-40}$$

噪声的相关系数满足：

$$r_n=\frac{E\left\{\sum_{i=0}^{N-1}\boldsymbol{\delta}_i^b\left(n+\operatorname{round}\frac{ij}{N-1}\right)\boldsymbol{\delta}_i^b\left[n+\operatorname{round}\frac{i(j+b)}{N-1}\right]\right\}}{N\sigma^2}\leqslant\frac{(I+1)\sigma^2}{N\sigma^2}=\frac{I+1}{N}<1 \tag{5-41}$$

两个累积脉冲星轮廓的噪声是不完全相关的。此外，从上述式子中可看出，两个畸变度之间差值的增大将导致噪声的相关系数下降。

5.2.3　计算复杂度分析

由于字典的构建可以在地面上进行，不占用器载计算资源，因此不予考虑。基于多极小值的非线性搜索算法的计算复杂度很小，可忽略不计。计算资源主要消耗在 FBEF 和 SDP 的脉冲星周期估计上。

①FBEF：FBEF 需要 $\log_2 N_g$ 次蝶形计算，每次蝶形计算都需 N_g 次脉冲星轮廓相加。脉冲星轮廓间隔数为 N，即两个脉冲星轮廓相加运算的计算复杂度为 N。因此，FBEF 的计算复杂度为 $NN_g\log_2 N_g$。

②SDP：SDP 的本质是将单个脉冲星轮廓与字典匹配。设字典中的原子数为 M，为确保脉冲星周期估计方法不受该相位影响，字典中每个畸变脉冲星轮廓都进行了相移，形成一系列具有不同相位的脉冲星轮廓集合。设相移的范围是［－（P－1）/2，（P－1）/2］。由于脉冲星轮廓间隔数为 N，即特定相移的轮廓乘以单个原子的计算复杂度为 $2N$。因此，一个 SDP 的计算复杂度为 $2NPM$。对于 N_g 组畸变脉冲星轮廓，匹配估计的计算复杂度为 $2NPMN_g$ 。

所以，FBEF-FDP 的总计算复杂度为

$$2NPMN_g + NN_g \log_2 N_g = NN_g(2PM + \log_2 N_g) \approx 2NPMN_g \tag{5-42}$$

例如，设 N、P、M 和 N_g 分别为 33000、161、80 和 32，则 FBEF-FDP 的总计算复杂度为 2.7×10^{10} MAC。从式（5-42）中，可以看到 FBEF-FDP 的计算复杂度与脉冲星轮廓间隔数、相移范围、畸变脉冲星轮廓数和组数成正比。显然，为了减小 FBEF-FDP 的计算复杂度，应该减少上述四个变量值。脉冲星轮廓间隔数由 X 射线敏感器的时间分辨率确定，不能任意更改。在先验条件下，可将畸变脉冲星轮廓数和相移的范围最小化。同时，为了确保适当的计算复杂度，畸变轮廓组数也不宜过大。

5.2.4　仿真实验与结果分析

为了体现 FBEF-FDP 的可行性和优越性，将其与基于 SDP 的脉冲星周期估计进行了对比。首先，搜索最优组数；然后，研究同一脉冲星光子序列畸变度的相关系数；最后，分析了 X 射线敏感器面积和累积时间对脉冲星周期估计的影响。此外，研究了宇宙背景噪声流量和脉冲星光子流量的影响。

5.2.4.1　参数设置

表 5-1 中列出了仿真条件。PSR B0531 ＋ 21 的标准脉冲星轮廓来自 EPN。计算机配置：CPU 为 Intel Core i7，内存为 8 GB。

表 5-1　PSR B0531 ＋ 21 的仿真条件

参数	值
脉冲星	B0531＋21
脉冲星周期/s	0.033
脉冲星光子流量/（ph・cm^{-2}・s^{-1}）	1.54
宇宙背景噪声流量/（ph・cm^{-2}・s^{-1}）	0.005
间隔数	33000
X 射线敏感器时间分辨率/μs	1
X 射线敏感器面积/ cm^2	1000
累积时间/s	5000
组数 N_g	32
原子数 M	80
最大相移 P	161
搜索步长	0.01

5.2.4.2 组数

图 5-6 分析了 FBEF-FDP 的性能与组数的关系。在图 5-6 中，脉冲星周期估计误差随着组数的增加而减小，而计算时间延长。究其原因，这些来自同一组脉冲星光子序列的畸变度误差是不完全相关的。第 5.2.2.3 节证明了这一点，即有用信息随着组数的增加而增加。另外，计算复杂度与组数成正比关系。第 5.2.3 节证明了这一点。因此，必须在计算复杂度和脉冲星周期的估计误差之间做出折中，选择 32 作为最优组数。

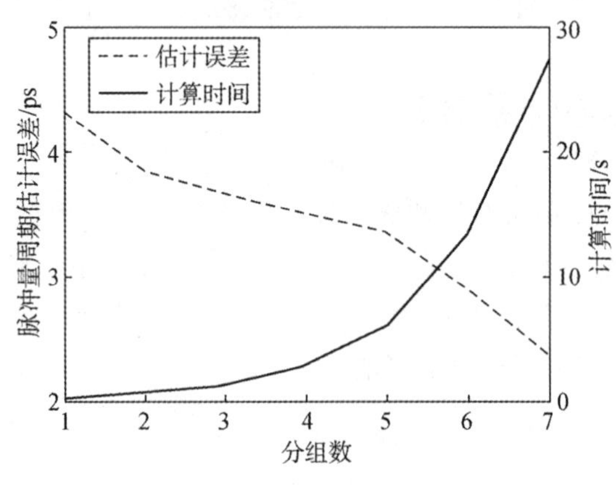

图 5-6 分组数

5.2.4.3 FBEF-FDP、SDP 和χ^2

表 5-2 给出了 FBEF-FDP、SDP 和χ^2三种方法的对比。可看出，FBEF-FDP 的精度比 SDP 高，但计算时间长。实际上，可以选择最优组数，以找到精度和计算复杂度之间的折中方案。此外，FBEF-FDP 的性能优于χ^2。

表 5-2 三种方法的对比

方法	精度/ps	计算时间/s
SDP	3.79	0.22
χ^2	18.36	72.1511
FBEF-FDP（4 组）	3.67	1.41
FBEF-FDP（16 组）	3.36	6.18
FBEF-FDP（32 组）	2.89	13.54

利用同一脉冲星光子序列来累积多个畸变脉冲星轮廓，然后估计这些累积脉冲星轮廓的畸变度。只有当这些畸变度误差不完全相关时，基于多极小值的非线性搜索算法才能获得更高精度的畸变度估计。

图 5-7 给出了两个相关系数曲线。一个是零畸变度误差与其他误差之间的相关系数，另一个是畸变度为 63 的轮廓与其他误差之间的相关系数。在图 5-7 中，随着两个

畸变度之差的增加，相关系数先下降然后稳定。这表明，这些畸变脉冲星轮廓的估计误差是不完全相关的，这与第 5.2.2.3 节的理论分析一致。因此，融合不完全相关的估计误差以提高估计精度是可行的。

此外，组数的增加意味着更多不完全相关的估计值，更多的估计信息有利于提高最终估计的精度。但是，由于计算复杂度的限制，应该选择合适的组数。

图 5-7　估计误差之间的相关系数

5.2.4.4　X 射线敏感器面积和累积时间

X 射线敏感器面积和累积时间都会影响脉冲星周期的估计精度。图 5-8 研究了这两个因素与脉冲星周期估计误差之间的关系。从图 5-8（a）可看出，脉冲星周期估计的精度与 X 射线敏感器面积和累积时间成反比。因此，延长累积时间和增大 X 射线敏感器面积可以减小脉冲星估计误差。

为了便于分析，在 100 s、1000 s 和 10000 s 这三个典型的累积时间内研究了估计误差，如图 5-8（b）所示。可看出，当累积时间延长两个数量级时，周期估计的精度提高了两个以上数量级。并且，当 X 射线敏感器面积增加两个数量级时，周期估计的精度提高了不到一个数量级。因此，在需要提高周期估计精度的条件下，与增加 X 射线敏感器面积相比，通过延长累积时间来提高估计精度更为有利。

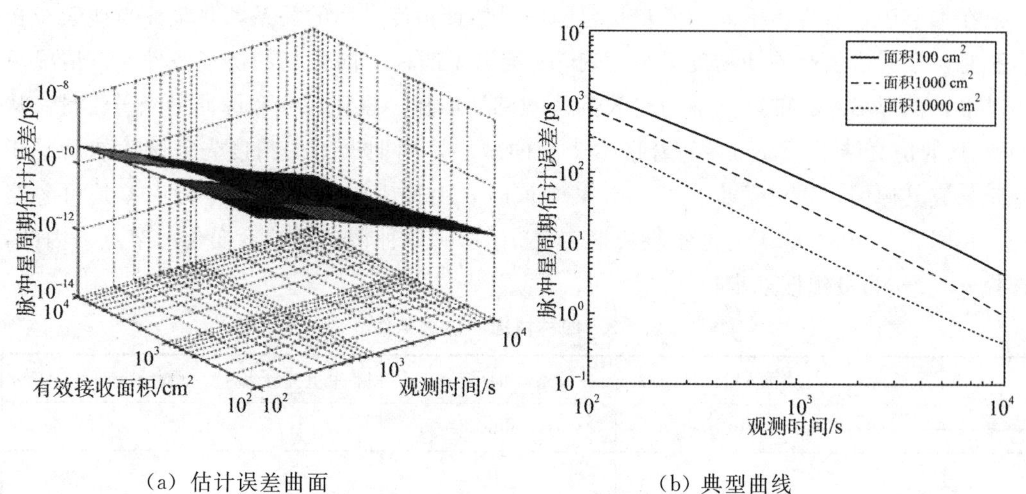

（a）估计误差曲面　　（b）典型曲线

图 5-8　X 射线敏感器面积和累积时间

5.2.4.5　脉冲星光子流量和宇宙背景噪声流量

脉冲星光子流量和宇宙背景噪声流量是影响脉冲星周期估计精度的两个重要因素。

图 5-9 研究了这两个因素对脉冲星周期估计精度的影响。

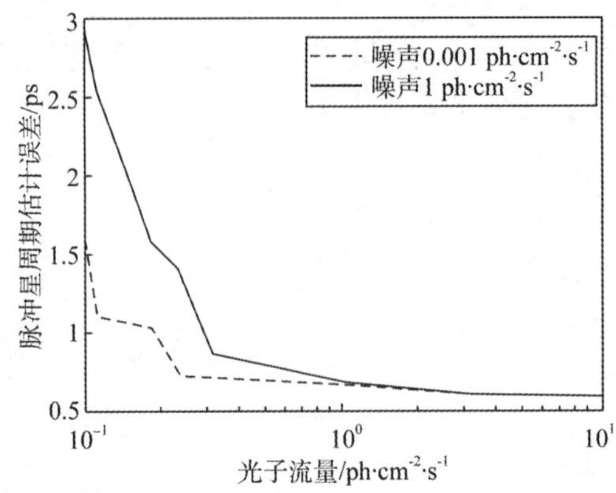

图 5-9　脉冲星光子流量和宇宙背景噪声流量

从图 5-9 可看出，脉冲星周期估计误差随宇宙背景噪声流量的增大而增大，随脉冲星光子流量的增大而减小。此外，当脉冲星光子流量小于 1 ph/（cm^2 · s）时，脉冲星周期估计的精度会受到宇宙背景噪声流量和脉冲星光子流量的影响；反之，脉冲星周期估计精度高且不受宇宙背景噪声流量的影响。究其原因，当脉冲星光子流量高时，宇宙背景噪声并非主要的噪声源。此时，宇宙背景噪声流量对脉冲星周期的估计精度的影响较小。

5.2.4.6　搜索步长

在本节中，研究了不同搜索步长与脉冲星估计精度之间的关系，并验证当搜索步长较小时，搜索步长与周期精度无关。表 5-3 给出了四种不同情况的仿真条件。以情况 A 为基准，情况 B、C 和 D 分别调整 X 射线敏感器面积、累积时间和脉冲星光子流量。从图 5-10 的仿真结果可看出，随着搜索步长的减小，周期误差的精度先下降，然后趋于稳定。究其原因，当搜索步长减小到某个值时，由搜索步长引起的量化误差是可忽略的。在图 5-10 中，0.01 的搜索步长是表 5-3 中所示四种情况下精度变化的节点。因此，选择 0.01 作为最优搜索步长。

表 5-3　四种情况的仿真条件

场景	面积/cm^2	累积时间/s	脉冲星光子流量/（ph · cm^{-2} · s^{-1}）
A	1000	5000	1.54
B	2000	5000	1.54
C	1000	3000	1.54
D	1000	5000	1

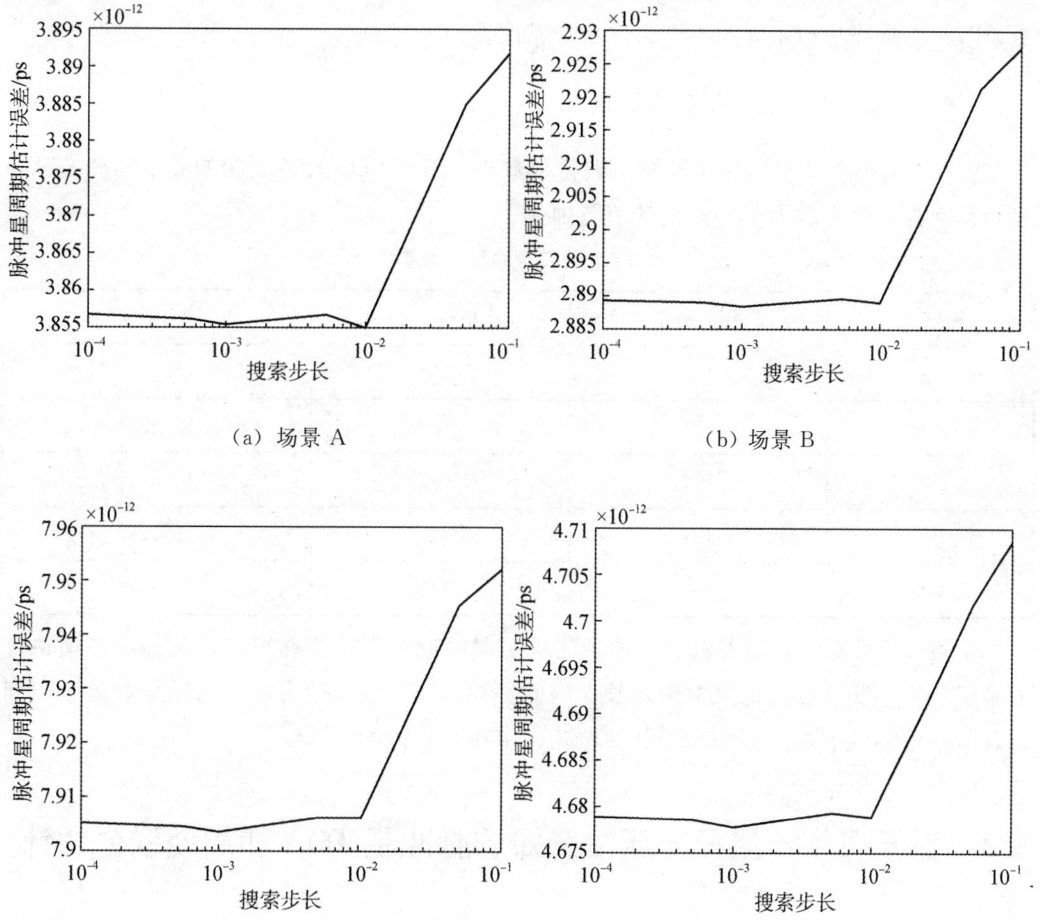

（a）场景 A

（b）场景 B

（c）场景 C

（d）场景 D

图 5-10　搜索步长

5.2.4.7　脉冲星初始周期

在本节中，研究脉冲星初始周期与估计精度之间的关系。仿真结果如表 5-4 所示。

表 5-4　初始周期

周期/s	精度/ps
0.0323	2.259
0.0326	2.138
0.0330	2.331
0.0333	2.503
0.3360	2.562
0.3400	2.131

从表 5-4 可看出，随着脉冲星初始周期的增大，脉冲星周期估计的精度基本保持不变。因此，脉冲星初始周期不会影响估计精度。

5.2.4.8 畸变脉冲星轮廓字典原子数

表 5-5 给出了畸变脉冲星轮廓字典行列数与 FBEF-FDP 性能之间的关系。畸变脉冲星轮廓字典的原子数大于周期估计值范围。

表 5-5 畸变脉冲星轮廓字典

原子数	最大相移	精度/ps	计算时间/s
80	161	2.8979	13.5365
80	131	2.9050	12.6924
90	131	2.9427	13.5451
100	131	2.9210	15.1218
110	131	2.9432	16.5375

从表 5-5 可看出，随着畸变脉冲星轮廓字典的原子数和相移增加，脉冲星周期估计的精度几乎不变，并且计算时间延长。因此，在畸变脉冲星轮廓字典的原子数大于周期估计值的范围的前提下，小畸变脉冲星轮廓字典是有益的。

5.3 基于遗传—量子—压缩感知的脉冲星 TOA 和周期联合估计

脉冲星周期误差或频率误差会导致累积脉冲星轮廓同时发生畸变和相移。基于此，提出一种基于 GQCS 的超快速脉冲星 TOA 和周期的联合估计方法。不同于已有的脉冲星 TOA 和周期估计方法，GQCS 的核心思想是基于畸变脉冲星轮廓模型，利用量子—压缩感知（quantum compressive sensing，QCS）构造脉冲星轮廓字典和量子观测矩阵，采用超分辨率匹配估计检测出累积脉冲星轮廓的畸变和相移，即对应脉冲星周期和脉冲星 TOA 估计，进而得出脉冲星视线方向上的定位和定速估计，并利用 GA 优化 QCS 的观测矩阵，以进一步提高估计精度和实时性。

5.3.1 量子压缩感知的工作原理

QCS 利用 CS 对稀疏信号的强大处理能力，首先设计了能表征累积脉冲星轮廓主要特征的稀疏字典。该字典由标准脉冲星轮廓基于畸变脉冲星轮廓模型生成，包含多个不同畸变和相移的轮廓。这样累积脉冲星轮廓在该字典里的投影即可稀疏表示。然后利用量子的二向性和随机性对字典中的轮廓进行随机观测，得到量子观测矩阵。量子观测矩

阵与脉冲星轮廓字典之积得到感知矩阵。接着用量子观测矩阵对累积脉冲星轮廓进行测量，得到包含轮廓信息的观测矢量，观测矢量与感知矩阵的结合得到匹配矩阵，匹配矩阵中最大元素的索引值即为累积脉冲星轮廓的畸变和相移，进而得出脉冲星方向上的定位和定速估计。

图 5-11 所示为 QCS 原理图。图中，⊗和✪分别表示矩阵乘法和循环相关运算。该原理图包含如下四个模块。

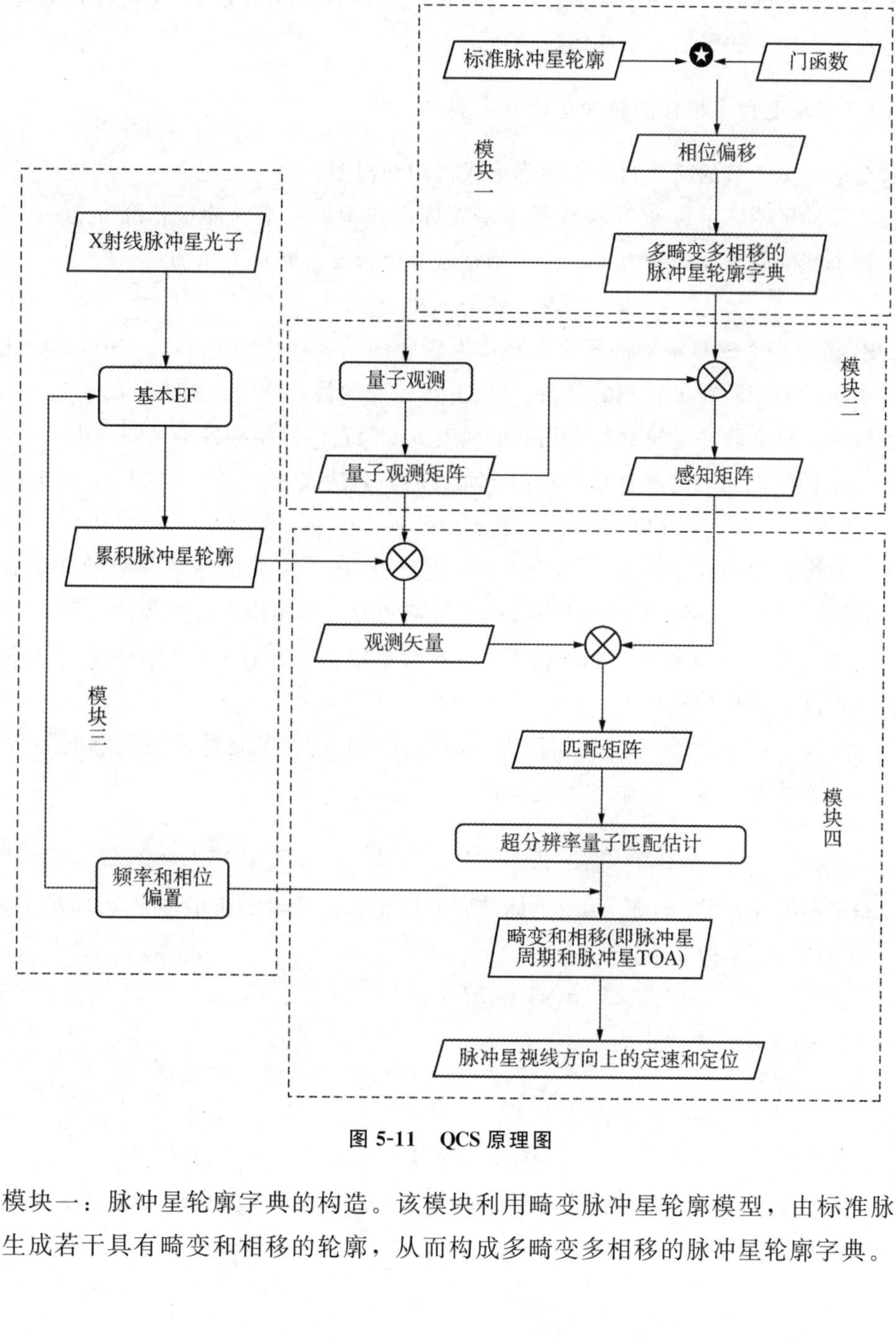

图 5-11　QCS 原理图

模块一：脉冲星轮廓字典的构造。该模块利用畸变脉冲星轮廓模型，由标准脉冲星轮廓生成若干具有畸变和相移的轮廓，从而构成多畸变多相移的脉冲星轮廓字典。

模块二：量子观测矩阵和感知矩阵的生成。该模块通过对模块一生成的脉冲星轮廓字典进行量子观测来生成量子观测矩阵，再由量子观测矩阵和脉冲星轮廓字典生成感知矩阵。

模块三：累积脉冲星轮廓的累积。该模块通过对 X 射线敏感器收集到的 X 射线脉冲星光子进行实时 EF，得到累积脉冲星轮廓，并进行频率和相位偏置处理。

模块四：量子匹配估计。该模块包含观测矢量、匹配矩阵和超分辨率匹配估计，得出累积脉冲星轮廓的畸变和相移估计，也即脉冲星周期和脉冲星 TOA 估计，最终实现脉冲星视线方向上的定位和定速估计。

5.3.1.1 多畸变和多相移的脉冲星轮廓字典

依据第 5.1.3 节的畸变脉冲星轮廓形成机理和模型，设计了包含多个不同畸变和相移轮廓的脉冲星轮廓字典 $\boldsymbol{\Psi}$。在该脉冲星轮廓字典中，一个脉冲星轮廓即为一个基础原子，每个基础原子都同时包含畸变和相移这两个特征。$\boldsymbol{\Psi}$ 可表示为

$$\boldsymbol{\Psi}=[\boldsymbol{\Psi}_0,\boldsymbol{\Psi}_1,\cdots,\boldsymbol{\Psi}_d\cdots,\boldsymbol{\Psi}_{D-1}] \tag{5-43}$$

式中，$\boldsymbol{\Psi}_d$ 是含多个相移轮廓的子字典；d 为轮廓的畸变，$d=0,1,2,\cdots,D-1$；D 为字典中所含畸变脉冲星轮廓的总数；设 D' 为轮廓的最大畸变，则 $D=D'+1$。可见在该子字典中，每个脉冲星轮廓都有相同的畸变 d，但它们的相移各不相同。因此，$\boldsymbol{\Psi}_d$ 是由畸变为 d 的不同相移的脉冲星轮廓组合而成的，表达式为

$$\boldsymbol{\Psi}_d=[\boldsymbol{\varphi}_0^d,\boldsymbol{\varphi}_1^d,\boldsymbol{\varphi}_2^d,\cdots,\boldsymbol{\varphi}_p^d,\cdots,\boldsymbol{\varphi}_{P-1}^d] \tag{5-44}$$

式中，p 为轮廓的相移，$p=0,1,2,\cdots,P-1$；P 为字典中所含相移轮廓的总数；设 P' 为轮廓的最大相移，则 $P=P'+1$；$\boldsymbol{\varphi}_p^d$ 是畸变为 d 和相移为 p 的脉冲星轮廓，是脉冲星轮廓字典 $\boldsymbol{\Psi}$ 中的基础原子。$\boldsymbol{\varphi}_p^d$ 利用标准脉冲星轮廓通过第 5.1.3 节的畸变脉冲星轮廓模型来构建，具体过程如下：

设 $\boldsymbol{\varphi}_0^d(N\times1)$ 是畸变为 d 和相移为 0 的脉冲星轮廓，$\boldsymbol{N}$ 是脉冲星轮廓间隔数，由标准脉冲星轮廓与门函数的循环相关生成：

$$\boldsymbol{\varphi}_0^d=\boldsymbol{G}^d ✪ \overleftrightarrow{\boldsymbol{h}}(n) \tag{5-45}$$

式中，✪表示循环相关；$\boldsymbol{h}(N\times1)$ 是标准脉冲星轮廓，其畸变和相移均为 0；$\overleftrightarrow{\boldsymbol{h}}(n)$ 是其镜像，与 $\boldsymbol{h}(N\times1)$ 的关系为

$$\overleftrightarrow{\boldsymbol{h}}(n)=\boldsymbol{h}(N-1-n) \tag{5-46}$$

$\boldsymbol{G}^d(n)$ 为门函数，其表达式为

$$\boldsymbol{G}^d(n)=\begin{cases}\dfrac{1}{d}, & 0\leqslant n\leqslant d\\ 0, & d+1\leqslant n\leqslant N-1\end{cases} \tag{5-47}$$

式中，d 为门函数宽度，也是脉冲星轮廓的畸变。可见，脉冲星轮廓的畸变随宽度 d 的增大而增大。

然后，循环移动 $\boldsymbol{\varphi}_0^d$ 以得到相移为 p 的畸变脉冲星轮廓 $\boldsymbol{\varphi}_p^d$：

$$\boldsymbol{\varphi}_p^d(n)=\boldsymbol{\varphi}_0^d[(n+p)\%N] \tag{5-48}$$

式中，%表示取余数运算。

5.3.1.2　量子观测矩阵和感知矩阵

将第 5.3.1.1 节中的脉冲星轮廓字典 $\boldsymbol{\Psi}$ 中的各轮廓设为量子的概率振幅，利用量子的二向性和随机性，对这些脉冲星轮廓进行多次量子观测，每次观测得到一个量子观测矢量。具体说明如下。

设 $\boldsymbol{\varphi}(N\times1)$ 是脉冲星轮廓字典 $\boldsymbol{\Psi}$ 中有畸变和相移的脉冲星轮廓，则第 $n(n=0,1,2,\cdots,N-1)$ 个量子位 $|\boldsymbol{\varphi}(n)\rangle$ 可表示为

$$|\boldsymbol{\varphi}(n)\rangle=\boldsymbol{\alpha}(n)|0\rangle+\boldsymbol{\beta}(n)|1\rangle \tag{5-49}$$

其中，$|0\rangle$ 和 $|1\rangle$ 表示量子的下旋和上旋两个状态；$\boldsymbol{\alpha}(n)$ 和 $\boldsymbol{\beta}(n)$ 是两个幅度常数，满足：

$$|\boldsymbol{\alpha}(n)|^2+|\boldsymbol{\beta}(n)|^2=1 \tag{5-50}$$

当采用脉冲星轮廓 $\boldsymbol{\varphi}$ 作为量子概率振幅时，有：

$$|\boldsymbol{\beta}(n)|^2=\boldsymbol{\varphi}(n) \tag{5-51}$$

因此，可将第 $\boldsymbol{n}$ 个量子位 $|\boldsymbol{\varphi}(n)\rangle$ 重新整理得

$$|\boldsymbol{\varphi}(n)\rangle=\sqrt{1-\boldsymbol{\varphi}(n)}\,|0\rangle+\sqrt{\boldsymbol{\varphi}(n)}\,|1\rangle \tag{5-52}$$

对脉冲星轮廓字典 $\boldsymbol{\Psi}$ 的每次量子观测可得到一个量子观测子矩阵，多次量子观测则得到多个量子观测子矩阵，将这些量子观测子矩阵组合而成 QCS 的量子观测矩阵 $\boldsymbol{\Phi}$。设 $\boldsymbol{\Phi}_m$ 为对脉冲星轮廓字典 $\boldsymbol{\Psi}$ 的第 $\boldsymbol{m}$ 次量子观测得到的量子观测子矩阵，$m=1,2,\cdots,M$，则 $\boldsymbol{\Phi}$ 可表示为

$$\boldsymbol{\Phi}=[\boldsymbol{\Phi}_1,\boldsymbol{\Phi}_2,\cdots,\boldsymbol{\Phi}_m\cdots,\boldsymbol{\Phi}_M] \tag{5-53}$$

可见，量子观测矩阵具有随机性，故在仿真实验中验证了量子观测矩阵的随机性对 QCS 性能的影响。并且对脉冲星轮廓字典的测量次数越多，得到的量子观测矩阵的行数越多，QCS 估计精度越高。在仿真实验中，我们分析了量子观测矩阵行数对 QCS 估计精度和计算时间的影响。

感知矩阵 $\boldsymbol{\Theta}$ 表示为量子观测矩阵 $\boldsymbol{\Phi}$ 与脉冲星轮廓字典 $\boldsymbol{\Psi}$ 之积，可表示为

$$\boldsymbol{\Theta}=\boldsymbol{\Phi}\cdot\boldsymbol{\Psi}^{\mathrm{T}} \tag{5-54}$$

式中，$\boldsymbol{\Psi}^{\mathrm{T}}$ 代表矩阵 $\boldsymbol{\Psi}$ 的转置。

由上可知，量子观测矩阵 $\boldsymbol{\Phi}$ 的行列数为（MDP）$\times N$，感知矩阵 $\boldsymbol{\Theta}$ 的行列数为 $(M\times D\times P)\times(D\times P)$。

5.3.1.3　基本历元折叠

实时累积脉冲星轮廓通过 EF 方法累积，为了和传统脉冲星周期估计中的 EF 区分，将这里的 EF 称作基本 EF。基本 EF 和传统 EF 对于脉冲星轮廓的累积过程是相同的，

二者的不同在于：

（1）计算复杂度

基本 EF 的计算复杂度远小于传统 EF 的。在整个脉冲星周期估计过程中，基本 EF 只进行一次，而传统 EF 为了实现周期估计需要利用不同预估周期对脉冲星光子进行多次折叠尝试。

（2）实时性

基本 EF 不占用脉冲星光子收集后的计算资源。基本 EF 在脉冲星光子收集过程中可以同步进行，而传统 EF 是在脉冲星光子收集完成后进行。鉴于器载计算机有限而宝贵的计算资源，基本 EF 有利于脉冲星 TOA 和周期的快速估计。而传统 EF 则严重影响了周期估计的计算时间。

5.3.1.4 频率和相位偏置

为使得量子匹配估计运算正常，在累积脉冲星轮廓的累积过程中设置了频率和相位偏置。具体解释如下。

（1）频率偏置

累积脉冲星轮廓是通过累积 X 射线敏感器收集到的脉冲星光子生成的，其中脉冲星的频率是光子累积的基本参数。设 f_0 为脉冲星的频率，$f_0 = 1/T_0$，T_0 是脉冲星周期。Δf 为频率误差，则预估频率为 $f_0 + \Delta f$。

如第 5.1.3.4 节所述，$+\Delta f$ 和 $-\Delta f$ 对应的畸变脉冲星轮廓幅度相同，但相移不同。因此，为了能区分这两个频率对应的轮廓，定义了脉冲星频率偏置 f_{offfest}，并有 $f_{\text{offfest}} \gg \Delta f$。这样 $\Delta f + f_{\text{offfest}}$ 和 $-\Delta f + f_{\text{offfest}}$ 得到的将是两个不同畸变不同相移的累积脉冲星轮廓。

（2）相位偏置

如果对脉冲星轮廓字典直接进行相位估计，则字典行列数太大将导致计算复杂度过大，这是由于字典中包含了所有的相位。因此，可先对累积脉冲星轮廓进行简单的相位预估计，然后根据预估计结果，将累积脉冲星轮廓的相位移动到脉冲星轮廓字典的相位区间上。将累积脉冲星轮廓的相位移动到相位 $(P-1)/2$ 处的过程如下：

$$\boldsymbol{x}(n) = \boldsymbol{x}\{[n - \Delta p + (P-1)/2]\% N\} \tag{5-55}$$

式中，Δp 是预估计相位；$\boldsymbol{x}(n)$ 是累积脉冲星轮廓。

5.3.1.5 量子匹配估计

观测矢量 $\boldsymbol{y}(M \times D \times P \times 1)$ 为

$$\boldsymbol{y} = \boldsymbol{\Phi x} \tag{5-56}$$

匹配矩阵 $\boldsymbol{S}(D \times P)$ 由观测矢量 $\boldsymbol{y}$ 和感知矩阵 $\boldsymbol{\Theta}$ 生成：

$$\boldsymbol{S} = \frac{\boldsymbol{y}^{\mathrm{T}}}{|\boldsymbol{y}|}\boldsymbol{\Theta} \tag{5-57}$$

$\boldsymbol{S}$ 中最大元素的索引 $\tilde{m}$ 和 $\tilde{n}$ 即为所求，$\tilde{m}$ 和 $\tilde{n}$ 的表达式为

$$[\tilde{m},\tilde{n}] = \arg\max_{n,m}[\boldsymbol{S}(m,n)] \tag{5-58}$$

为提高估计性能，采用超分辨率量子匹配估计，得出累积脉冲星轮廓的畸变 $\hat{m}$：

$$\hat{m} = \tilde{m} - \frac{0.5[\max(\boldsymbol{S}_{\tilde{m}+1}) - \max(\boldsymbol{S}_{\tilde{m}-1})]}{\max(\boldsymbol{S}_{\tilde{m}+1}) + \max(\boldsymbol{S}_{\tilde{m}-1}) - 2\boldsymbol{S}(\tilde{m},\tilde{n})} \tag{5-59}$$

式中，$\max(\boldsymbol{S}_{\tilde{m}+1})$ 表示 $\boldsymbol{S}$ 矩阵中第 $\tilde{m}+1$ 列最大的元素；$\max(\boldsymbol{S}_{\tilde{m}-1})$ 表示 $\boldsymbol{S}$ 矩阵中第 $\tilde{m}-1$ 列最大的元素。

由畸变 $\hat{m}$ 得出频率估计误差 $\Delta\hat{f}$：

$$\Delta\hat{f} = \frac{\hat{m}}{NT_{\text{obs}}} \tag{5-60}$$

去除额外添加的频率偏置后最终得到脉冲星的频率估计 $\hat{f}$：

$$\hat{f} = f_0 + \Delta\hat{f} - f_{\text{offset}} \tag{5-61}$$

由于脉冲星的频率误差会引起轮廓的相移，为了得到高精度的相位估计，所以使用估计得到的畸变 $\hat{m}$ 来确定相位。因此，相位也即脉冲星的 TOA 估计误差 $\hat{n}$，可表示为

$$\hat{n} = \tilde{n} - \frac{\hat{m} - f_{\text{offset}}NT_{\text{obs}}}{2} \tag{5-62}$$

5.3.1.6　脉冲星视线方向上的定位和定速

由多普勒定速原理，脉冲星视线方向上的定速误差可表示为

$$\Delta\hat{v} = c\,\frac{\Delta\hat{f} - f_{\text{offset}}}{f_0} = c\,\frac{\hat{m}/NT_{0\text{obs}} - f_{\text{offset}}}{f_0} \tag{5-63}$$

脉冲星视线方向上的定位估计如下：

考虑到相位已经做了式（5-59）所示的预移动，并且一个间隔代表距离为 cT_0/N，将脉冲星的 TOA 转换为定位误差 $\hat{d}_p$，表达式为

$$\hat{d}_p = cIT_0 + \left(\hat{n} + \Delta p - \frac{P-1}{2}\right)\frac{cT_0}{N} \tag{5-64}$$

式中，I 为脉冲星周期的整数倍数，由航天器导航系统估算得到。

5.3.2　遗传算法优化

QCS 的核心技术是对脉冲星轮廓字典的设计和量子观测矩阵的构造。通过对脉冲星轮廓字典的每次随机量子观测可得到一个观测子矩阵。观测次数越多，QCS 估计精度越高。因此，为了获得较高的估计精度，QCS 的量子观测矩阵的行数必然很大。此外，由于观测矩阵由不同的子矩阵合成，所以不同的观测子矩阵及其组合会影响估计精度以及计算复杂度。如当测量母矩阵中有 i 个子矩阵时，将有 2^{i-1} 个组合，也即 2^{i-1} 个

母矩阵。

针对这一问题，GQCS 采用具有记忆机制的 GA 对 QCS 中的量子观测矩阵进行优化，以进一步提高估计精度，并减少计算时间。GQCS 首先利用 GA 搜索 QCS 的量子观测矩阵，利用 GA 中染色体上的基因，确定量子观测矩阵中的子矩阵是保留或放弃。将 QCS 的定位和定速估计误差作为 GQCS 适应度函数评估。通过对 QCS 的量子观测矩阵的优化选择，优选出一个行列数小和性能高的量子观测矩阵，并通过记忆机制的 GA 大幅减小了 GA 优化过程中适应度函数的计算复杂度。然后利用优选出的量子观测矩阵进行量子匹配估计，最终实现脉冲星视线方向上的超快速定位定速联合估计，与 QCS 原理图 5-11 所示的模块三和模块四完全一样。下面介绍 GQCS 中 GA 对 QCS 的优化过程和 GA 的记忆机制。

5.3.2.1 遗传算法优化策略和适应度函数

将 QCS 的量子观测矩阵作为优化对象，称作量子观测母矩阵。量子观测母矩阵中的子矩阵与 GA 中体染色体的基因相对应，即量子观测子矩阵通过相对应的个体染色体的基因来选择。当对应的基因为“1”时，保留相应的观测子矩阵；当对应的基因为“0”时，则放弃相应的观测子矩阵。每次迭代后留下来的量子观测子矩阵组合构成了待定观测矩阵。然后通过 QCS 的感知矩阵、观测矢量、匹配矩阵和超分辨率匹配估计，计算定位定速估计误差，也即 GA 的适应度。基于适应度的评估，对个体进行选择、交叉和变异生成下一代。迭代将一直运行，直到适应度函数收敛到最小或者到达迭代的上限，迭代停止，最终得到优化的量子观测矩阵。

图 5-12 给出了 GA 优化量子观测矩阵的过程。对比 QCS 原理图 5-11，可看出，GA 优化过程是在 QCS 基础上加入了编码后染色体对量子观测母矩阵的选择和 GA 的优化，也即图 5-12 中深色部分。其中，适应度函数由图 5-12 虚线框内所有模块构成，包括量子观测母矩阵、染色体编码、测量母矩阵的选择、待定观测矩阵、匹配矩阵、超分辨率估计等模块。通过对 QCS 进行 100 次独立蒙特卡洛实验，利用得到的定位和定速误差 $\hat{d}_p$ 和 $\Delta\hat{v}$ 的标准差组合作为 GA 适应度函数 e_r 的估计表达式：

$$e_r = \frac{\sqrt{Var(\hat{d}_p)} + \sqrt{Var(\Delta\hat{v})} \times T_{\text{obs}}}{2} \tag{5-65}$$

式中，$Var()$ 表示方差。

5.3.2.2 具有记忆机制的遗传算法

由于 GA 要对每一遗传代里的每个个体进行适应度评估，而个体染色体中的基因在经选择、交叉或变异遗传到后代，会不可避免地在不同遗传代中出现相同编码的染色体，也即重复染色体。具有记忆机制的 GA 将这些重复的染色体找出，不再重复计算这些个体的适应度，从而减小 GA 的总计算复杂度。具有记忆机制的 GA 流程图如图 5-13 所示。

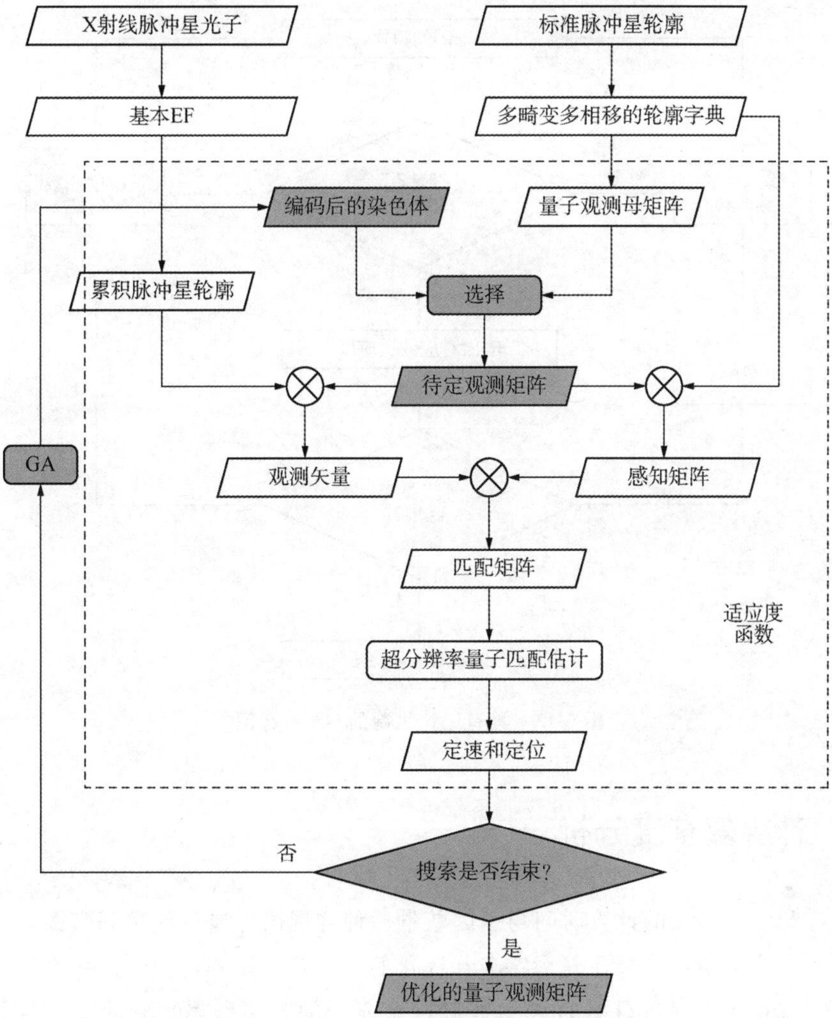

图 5-12　GA 优化观测矩阵流程图

具有记忆机制的 GA 相比无记忆机制的 GA，区别在于增加了对编码后染色体的重复染色体的判断。具体流程描述如下：

第一步，初始化染色体库，包含编码后的染色体和对应的适应度。

第二步，输入下一个编码后的染色体，先与染色体库中的染色体进行是否重复的判断。如果是，表示染色体库中已有与之相同编码的染色体，则直接输出染色体库中与之相同的染色体的适应度。如果否，则进行该染色体的适应度计算，适应度计算同无记忆机制的 GA，最后得出该个体的适应度。

第三步，更新染色体库。

第四步，判断适应度是否最小，如果是，则搜索结束，输出优化的观测矩阵；如果否，则进入第二步。

循环迭代直至搜索结束，得到优化的观测矩阵。

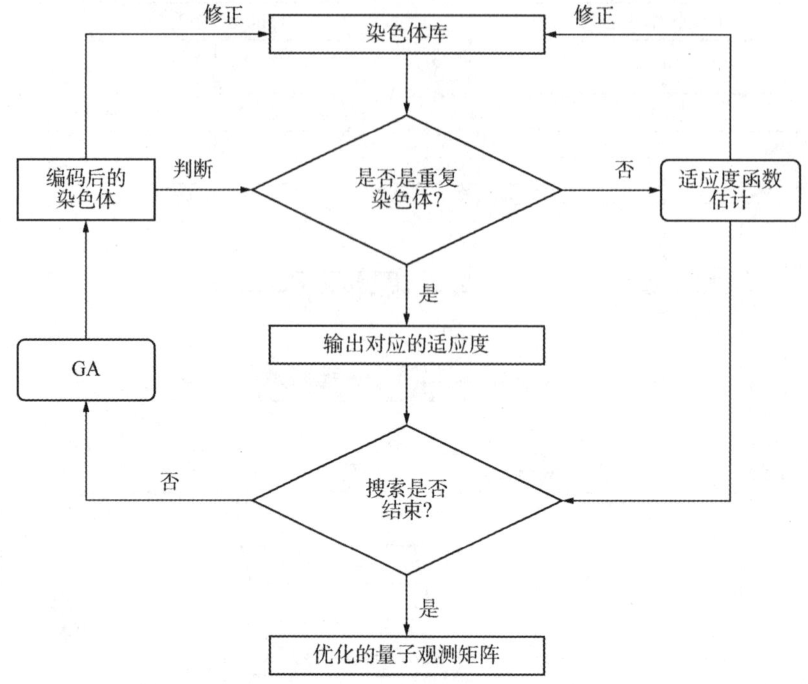

图 5-13　具有记忆机制的 GA 流程图

5.3.3　计算复杂度分析

在 GQCS 中，GA 的计算时间与基因数量、种群规模和遗传代数等有关。在实际系统中，可以预先分析出脉冲星轮廓字典和优化的量子观测矩阵，而不占用有限的器载计算机资源。又由于在线运行中的 X 射线脉冲星光子的收集和累积脉冲星轮廓的累积可以同步进行，因此只需关注 GQCS 中匹配估计部分，同 QCS 原理图 5-11 中的模块四。但是二者的计算时间不同，区别在于 GQCS 和 QCS 的量子观测矩阵的行数，即观测子矩阵的数量。下面设 GQCS 和 QCS 量子观测子矩阵的数量分别为 M_G 和 M_Q ，且有 $M_G > M_Q$。

图 5-11 中的模块四的计算复杂度取决于观测矢量和量子匹配估计这两个子模块。

(1) 观测矢量

该子模块的计算复杂度正比于量子观测矩阵行列数与脉冲星轮廓间隔数，也即 $2M_Q DPN$ 。

(2) 量子匹配估计

该子模块的计算复杂度正比于观测矢量和感知矩阵之积，约为 $2(M_Q DP)\times(DP) = 2M_Q D^2 P^2$ 。

总计算复杂度为这两部分之和，推导如下：

$$2M_Q DPN + 2M_Q D^2 P^2 = 2M_Q DP(N + DP) \approx 2M_Q DPN \tag{5-66}$$

由于 $DP \ll N$ ，所以近似为 $2M_Q DPN$ 。

可得，GQCS 的计算复杂度近似为 $2M_G DPN$ 。

设 N、P、D、M_Q 和 M_G 的取值分别为 33000、41、21、20 和 11，代入式（5-66）可得，QCS 的计算复杂度约为 1.14×10^9 MAC，GQCS 的计算复杂度约为 6.25×10^8 MAC，比 QCS 的计算复杂度减小了 45%。正是由于 GQCS 减少了量子观测矩阵的行数，因此匹配估计时间也大幅缩短，真正实现了超快速定位定速联合估计。在仿真实验中对 QCS 和 GQCS 的计算时间进行了对比分析。

5.3.4　仿真实验与结果分析

首先分析了 QCS 中量子观测矩阵的随机性、量子观测矩阵的行数对 QCS 性能的影响。然后分析了 GQCS 中 GA 的遗传代数与种群规模、具有记忆机制的 GA 的计算复杂度，并对比分析了 GQCS 与 QCS、GQCS 与传统的 χ^2 定速方法。最后，分析了主要参数如 X 射线敏感器面积、累积时间、脉冲星光子流量和宇宙背景噪声流量等对 GQCS 性能的影响。

5.3.4.1　参数设置

脉冲星 PSR B0531+21 的标准脉冲星轮廓来自 EPN，如图 5-14 所示。该脉冲星为高流量脉冲星，其脉冲星光子流量为 1.54 ph·cm^{-2}·s^{-1}，背景噪声流量为0.005 ph·cm^{-2}·s^{-1}。

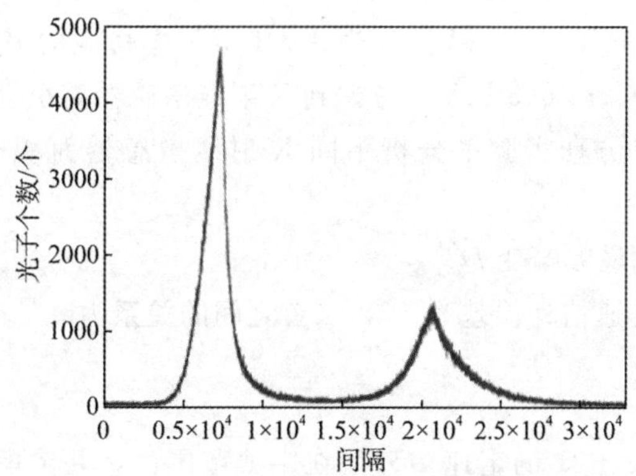

图 5-14　PSR B0531+21 的标准脉冲星轮廓

表 5-6 列出了本实验相关参数的取值，具体说明如下。

表 5-6　仿真参数

参数	值
脉冲星	B0531＋21
脉冲星周期/s	0.033
脉冲星光子流量/（$ph\cdot cm^{-2}\cdot s^{-1}$）	1.54
宇宙背景噪声流量/（$ph\cdot cm^{-2}\cdot s^{-1}$）	0.005
X 射线敏感器的时间分辨率 $\Delta_{bin}/\mu s$	1
间隔数 N	33000
累积时间 T_{obs}/s	1000
X 射线敏感器面积/cm^2	400
字典中轮廓的最大畸变 D'	20
字典中轮廓的最大相移 P'	40

（1）X 射线敏感器的时间分辨率 Δ_{bin}：

$\Delta_{bin}=1\ \mu s$。参考我国的 XPNAV-1 上搭载的掠入射聚焦型敏感器的时间分辨率小于 1.5 μs，美国 Rossi 计时 X 射线敏感器上正比计数器阵列的时间分辨率为 1 μs。

（2）脉冲星轮廓间隔数 N 可按下式计算：

$$N=\frac{T_0}{\Delta_{bin}}=33000 \tag{5-67}$$

（3）X 射线敏感器面积

美国 NICER 搭载的 X 射线敏感器面积为 2000 cm^2@1.5 keV 和 600 cm^2@6 keV。Rossi 搭载的 X 射线敏感器面积为 6500 cm^2。我国的 XPNAV-1 卫星上搭载的掠入射聚焦型敏感器面积为 30 cm^2@1.5 keV，XPNAV-1 卫星上搭载的另一种准直型 X 射线光子计数器的面积为 1200 cm^2@5 keV。考虑到 X 射线敏感器需小型化，设 X 射线敏感器面积为 400 cm^2，并在仿真实验里分析不同 X 射线敏感器面积对 GQCS 估计精度的影响。

（4）字典中轮廓的最大畸变 D'

设畸变 d 对应的定速估计误差为 σ_v，二者之间的关系为

$$d=\frac{\sigma_v T_{obs}}{\Delta_{bin}c} \tag{5-68}$$

为使得 PSR B0531＋21 的定速估计值在字典范围内，并考虑正负号，所以最大畸变 D' 满足：$D'\geqslant 10d$。参考表 5-7，设 σ_v 为 0.6 m/s，代入式（5-68）可得 σ_v 引起的畸变 d 约为 2 个间隔。所以 $D'\geqslant 20$。因此，最大畸变 D' 设为 20 个间隔是合理的。

（5）字典中轮廓的最大相移 P'

设相移 p 引起的定位估计误差为 σ_p，二者之间的关系为

$$p=\frac{\sigma_p}{c\,\Delta_{bin}} \tag{5-69}$$

为使得 PSR B0531＋21 的定位估计值在字典范围内，并考虑正负号，所以最大相移 P' 应满足 $P' \geqslant 10p$ 。结合表 5-7，设 σ_p 为 600 m，代入式（5-69）可得 σ_p 引起的相移约为 2 个间隔。所以 $P' \geqslant 20$ 。因此，最大相移 P' 取 40 个间隔是合理的。

（6）频率偏置 f_{offset}

对应较高估计精度的畸变脉冲星轮廓相位 φ_d 的范围是 $[2\times10^{-5}, 2.3\times10^{-4}]$，可得 f_{offset} 约为 8.3×10^{-2}，也即 2640 个间隔。

（7）量子观测子矩阵的数量 M

量子观测子矩阵的行数对 QCS 的性能有影响，子矩阵的数量越多，QCS 的估计误差越小，但计算复杂度也越大。综合考虑，子矩阵数量设为 20 个。

（8）实验所用的累积脉冲星轮廓的生成方式

对标准脉冲星轮廓进行预设的畸变和相移处理，生成满足泊松分布的累积脉冲星轮廓。具有预设畸变和相移的累积脉冲星轮廓 PSR B0531＋21 如图 5-15 所示。

计算机配置：CPU 为 Intel Core i7，内存为 8 GB。

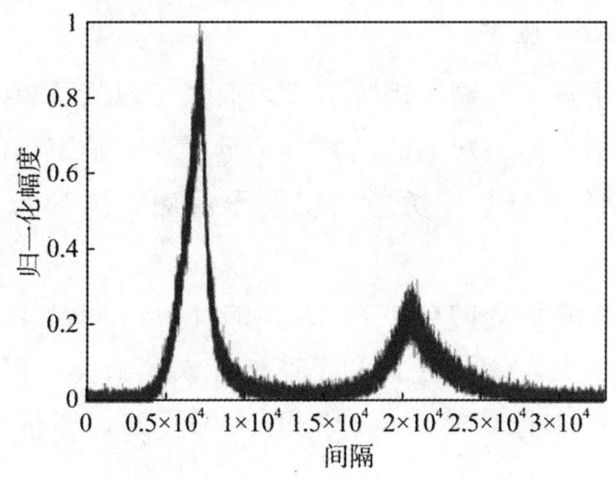

图-15　具有预设畸变和相移的累积脉冲星轮廓（PSR B0531＋21）

5.3.4.2　量子观测矩阵

（1）量子观测矩阵的随机性

由于对脉冲星轮廓字典的各次随机量子观测得到的值都是不同的，也即量子观测矩阵是随机的，故进行量子观测矩阵的随机性测试。

图 5-16 为用 100 个累积脉冲星轮廓与 11 个不同的量子观测矩阵进行定位和定速联合估计的对比，给出的是定位和定速误差标准差。图 5-16 中索引值代表不同量子观测矩阵。可看出，不同观测矩阵下的定位误差变化小，在区间 580～680 m 内。而且定速误差也一样，在区间 0.55～0.65 m/s 内。这表明，不同量子观测矩阵下 QCS 的性能是稳定的，说明了量子观测矩阵的随机性。

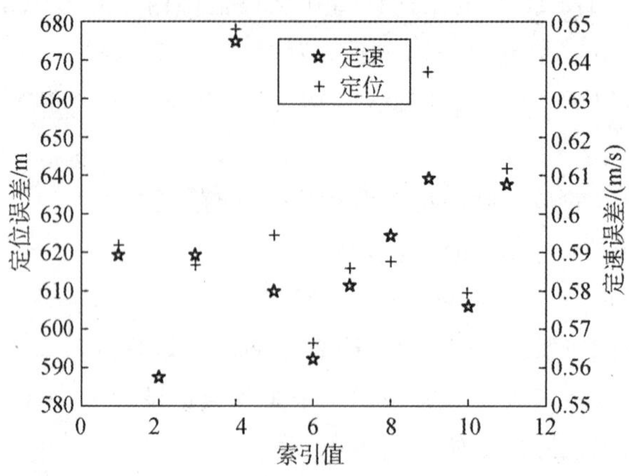

图 5-16　量子观测矩阵的随机性

为说明 QCS 的鲁棒性和优越性，选择估计精度最低的即第 4 个量子观测矩阵进行后续的仿真实验。从图 5-16 还可看出，脉冲星定位与定速的相关性强。

（2）量子观测矩阵的行数

量子观测矩阵由若干量子观测子矩阵组成，而量子观测子矩阵来自对脉冲星轮廓字典中轮廓的随机量子观测。随机观测的次数等于量子观测子矩阵的数量也即量子观测矩阵的行数。量子观测矩阵的行数至关重要。量子观测矩阵的行列数为 $MDP \times N$，即 $861M \times 33000$。

表 5-7 给出了量子观测矩阵的行数对 QCS 的计算时间与定位和定速精度的影响。可见，随着观测矩阵的增大，QCS 定位和定速估计误差减小，但计算时间也相应变长。因此，需要平衡估计精度和计算复杂度。这里取 $M=20$，即量子观测矩阵为 17220×33000，进行后续的 GA 优化。

表 5-7　量子观测矩阵的行列数

矩阵行列数	QCS		
	时间/s	定位误差/m	定速误差/（m/s）
861×33000	0.1473	1482.71	1.4753
1722×33000	0.2610	1045.44	0.9953
2583×33000	0.3599	957.36	0.9416
3444×33000	0.5084	782.69	0.7734
6027×33000	0.8647	773.40	0.7449
9471×33000	1.3463	730.15	0.6879
14637×33000	2.2146	711.40	0.6808
17220×33000	2.5990	678.09	0.6446

5.3.4.3　估计方法性能

（1）遗传代数和种群规模

图 5-17 给出了不同遗传代数和不同种群规模下适应度函数的变化。可看出，随着遗传代数的增大，不同种群规模的适应度函数均能收敛。种群规模越大，代表个体的数量越多，越有利于全局搜索。而且随着种群规模的增大，遗传代数减少。同时也可看出，种群规模为 40 和 80 对应的适应度函数的变化非常接近，它们各自适应度函数收敛到的最小值都约为 547.468，遗传代数略微不同。在相同遗传代数下，种群规模越大也意味着计算复杂度越大。因此，这里选择种群规模为 40，遗传代数为 50 的具有记忆机制的 GA 对 QCS 中的量子观测母矩阵进行优化选择。

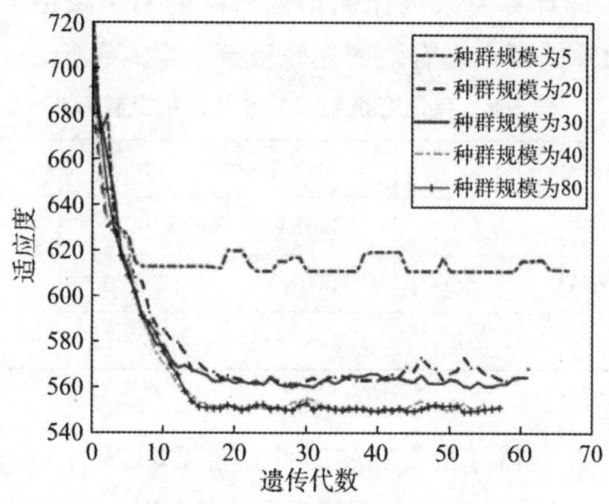

图 5-17　遗传代数和种群规模

（2）具有记忆机制的遗传算法

为说明具有记忆机制的 GA 能大幅减小适应度函数的总计算复杂度，分析了不同种群规模下个体的染色体重复率随遗传代数的变化，如图 5-18 所示。

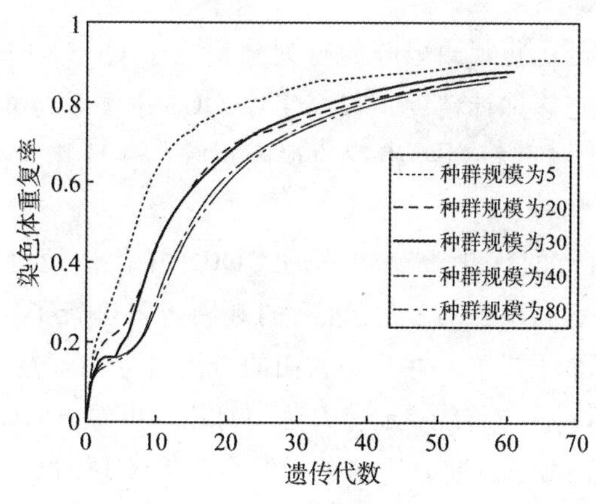

图 5-18　个体的染色体重复率

图 5-18 说明个体的染色体重复率随着遗传代数的增大而非线性增大。具体来说，染色体重复率先快速增大，然后增大变缓，最后慢慢趋于稳定。个体的染色体重复率先快速增大，反映出种群中的个体经适应度评估，被优选出的个体的基因更易在后代中出现。这一阶段出现在遗传代数从 1 代到 15 代左右；然后增大变缓到趋于稳定，反映出随着遗传代数的增大，个体的适应度函数逐渐收敛。

图 5-18 还反映出，小的种群规模对应的染色体重复率较高。小的种群规模由于所含个体少，个体的染色体基因更易被遗传到后代中，同时也需要更多的遗传代数才能得到最优解。但若种群规模太小，则不易找到全局最优解。

表 5-8 列出了有记忆机制 GA 与无记忆机制 GA 的计算复杂度对比。可看出具有记忆机制的 GA 利用染色体的重复率大幅减小了适应度函数的计算复杂度。如种群规模为 40 时，有记忆机制 GA 的计算复杂度比无记忆机制的 GA 减小了约 60%。而且 GA 优化过程可以提前在地面预处理，对有限的在轨资源不会有影响。

表 5-8　有记忆机制 GA 与无记忆机制 GA

种群规模		5	20	30	40	80
计算时间/h	有记忆机制的 GA	0.585	3.091	5.026	7.297	15.086
	无记忆机制的 GA	2.799	10.167	15.250	18.333	38.010
计算时间比		0.209	0.304	0.3296	0.398	0.397

（3）估计方法对比

为验证 GQCS 具有高的估计精度和实时性，将 GQCS 与 QCS 进行了对比分析，结果见表 5-9。QCS 的观测矩阵的选择参考表 5-7，也即表 5-9 中 QCS 一列。当观测矩阵行列数为 17220×33000 时，QCS 的定位和定速估计误差最小。该观测矩阵有 20 个子矩阵，每个子矩阵的行列数为 21×41×33000。选择该观测矩阵作为 GQCS 的测量母矩阵，因此设 GA 中每个染色体的基因数量为 20。通过 GA 对测量母矩阵的优化，最终得出由 11 个观测子矩阵组成的优化观测矩阵。使用该优化观测矩阵进行定位和定速估计，结果见表 5-9 所示的 GQCS 一列。

可看出，GQCS 中的优化观测矩阵的行列数相当于 QCS 中 9471×33000 的测量母矩阵，GQCS 的定位和定速估计精度不仅高于原 QCS 中测量母矩阵对应的，提高了约 20%，更远高于 QCS 中与其行列数相等的观测矩阵的。计算时间也较 QCS 减少了约 47%，与理论推导基本相符。

因此，具有小行列数的优化观测矩阵的 GQCS 在估计精度和计算时间上都优于 QCS。究其原因，GQCS 利用了 GA 对 QCS 的观测矩阵进行了优化，优化后的观测矩阵只包含原矩阵中若干个子矩阵，并且是它们的最优组合。

表 5-9 还列出了 GQCS 与传统 χ^2 定速方法的对比。可看出 GQCS 的估计精度明显高于 χ^2 定速方法，计算时间较 χ^2 定速方法稍长。但 GQCS 实现的是定位和定速联合估计。

表 5-9　GQCS、QCS 和 χ^2 定速的对比

观测矩阵行列数	QCS			GQCS			χ^2 定速	
	定位误差/m	定速误差/（m/s）	时间/s	定位误差/m	定速误差/（m/s）	时间/s	定速误差/（m/s）	时间/s
2583×33000	957.362	0.941	0.360					
6027×33000	773.408	0.744	0.865					
9471×33000	730.153	0.687	1.346	547.468	0.543	1.305	1.390	1.145
11193×33000	722.385	0.683	1.987					
17220×33000	678.095	0.644	2.775					

（4）鲁棒性

为测试 GQCS 的鲁棒性，用相同的量子观测矩阵和 100 个随机生成的具有相同畸变和相移的累积脉冲星轮廓。图 5-19 给出了 100 次实验的定位和定速误差。

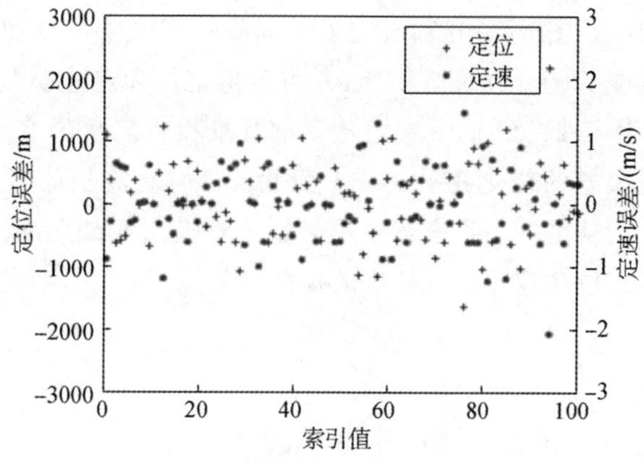

图 5-19　GQCS 鲁棒性

可看出，定位误差集中在区间［－1000 m，1000 m］内，定速误差集中在区间［－1 m/s，1 m/s］内。并且可得出，定位与定速负相关，相关系数为－0.9889。结果表明 GQCS 对不同的累积脉冲星轮廓具有一定的鲁棒性。

（5）主要参数的影响

①X 射线敏感器面积和累积时间

图 5-20 研究了 X 射线敏感器面积和累积时间的影响。从图 5-20 可看出，随着 X 射线敏感器面积和累积时间的延长，定位和定速误差均减小。这说明定位和定速误差与 X 射线敏感器面积和累积时间均成反比变化。另外，X 射线敏感器面积大意味着航天器负荷大，累积时间长会增大计算复杂度。因此，X 射线敏感器面积和累积时间要综合考虑。

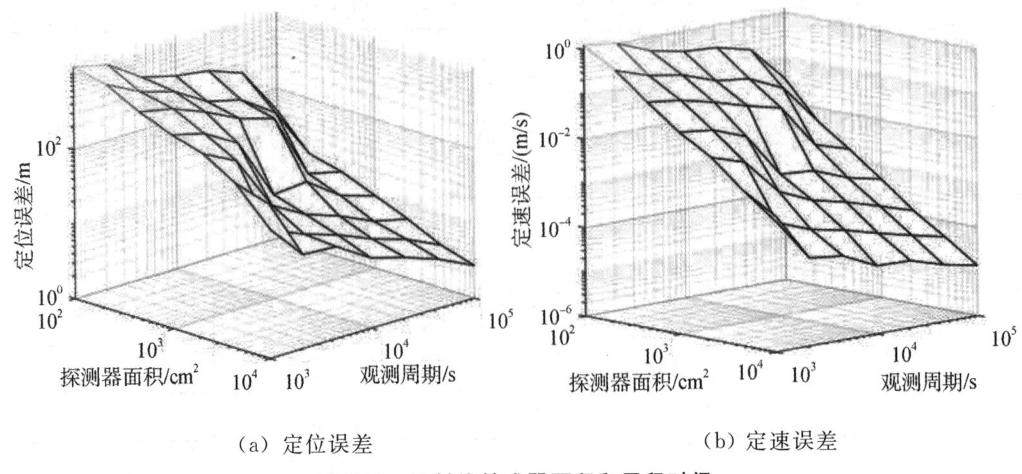

(a) 定位误差　　　　(b) 定速误差

图 5-20　X 射线敏感器面积和累积时间

②脉冲星光子流量和宇宙背景噪声流量

脉冲星轮廓 SNR 对 GQCS 的性能也有很大的影响，它与脉冲星光子流量和宇宙背景噪声流量相关。因此，图 5-21 分别研究了不同脉冲星光子流量和宇宙背景噪声流量下 GQCS 的定位和定速误差。从图 5-21（a）可看出定位和定速误差随着脉冲星光子流量的增加而下降，而图 5-21（b）中它们随宇宙背景噪声流量的变化都不明显。此外，还可看出定位和定速误差的变化几乎一样。因此，具有高流量的 X 射线脉冲星有助于提高定位和定速估计的精度。当宇宙背景噪声流量小于 0.1 ph · cm^{-2} · s^{-1}时，宇宙背景噪声流量的降低对定位和定速估计精度的提高不明显。

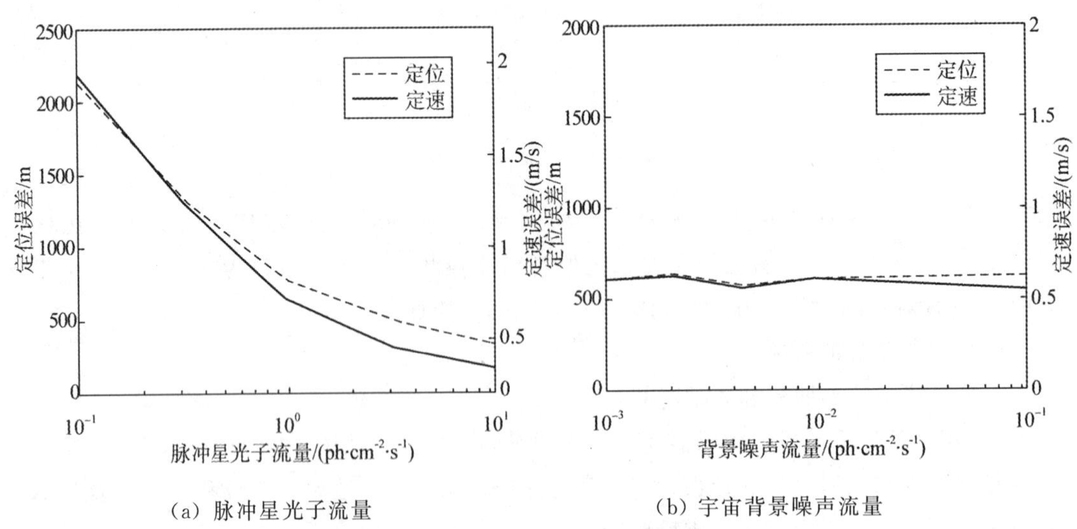

(a) 脉冲星光子流量　　　　(b) 宇宙背景噪声流量

图 5-21　脉冲星光子流量和宇宙背景噪声流量

5.4 基于准极大似然和最小二乘法的脉冲星位置和速度联合估计

EF 需精确的脉冲星周期，通常设脉冲星周期是已知的。然而，航天器运动引起的多普勒速度会导致脉冲星信号频率的变化。当脉冲星信号频率不准确时，EF 会累积出一个畸变脉冲星轮廓。反之，根据脉冲星轮廓畸变，可以估计出航天器速度。基于此，Golshan 于 2008 年提出了基于极大似然（maximum likelihood，ML）估计的位置和速度确定方法；同年，Ashby 和 Golshang 证明了基于 ML 的方法的精度接近克拉美罗下限（Cramer-Rao lower bound，CRLB）。然而，基于畸变脉冲星轮廓的周期估计方法的计算复杂度高。器载计算资源有限，无法执行该类脉冲星周期估计方法。究其原因，$10^7 \sim 10^8$ 量级的脉冲星信号被多次折叠。而一次 EF 的计算时间约为 10 s，这无法保证算法的实时性。

为了降低计算复杂度，必须避免对脉冲星信号进行多次折叠。鉴于航天器的运动与每个脉冲星 TOA 的变化有关，本节提出了基于 PPVNL[32] 通过 TOA 的变化来估计速度。

5.4.1 联合估计的方法流程

考虑到 X 射线脉冲星 TOA 受航天器运动引起的多普勒速度的影响，可以用 TOA 变化检测代替多 EF，提出了一种基于 NML 和 LSM 的 X 射线脉冲星导航快速位置和速度确定方法。其总体思路：首先，将脉冲星的总累积时间分为几个累积子时段；然后，利用 NML 估计每个子时段的脉冲 TOA；最后，利用最小二乘法处理子时段中的 TOA。通过这种方法可以得到脉冲星方向的位置和速度估计值。

快速位置和速度确定方法的示意图如图 5-22 所示。

PPVNL 方法的详细步骤如下。

步骤 1：利用 X 射线敏感器收集脉冲星光子，将 X 射线敏感器获得的脉冲光子序列对应的累积时间按照以下方式分段。总累积时间 (t_0, t_f) 被分为 m 个相等的累积子时段

$$[t_0 + (i-1)T_{\text{obs}}/m, t_0 + iT_{\text{obs}}/m],\ i = 1,2,\cdots,m$$

式中，t_0 为观测起始时间；t_f 为观测结束时间；累积时间为 $T_{\text{obs}} = t_f - t_0$ 。m 的取值需满足

$$m > 2T_{\text{obs}}v/(\delta c)$$

式中，c 为光速；v 为航天器速率；δ 为脉冲信号分辨率，其值等于 X 射线敏感器时间分辨率。

步骤 2：在每个累积子时段中，按脉冲星周期叠加脉冲信号，获得累积脉冲子轮廓。然后利用快速 NML 估计脉冲相位，将获得的脉冲相位估计值 $\hat{\varphi}_i$ 转化为脉冲星 TOAt_i。如图 5-22 中所示，有 m 个累积子轮廓分别进行处理。

由于 NML 仅估计脉冲相位，其计算复杂度仅与脉冲星轮廓间隔数有关，而不是脉

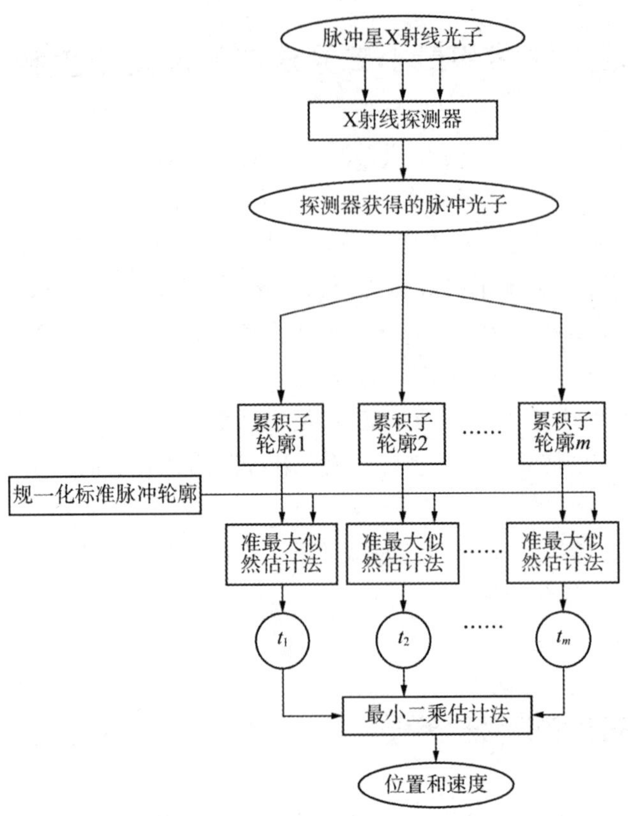

图 5-22　PPVNL 示意图

冲信号光子数量，所以计算复杂度较小，故可利用 NML 提高运算速度。

利用 NML 估计相位如式（5-70）所示：

$$\hat{\varphi}_i = \arg\max_{\varphi}\left\{\int_0^{2\pi}\tilde{h}_i(\theta)\ln[h(\theta-\varphi)]\mathrm{d}\theta\right\} \tag{5-70}$$

式中，函数 $h(\theta-\varphi)$ 是规一化标准脉冲星轮廓；$\tilde{h}_i(\theta)$ 是第 i 个累积子时段的累积脉冲星轮廓（如图 5-22 中，第 $1,2,\cdots,m$ 个累积子时段的累积脉冲星轮廓分别记为累积子轮廓 $1,2,\cdots,m$）；θ 和 φ 均表示相位，均为变量，其中 θ 为积分变量，φ 为自变量。具体实施时，标准脉冲星轮廓可通过地面站长时间观测获得，然后规一化使轮廓积分为 1，即可得到规一化标准脉冲星轮廓。EPN 公布了标准脉冲星轮廓以及相关参数，我国技术人员可通过该数据库获得标准脉冲星轮廓。

由于航天器的运动，获得的第 i 个累积子时段 $[t_0+(i-1)T_{\mathrm{obs}}/m, t_0+iT_{\mathrm{obs}}/m]$ 的相位值相对应的初始时间不是 t_0。下面，分析此初始时间。设脉冲星周期为 P_0，航天器在脉冲星视线方向上的速率为 v，第 i 个累积子时段的第一个脉冲相位为 θ_0^i，$\theta_0^i\in[0,2\pi)$。因此，第 i 个累积子时段的第 k 个脉冲相位为 θ_k^i：

$$\theta_k^i = \theta_{k-1}^i + \frac{2\pi v}{c} = \theta_0^i + \frac{2\pi vk}{c} \tag{5-71}$$

设一个累积子时段中共有 K 个脉冲，则 k 的取值范围为 0，1，…，$K-1$。采用近似然估计方法，获得的第 i 个累积子时段的脉冲相位 φ_i 为 $\theta_0^i \sim \theta_{k-1}^i$ 的均值：

$$\varphi_i = \frac{1}{K}\sum_{k=0}^{K-1}\theta_k^i = \frac{1}{K}\sum_{k=0}^{K-1}\left(\theta_0^i + \frac{2\pi vk}{c}\right) = \theta_0^i + \frac{\pi v(K-1)}{c} \tag{5-72}$$

该脉冲相位等于第（$K-1$）/2 个脉冲的相位，即获得的第 i 个累积子时段的相位值 φ_i 对应于第 i 个累积子时段的中间时刻，$t_0+(i-1/2)T_{\text{obs}}/m$。

将第 i 个累积子时段的脉冲相位 φ_i 转化为脉冲星 TOAt_i：

$$t_i = \left[\frac{(\varphi_i^b - \varphi_i)}{2\pi} + n_i\right]P_0 \tag{5-73}$$

式中，n_i 是航天器与 SSB 之间的脉冲整数周期；φ_i^b 是在 SSB$t_0+(i-1/2)T_{\text{obs}}/m$ 时刻对应的脉冲相位。

如式（5-70）所示利用 NML 估计相位得到脉冲相位估计值 $\hat{\varphi}_i$，然后如式（5-73）所示将获得的脉冲相位估计值 $\hat{\varphi}_i$ 作为第 i 个累积子时段的脉冲相位 φ_i，转化为脉冲星 TOAt_i 即可。

步骤 3：用最小二乘法处理步骤 2 所得脉冲星 TOAt_i，可获得航天器位置和速度。

根据步骤 2，得到一系列数据对 $[t_0+(i-1/2)T_{\text{obs}}/m, t_i], i=1,2,\cdots,m$。$t_0+(i-1/2)T_{\text{obs}}/m$ 和脉冲星 TOAt_i 之间的关系如下：

$$ct_i = \hat{r} + \hat{v}\left(i-\frac{1}{2}\right)\frac{T_{\text{obs}}}{m} \tag{5-74}$$

式中，$\hat{r}$ 和 $\hat{v}$ 为航天器在 t_0 时刻的位置和速度；c 为光速。

因此，位置和速度估计值如下：

$$\hat{r} = \frac{c\sum_{i=1}^{m}t_i}{m} - \hat{v}\frac{\sum_{i=1}^{m}\left(i-\frac{1}{2}\right)\frac{T_{\text{obs}}}{m}}{m} = \frac{c\sum_{i=1}^{m}t_i}{m} - \frac{\hat{v}T_{\text{obs}}}{2} \tag{5-75}$$

$$\hat{v} = \frac{m\sum_{i=1}^{m}\left[\left(i-\frac{1}{2}\right)\frac{T_{\text{obs}}}{m}t_i c\right] - \sum_{i=1}^{m}\left[\left(i-\frac{1}{2}\right)\frac{T_{\text{obs}}}{m}\right]\sum_{i=1}^{m}t_i c}{m\sum_{i=1}^{m}\left[\left(i-\frac{1}{2}\right)\frac{T_{\text{obs}}}{m}\right]^2 - \left\{\sum_{i=1}^{m}\left[\left(i-\frac{1}{2}\right)\frac{T_{\text{obs}}}{m}\right]\right\}^2} = \frac{6T_{\text{obs}}^{-1}c\sum_{i=1}^{m}(2i-m-1)t_i}{m^2-1} \tag{5-76}$$

5.4.2　克拉美罗下界

下面，证明位置和速度估计的精度接近 CRLB。在已知速度和累积时间 T_{obs} 的情况下，TOA 标准方差的 CRLB 为 σ：

$$\sigma = \left\{f^2 T_{\text{obs}}\int_0^1 \frac{[\alpha h'(\varphi)]^2}{\alpha h(\varphi)+\beta}\mathrm{d}\varphi\right\}^{-\frac{1}{2}} \tag{5-77}$$

式中，f 是已知的源频率；α 和 β 表示源光子和背景光子的到达率；函数 $h(\varphi)$ 是源的归一化去噪脉冲星轮廓。

如果速度未知，速度和位置估计值的标准方差的 CRLB 分别为 $2\sqrt{3}c\sigma/T_{\text{obs}}$ 和 $2c\sigma$ 。

在 PPVNL 方法中，由于采用了准极大似然法来估计脉冲星 TOA，因此其精度 $\hat{\sigma}$ 接近 CRLB 的 σ 。从式（5-74）中可看出，子时段脉冲星 TOAt_i 与累积时间 T_{obs}/m 的标准方差为 $\sqrt{m}\hat{\sigma}$ 。

因此，根据式（5-75）和式（5-76），$\hat{v}$ 和 $\hat{r}$ 的标准方差 σ_v 和 σ_r 分别为

$$\sigma_v = \frac{6c\sqrt{m}\hat{\sigma}\sqrt{\sum_{i=1}^{m}(2i-m-1)^2}}{T_{\text{obs}}(m^2-1)} = 2\sqrt{3}\frac{c\hat{\sigma}m}{T_{\text{obs}}\sqrt{m^2-1}} \tag{5-78}$$

$$\sigma_r = \sqrt{\frac{c^2\sum_{i=1}^{m}m\hat{\sigma}^2}{m^2} + \left(\frac{\sigma_v T_{\text{obs}}}{2}\right)^2} = \frac{c\hat{\sigma}\sqrt{4m^2-1}}{\sqrt{m^2-1}} \tag{5-79}$$

从式（5-78）和式（5-79）中可以看到，m 越大两个标准方差值越小。σ_v 和 σ_r 分别小于 $2\sqrt{3}c\hat{\sigma}/T_{\text{obs}}$ 和 $2c\hat{\sigma}$ 。并且，估计误差随着 m 的增加而减小，而且估计误差的变化很小，特别是对于 $m>10$。

正如式（5-80）和式（5-81）所示，两个标准方差的极限分别为 $2\sqrt{3}c\hat{\sigma}/T_{\text{obs}}$ 和 $2c\hat{\sigma}$：

$$\lim_{m\to\infty}\sigma_v = \lim_{m\to\infty}\left(2\sqrt{3}\frac{c\hat{\sigma}m}{T_{\text{obs}}\sqrt{m^2-1}}\right) = 2\sqrt{3}\frac{c\hat{\sigma}}{T_{\text{obs}}} \tag{5-80}$$

$$\lim_{m\to\infty}\sigma_r = \lim_{m\to\infty}\left(\frac{c\hat{\sigma}\sqrt{4m^2-1}}{\sqrt{m^2-1}}\right) = 2c\hat{\sigma} \tag{5-81}$$

因此，当子时段数 m 较大时，PPVNL 方法的精度接近 CRLB。

5.4.3 计算复杂度分析

设 N_b 、$N_{t_0}^{t_f}$ 和 N_g 分别为脉冲星轮廓间隔数、脉冲星光子数和网格点数。对于 PPVNL 方法，若无航天器位置和速度的先验知识，总计算复杂度约为 $2N_b^2$ ；反之，总计算复杂度将降低。设 N_b为 3124，PPVNL 方法需约 2×10^7 MAC。当已知航天器位置和速度的先验知识时，总计算复杂度约为 10^4 MAC。

ML 方法的计算复杂度中，每个脉冲星光子需要 8 MAC，一个网格点需要 $8N_{t_0}^{t_f}$ MAC。因此，总体计算复杂度为 $8N_{t_0}^{t_f}N_g$ 。当累积时间和时间分辨率分别为 300 s 和 10 μs时，可得 $N_{t_0}^{t_f}=3\times10^7$ 。一个网格点的计算复杂度为 $8N_{t_0}^{t_f}=2.4\times10^8$ MAC。若已知航天器位置和速度等先验知识，网格点的数量至少为 10 个，计算复杂度约为 10^9 MAC。

综上，PPVNL 方法比 ML 方法更快。

5.4.4　仿真实验与结果分析

选择 Crab 脉冲星作为导航脉冲星。脉冲星光子流量为 1.54 ph·cm^{-2}·s^{-1}，宇宙背景噪声流量为 0.005 ph·cm^{-2}·s^{-1}。X 射线敏感器面积为 384 cm^2，总累积时间分为 10 个累积子时段。计算机配置：CPU 为 AMD Athlon 64 X2，内存为 1 GB。

5.4.4.1　累积时间

研究了累积时间对估计精度的影响。图 5-23 给出了 PPVNL 方法在不同累积时间下的位置和速度估计误差。从图 5-23 可看出，PPVNL 方法的精度接近 CRLB。随着累积时间的延长，PPVNL 方法和 CRLB 方法的精度都得到了提高。

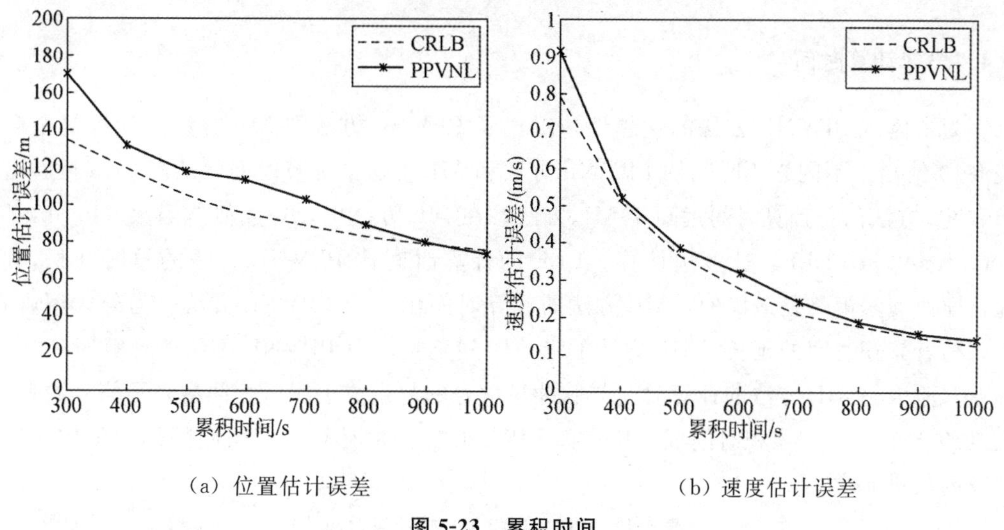

（a）位置估计误差　　（b）速度估计误差

图 5-23　累积时间

5.4.4.2　X 射线敏感器面积

图 5-24 给出了不同 X 射线敏感器面积的 PPVNL 方法精度，累积时间为 500 s。从图 5-24 可看出，PPVNL 方法的精度也接近 CRLB，特别是对于大面积 X 射线敏感器的情况。随着 X 射线敏感器面积的增加，PPVNL 方法和 CRLB 方法的精度都得到了提高。

从以上结果可看出，在不同的累积时间和不同的 X 射线敏感器面积下，PPVNL 方法的精度接近 CRLB。因此，该方法具有较高的精度。此外，长累积时间和大面积 X 射线敏感器有利于提高 PPVNL 方法的估计精度。

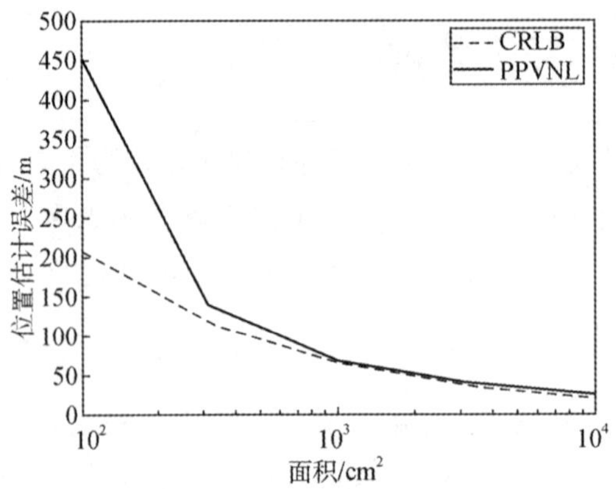

图 5-24　X 射线敏感器面积

5.4.4.3　计算时间

为了体现 PPVNL 方法的优越性，对比了 PPVNL 方法和 ML 方法的计算复杂度。表 5-10 给出了不同累积时间的 PPVNL 方法和 ML 方法的计算时间。从表 5-10 可看出，PPVNL 方法的总计算时间远短于 ML 方法。在 ML 方法中，对数似然函数（log-likelihood function，LLF）被多次计算。LLF 的计算时间比 PPVNL 方法的总时间长。因此，即使搜索策略是最优的，ML 方法的计算时间仍长于 PPVNL 方法。另外，还可看出，随着累积时间的延长，ML 方法的计算时间延长，而 PPVNL 方法的计算时间保持不变。原因是 ML 方法的计算时间与脉冲星信号的数量成正比，脉冲星光子信号数量很大（10^7～10^8），与累积时间成正比；而 PPVNL 方法的计算时间与间隔的数量成正比，间隔的数量非常小（约 10^3）。

表 5-10　PPVNL 和 ML 的计算时间

累积时间/s	ML		PPVNL		
	总计算时间/s	LLF/s	总计算时间/s	TOA/s	LSM/μs
300	1322	12.69	0.52	0.52	131
500	2204	21.15	0.52	0.52	131
1000	4409	42.30	0.53	0.53	132

5.4.4.4　脉冲星光子流量

使用不同流量脉冲星的 PPVNL 方法性能如表 5-11 所示。分别使用 PSR B0531＋21、B1821－24 和 B1937＋21 作为导航星，其光子流量分别为 1.54 ph・cm^{-2}・s^{-1}、1.93×10^{-4} ph・cm^{-2}・s^{-1}和 4.99×10^{-5} ph・cm^{-2}・s^{-1}。由于这些脉冲星光子流量很弱，因此累积时间延长到 1000 s。从表 5-11 可看出，PPVNL 方法的精度接近不同脉冲星的 CRLB。综上所述，对于不同的 X 射线脉冲星，PPVNL 方法都具有良好的性能。

表 5-11　不同脉冲星的估计误差

脉冲星	CRLB		PPVNL	
	速度/（m/s）	位置/m	速度/（m/s）	位置/m
B0531＋21	0.13	74	0.14	75
B1821－24	0.67	385	0.73	393
B1937＋21	0.72	414	0.77	431

本节提出了一种基于 NML 和 LSM 的 PPVNL。理论和仿真结果均表明，PPVNL 方法的精度接近 CRLB。因此，其精度非常高。PPVNL 方法利用脉冲星 TOA 的变化来估计多普勒速度，并且避免了多次折叠大量 X 射线脉冲信号，因此计算时间短，达到 0.53 s。

综上，PPVNL 方法具有高精度和低计算复杂度，是 X 射线脉冲星导航的较好选择。

5.5　本章小结

本章首先从计算复杂度与估计精度两方面考虑，将 SDP 与 FBEF 有机结合，提出了 FBEF-FDP 方法，在器载计算资源有限的情况下实现了高精度脉冲星周期估计。此外，还提出了两种脉冲星 TOA 和周期联合估计方法，即 GQCS 和 PPVNL。这两种方法能同时为脉冲星导航提供高精度的两个测量值。三种方法均大幅减少尝试性 EF 的次数，从而保证了实时性。

第 6 章　脉冲星导航滤波与组合导航

脉冲星 TOA 和脉冲星周期偏移可作为脉冲星导航的基本测量值。若要提高导航精度，可利用卡尔曼滤波实现高精度导航。但是，脉冲星导航存在某些缺陷，如导航滤波的周期较长，只能提供稀疏的位置估计；Crab 脉冲星的流量高，其他脉冲星信号十分微弱。因此，仅用脉冲星难以实现连续、高精度的导航。脉冲星导航需与其他天文导航方式结合，以弥补其上述缺陷。

本章给出了两种测角/Crab 脉冲星组合导航、两种多普勒/脉冲星组合导航。此外，还提出了高流量脉冲星的直接定速和低流量脉冲星的间接定速这两个概念，并在此基础上提出复合定位定速脉冲星导航。

6.1　测角/Crab 脉冲星浅组合导航

目前，X 射线脉冲星导航已实现在轨测试。考虑到 Crab 脉冲星光子流量远大于其他脉冲星，在航天器上只安装了单个 X 射线敏感器，用于探测 Crab 脉冲星的辐射信号。可是，Crab 脉冲星导航系统的可观测性差，根本无法单独工作。

天文测角导航是目前唯一成功应用的天文导航方式，其具有以下特点：CCD 星敏感器成本低；能同时提供位置、姿态等信息；隐蔽性强；导航误差与时间无关；不受人为干扰；系统可观测性好。但是，受近天体敏感器低精度的限制，该方法定位的性能有待提高。

鉴于这两种方法具有互补性，本节提出了一种天文测角/Crab 脉冲星浅组合导航[34]［又称作基于联邦 UKF 的脉冲星/天文测角组合导航（integrated navigation based on federated UKF，INFU）］。由于轨道动力学模型和测量模型都是非线性的，并且 UKF 具有较好的非线性估计能力，所以，INFU 采用联邦 UKF 用于融合天文导航子系统和 Crab 脉冲星导航子系统的导航定位信息。一方面，Crab 脉冲星导航作为天文导航有益的辅助，提高了定位精度；另一方面，利用一颗脉冲星在航天器上进行脉冲星导航测试，降低了应用成本和技术风险。

6.1.1　天文测角

光电耦合器件（charge coupled device，CCD）测量的星光可经过地球大气折射，也可不经过地球大气折射。天文导航测量方式可分为直接敏感地平和间接敏感地平。直接敏感地平测量方式直接测量恒星发出、未经过地球大气的星光。间接敏感地平测量方式测量经过大气折射的光线，需要利用大气光学性质。直接敏感地平测量方式简单、可靠、易于实现。间接敏感地平测量方式虽然精度更高，但模型相对复杂。本节拟利用直接敏感地平测量方式开展研究。

直接敏感地平测量方式的基本原理如下：通过航天器上安装的 CCD 星敏感器观测导航恒星，从而获得该恒星在 CCD 星敏感器测量坐标系中的方向信息，利用星敏感器安装矩阵将测量坐标系中的方向信息转化为航天器本体坐标系中的方向信息。利用近天体敏感器可以测量航天器至近天体质心的视线方向或航天器至近天体边缘的切线方向，计算出近天体矢量在航天器本体坐标系中的方向。根据航天器、导航恒星以及近天体之间的几何位置关系，可解算天文导航测量值，结合航天器轨道动力学模型，并用卡尔曼滤波即可估计出航天器的自主导航定位，包括高精度的位置、速度等。

下面具体介绍直接敏感地平测量值，包括星光角距和星光仰角。

（1）星光角距

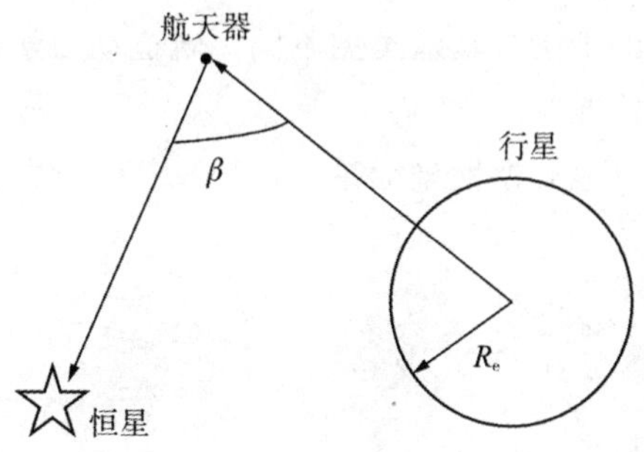

图 6-1　星光角距

作为天文测角导航中一种常用测量值，星光角距指从航天器上观测到的导航恒星星光的方向矢量与近天体方向矢量之间的夹角。图 6-1 中所示的 β 就是星光角距。

（2）星光仰角

星光仰角是指从航天器上观测到的导航恒星与近天体边缘的切线方向之间的夹角。图 6-2 中所示的 γ 就是星光仰角。

房建成院士已经证明：星光仰角的可观测度和定位精度均优于星光角距。因此，将星光仰角作为测量值，其测量模型如下：

$$\gamma = \arccos\left(-\frac{\boldsymbol{r} \cdot \boldsymbol{s}}{r}\right) - \arcsin\left(\frac{R_e}{r}\right) \tag{6-1}$$

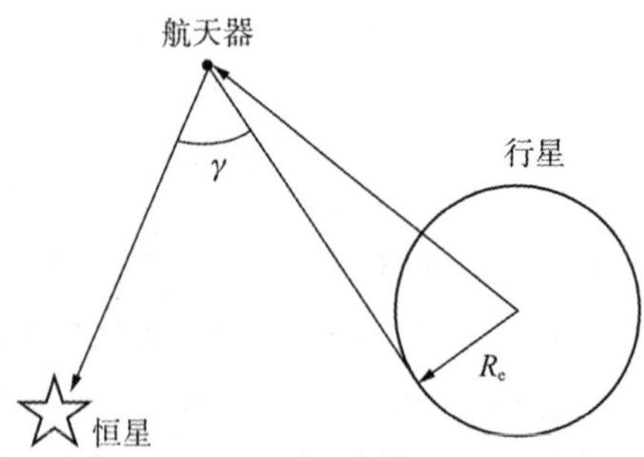

图 6-2　星光仰角

式中，$\boldsymbol{s}$ 是导航恒星的视线方向矢量；R_e 为近天体半径；$\boldsymbol{r}$ 为航天器相对于近天体的位置矢量，$r=|\boldsymbol{r}|$ 为航天器与近天体之间的距离。

设天文测角导航的测量值和测量噪声分别为 $\boldsymbol{Z}_1$ 和$\boldsymbol{V}_1$，则：

$$\boldsymbol{Z}_1=h_1[\boldsymbol{X}(t),t]+\boldsymbol{V}_1(t)=\gamma+v_\gamma \tag{6-2}$$

式中，v_γ 可设为零数学期望值高斯白噪声，其方差为 R_1；h_1 可表示如下：

$$h_1[\boldsymbol{X}(t),t]=\arccos\left(-\frac{\boldsymbol{r}\cdot\boldsymbol{s}}{r}\right)-\arcsin\left(\frac{R_e}{r}\right) \tag{6-3}$$

6.1.2　地球与太阳卫星轨道动力学模型

对于不同的航天器，由于飞行轨道类型不同，轨道动力学模型也就不同。本节考虑地球卫星和太阳卫星两种情况。

对于地球卫星，可选取地心惯性坐标系（J2000.0）。通常选用的地球卫星自主导航系统的状态模型为

$$\begin{cases}\dfrac{\mathrm{d}x}{\mathrm{d}t}=v_x+w_x\\ \dfrac{\mathrm{d}y}{\mathrm{d}t}=v_y+w_y\\ \dfrac{\mathrm{d}z}{\mathrm{d}t}=v_z+w_z\\ \dfrac{\mathrm{d}v_x}{\mathrm{d}t}=-\mu\dfrac{x}{r^3}\left[1-J_2\left(\dfrac{R_e}{r}\right)^2\left(7.5\dfrac{z^2}{r^2}-1.5\right)\right]+\Delta F_x+w_{vx}\\ \dfrac{\mathrm{d}v_y}{\mathrm{d}t}=-\mu\dfrac{y}{r^3}\left[1-J_2\left(\dfrac{R_e}{r}\right)^2\left(7.5\dfrac{z^2}{r^2}-1.5\right)\right]+\Delta F_y+w_{vy}\\ \dfrac{\mathrm{d}v_z}{\mathrm{d}t}=-\mu\dfrac{z}{r^3}\left[1-J_2\left(\dfrac{R_e}{r}\right)^2\left(7.5\dfrac{z^2}{r^2}-4.5\right)\right]+\Delta F_z+w_{vz}\end{cases} \tag{6-4}$$

式（6-4）可写为一般的状态模型：

$$\boldsymbol{X}(t)=f(\boldsymbol{X}(t),t)+w(t) \tag{6-5}$$

式中，状态矢量 $\boldsymbol{X}=[x\quad y\quad z\quad v_x\quad v_y\quad v_z]^{\mathrm{T}}$；$x,y,z,v_x,v_y,v_z$ 分别是航天器在三个方

向上的位置和速度；μ 是地球引力常数；$\boldsymbol{r}$ 为航天器相对于地球的位置矢量；ΔF_x、ΔF_y、ΔF_z 为地球非球形摄动的高阶摄动项，日、月摄动，以及太阳光压摄动和大气摄动等影响航天器位置的摄动力；J_2 为二阶带谐项系数；$\boldsymbol{w}(t)$ 为状态处理噪声，可作为零均值白噪声，其协方差为 $\boldsymbol{Q}$。

当 $t=t_k$ 时，$f(\boldsymbol{X}(t),t)$ 对应的状态转移矩阵为 $\boldsymbol{F}(k)$，可按照下列式进行计算：

$$\boldsymbol{F}(k)=\left.\frac{\partial f(\boldsymbol{X}(t),t)}{\partial \boldsymbol{X}(t)}\right|_{\boldsymbol{X}(t)=\hat{\boldsymbol{X}}(t_k)}=\begin{bmatrix}\boldsymbol{0}_{3\times3} & \boldsymbol{I}_{3\times3}\\ \boldsymbol{S}(k) & \boldsymbol{0}_{3\times3}\end{bmatrix} \tag{6-6}$$

式中，$\boldsymbol{0}_{3\times3}$ 和 $\boldsymbol{I}_{3\times3}$ 分别为 3×3 的零矩阵和单位矩阵；忽略地球非球形摄动以及其他摄动力的影响，$\boldsymbol{S}(k)$ 可近似地表示为

$$\boldsymbol{S}(k)\approx\begin{bmatrix}\frac{\mu(3x^2-r^2)}{r^5} & \frac{3\mu xy}{r^5} & \frac{3\mu xz}{r^5}\\ \frac{3\mu xy}{r^5} & \frac{\mu(3y^2-r^2)}{r^5} & \frac{3\mu yz}{r^5}\\ \frac{3\mu xz}{r^5} & \frac{3\mu yz}{r^5} & \frac{\mu(3z^2-r^2)}{r^5}\end{bmatrix} \tag{6-7}$$

对于太阳卫星轨道，可选取日心惯性坐标系（J2000.0）。通常选用的太阳卫星自主导航系统的状态模型为

$$\begin{cases}\dfrac{\mathrm{d}\boldsymbol{r}}{\mathrm{d}t}=\boldsymbol{v}+\boldsymbol{w}_r\\[2ex] \dfrac{\mathrm{d}\boldsymbol{v}}{\mathrm{d}t}=-\mu_{\mathrm{sun}}\dfrac{\boldsymbol{r}}{r^3}+\displaystyle\sum_{j=1}^{n_t}\mu_j\left[\frac{\boldsymbol{r}_{rj}}{\boldsymbol{r}_{rj}^3}-\frac{\boldsymbol{r}_{tj}}{\boldsymbol{r}_{tj}^3}\right]+\Delta\boldsymbol{F}+\boldsymbol{w}_v\end{cases} \tag{6-8}$$

式中，$\boldsymbol{r}$ 和 $\boldsymbol{v}$ 分别为航天器的位置和速度矢量；$\Delta\boldsymbol{F}$ 是太阳光压摄动力；$\boldsymbol{r}_{rj}$ 和 $\boldsymbol{r}_{tj}$ 分别是第 j 个摄动行星相对于 SSB 和航天器的位置矢量；μ_j 是第 j 个摄动行星的引力常数；n_t 是摄动行星的数量；$\boldsymbol{w}_r$ 和 $\boldsymbol{w}_v$ 是状态处理噪声，可被设为零均值白噪声。

6.1.3　导航信息融合

利用常用的联邦 UKF 作为组合导航滤波器，以实现天文测角导航和脉冲星导航定位信息的融合，其具体结构如下：式（6-2）和轨道动力学模型分别作为天文测角导航子滤波器（celestial navigation system-unscented Kalman filter，CNS-UKF）的测量模型和状态转移模型，式（1-20）和轨道动力学模型分别作为脉冲星导航子滤波器（pulsar-unscented Kalman filter，pulsar-UKF）的测量模型和状态转移模型，用联邦 UKF 中的主滤波器融合天文测角导航子系统和 Crab 脉冲星导航子系统提供的位置、速度信息。图 6-3 给出了 INFU 的流程图。

INFU 的滤波过程如下：

①在 Crab 脉冲星信号观测期间内，仅 CNS-UKF 运行并输出导航定位、定速信息。

②脉冲星轮廓累积完成后，估计出脉冲星 TOA。此时，两个子滤波器同时运行并

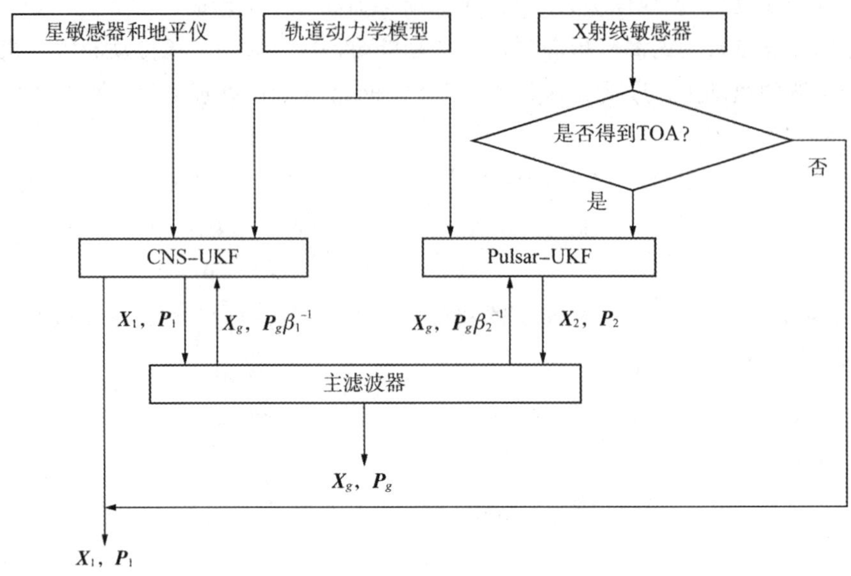

图 6-3　INFU

得到两个子最优状态估计。然后，这两个状态估计通过主滤波器即可获得全局最优状态估计。最后，将全局估计值再反馈给两个子滤波器。

这一过程的具体数学表达式如下：

①设天文测角导航和脉冲星导航子滤波器的状态估计值分别为 $\boldsymbol{X}_1$ 和 $\boldsymbol{X}_2$ ，估计误差方差阵分别为 $\boldsymbol{P}_1$ 和 $\boldsymbol{P}_2$ 。

②利用主滤波器处理两个子滤波器提供的局部最优估计值，将二者融合，即可达到全局最优估计值。全局估计值表达式如下：

$$\hat{\boldsymbol{X}}_g(k)=[\boldsymbol{P}_1^{-1}(k)+\boldsymbol{P}_2^{-1}(k)]^{-1}[\boldsymbol{P}_1^{-1}(k)\,\boldsymbol{X}_1(k)+\boldsymbol{P}_2^{-1}(k)\,\boldsymbol{X}_2(k)] \tag{6-9}$$

$$\boldsymbol{P}_g(k)=[\boldsymbol{P}_1^{-1}(k)+\boldsymbol{P}_2^{-1}(k)]^{-1} \tag{6-10}$$

③为确保子滤波的状态预测精度，将全局状态估计值反馈给两个导航子滤波器，作为 k 时刻两个导航子滤波器的状态估计值。

$$\hat{\boldsymbol{X}}_i(k)=\hat{\boldsymbol{X}}_g(k) \tag{6-11}$$

$$\boldsymbol{P}_i^{-1}(k)=\beta_i\,\boldsymbol{P}_g^{-1}(k) \tag{6-12}$$

$$\beta_i=\frac{||\,\boldsymbol{P}_i(k)\,||^{-1}}{\sum_j ||\,\boldsymbol{P}_j(k)\,||^{-1}} \tag{6-13}$$

式中，$i=1$，2，‖ · ‖ 表示 2-范数。

6.1.4　仿真实验与结果分析

为了验证 INFU 的可行性与有效性，将其与天文测角导航和 Crab 脉冲星导航进行对比。

6.1.4.1　参数设置

航天器初始轨道参数如表 6-1 所示。

表 6-1　初始轨道参数

轨道参数	数值
半长轴/km	7136.635
偏心率	0.001809
轨道倾角/（°）	65
升交点赤经/（°）	30
近地点幅角/（°）	30
中心天体	地球

导航滤波器参数如表 6-2 所示。

表 6-2　导航滤波器参数

参数	数值
星敏感器精度	3″
星敏感器视场	11.9°×11.9°
恒星数据库	Tycho 恒星表
地平仪精度	0.02°
测角噪声标准差/rad	3.4907×10^{-4}
测距噪声标准差/m	142
累积时间/s	Crab 脉冲星：300；天文测角：3
X 射线敏感器面积/m^2	1
初始状态误差	$\delta\boldsymbol{X}(0)=[600\ \mathrm{m},600\ \mathrm{m},600\ \mathrm{m},2\ \mathrm{m/s},2\ \mathrm{m/s},1.5\ \mathrm{m/s}]$
初始估计误差协方差矩阵	$\boldsymbol{P}(0)$ 随机选择
状态过程噪声	$\boldsymbol{Q}_1=\mathrm{diag}[q_1^2,q_1^2,q_1^2,q_2^2,q_2^2,q_2^2]$，$q_1=0.2\ \mathrm{m}$，$q_2=0.0002\ \mathrm{m/s}$ $\boldsymbol{Q}_2=\mathrm{diag}[q_3^2,q_3^2,q_3^2,q_4^2,q_4^2,q_4^2]$，$q_3=400\ \mathrm{m}$，$q_2=0.4\ \mathrm{m/s}$

6.1.4.2　导航方式性能对比

图 6-4 给出了天文测角导航、Crab 脉冲星导航和 INFU 的性能对比。仿真时间为 5 个轨道周期（约 30000 s）。从图 6-4 可看出，Crab 脉冲星导航收敛性较差，并且趋于发散。究其原因，Crab 脉冲星导航系统可观测度较低。INFU 和天文测角导航均能很好地收敛。从图中还可看出，INFU 系统的性能明显优于天文测角导航系统。

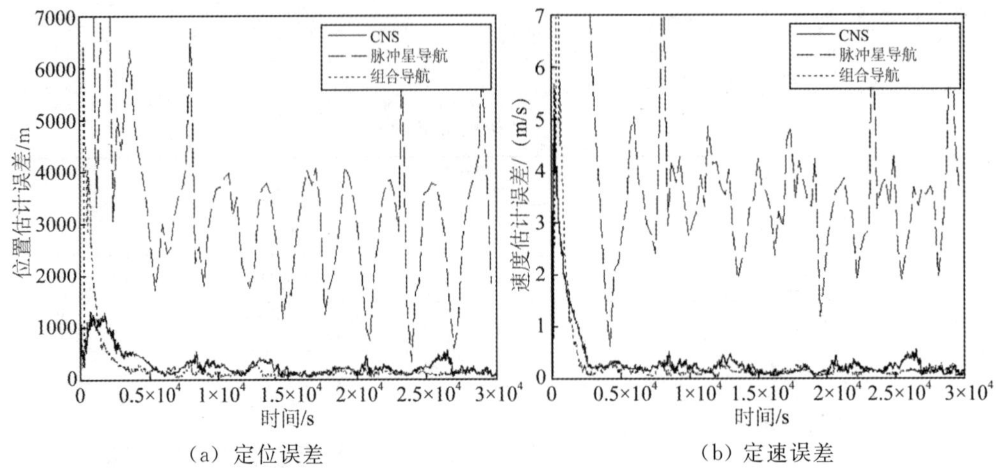

（a）定位误差　　（b）定速误差

图 6-4　三种导航系统的位置和速度误差

表 6-3 给出了导航位置和速度估计误差的数学期望值。从表 6-3 可看出，与天文测角导航和 Crab 脉冲星导航相比，组合导航的精度分别提高了约 33%和 96%。这表明 INFU 明显改善了航天器自主导航的定位性能。

表 6-3　三种导航系统的位置和速度估计误差

导航	位置误差/m	速度误差/（m/s）
天文测角导航	157	0.152
Crab 脉冲星导航	2821	3.436
组合导航	105	0.103

6.1.4.3　累积时间

下面考察累积时间与导航估计误差之间的关系。累积时间的平方根与测量噪声标准差成反比，因此，延长累积时间会使测量噪声标准差 σ_R 变小，但会使累积时间变长。二者是一对矛盾。表 6-4 列出了累积时间与浅组合导航估计误差之间的关系。累积时间若太短，则得不到累积脉冲星轮廓，因而最小累积时间是 300 s。从表 6-4 可看出，在不同累积时间下，INFU 的位置和速度估计精度均高于天文测角导航。此外，随着累积时间变短，INFU 的精度提高了。这表明较短的累积时间更加适合 INFU。

表 6-4　累积时间

累积时间/s	位置误差/m	速度误差/（m/s）
300	105	0.103
600	116	0.115
900	127	0.125
1200	136	0.141

6.1.4.4　测量噪声水平

测量噪声水平 σ_R 受多种因素的影响。图 6-5 给出了 σ_R 与组合导航的位置误差之间的关系。从图 6-5 可看出，随着 σ_R 变大，INFU 精度不断下降，但仍高于天文测角导航的定位精度。除 X 射线敏感器面积和累积时间之外，其他因素均与脉冲星品质因子有关。Crab 脉冲星品质因子最高，所以，选择该脉冲星作为导航星。表 6-4 已经表明较短累积时间更加合适。大面积的 X 射线敏感器有利于提高导航精度，但会明显增加载重。因此，宜综合考虑多种因素来选择 X 射线敏感器面积。

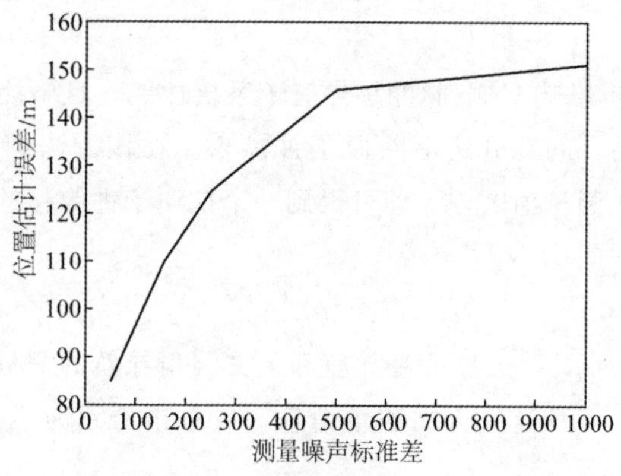

图 6-5　测量噪声水平

6.2　测角/Crab 脉冲星深组合导航

X 射线脉冲星导航的定位精度与脉冲星 TOA 精度有关，而脉冲星 TOA 精度不可避免受原子钟漂移影响。众所周知，原子钟漂移随着时间流逝而增大，这就是必须抑制其干扰的原因。

为了提高定位精度，提出了一种在原子钟漂移情况下的测角/Crab 脉冲星深组合导航[35]。在 Crab 脉冲星导航子系统中，采用历元间差分法消除原子钟漂移低频部分。但是，它会引起有色噪声，并且无法处理原子钟漂移高频部分。而 H 无穷滤波器可以解决这一问题。这样，使用历元间差分法和 H 无穷滤波器后，Crab 脉冲星导航子系统不会再受原子钟漂移的影响。在天文测角导航子系统中，UKF 因其具有较好的非线性估计能力而被采用。UKF 联邦滤波和 H 无穷联邦滤波的数据融合方式不同，所以联邦滤波器不能用于融合 UKF 和 H 无穷滤波器提供的数据。为了解决该问题，提出了 UKF/H 无穷滤波器，该滤波器是将 UKF 与 H 无穷滤波器串联而成。为了降低成本和技术风险，只使用 Crab 脉冲星。考虑到 Crab 脉冲星能提供高精度的定时和定位信息，选择该脉冲星作为导航脉冲星。

6.2.1 历元间差分法

设 X 射线脉冲星导航测量值为Z_2：

$$\boldsymbol{Z}_2 = h_2[\boldsymbol{X}(t),t] + \boldsymbol{V}_t = t_b - t_{SC} + v_t \tag{6-14}$$

式中，h_2 为测量模型；v_t 为测量噪声，可表示为

$$v_t = v_c + v_m \tag{6-15}$$

式中，v_c 为原子钟漂移；v_m 为 TOA 测量噪声，其标准差为 σ_R，其值可按 Taylor 方法估计。

原子钟漂移 v_c 严重影响 Crab 脉冲星导航子系统性能，且不能简单作为白噪声滤波处理。因此，提出了历元间差分法消除原子钟漂移。在该方法中，首先估计上次测量值，再加上本次与上次测量值之差，即可得到一个抗原子钟漂移的测量值。具体如下。

首先，计算累积时间比 N：

$$N = p_p / p_{CNS} \tag{6-16}$$

式中，p_p和 p_{CNS}分别表示 Crab 脉冲星导航和天文测角导航的测量周期。也就是说，每个历元都可观测到星光仰角这一天文测角信息，只有当历元为 N 的整数倍时，才能提供脉冲星 TOA。

然后，用无迹 Rauch-Tung-Striebel 平滑器滤波，可得到状态估计值 $\hat{\boldsymbol{X}}(Nk-N)$ 及其对应的状态估计协方差 $\hat{\boldsymbol{P}}(Nk-N)$，从而获得历元 $Nk-N$ 时的测量估计值 $\hat{\boldsymbol{Z}}_2(Nk-N)$。

$$\begin{aligned}\hat{\boldsymbol{Z}}_2(Nk-N) &= h_2[\hat{\boldsymbol{X}}(Nk-N), Nk-N] \\ &= h_2[\boldsymbol{X}(Nk-N), Nk-N] + v_p(Nk-N)\end{aligned} \tag{6-17}$$

式中，v_p 的数学期望值为 0。

$$\boldsymbol{R}_{est} = E[v_p(Nk-N)v_p(Nk-N)] = \boldsymbol{H}^{T}(Nk-N)\hat{\boldsymbol{P}}(Nk-N)\boldsymbol{H}(Nk-N) \tag{6-18}$$

式中，$\boldsymbol{R}_{est}$ 为协方差的噪声；$\boldsymbol{H}$ 为观测矩阵，可表示为

$$\boldsymbol{H}(Nk-N) = \left.\frac{\partial h_2(\boldsymbol{X})}{\partial \boldsymbol{X}}\right|_{\boldsymbol{X}=\hat{\boldsymbol{X}}(Nk-N)} \tag{6-19}$$

最后，构造抗原子钟漂移测量值 $\overline{\boldsymbol{Z}}_2(Nk)$。

$$\begin{aligned}\overline{\boldsymbol{Z}}_2(Nk) &= \hat{\boldsymbol{Z}}_2(Nk-N) + \boldsymbol{Z}_2(Nk) - \boldsymbol{Z}_2(Nk-N) \\ &= h_2[\boldsymbol{X}(Nk-N), Nk-N] + [t_b(Nk) - t_{SC}(Nk)] - \\ &\quad [t_b(Nk-N) - t_{SC}(Nk-N)] + \bar{v}_t(Nk) \\ &= h_2[\boldsymbol{X}(Nk), Nk] + \overline{\boldsymbol{V}}_2\end{aligned} \tag{6-20}$$

式中，$\bar{v}_t$ 为抗原子钟漂移测量值的噪声，相关分析如下：

$$\begin{aligned}\bar{v}_t(Nk) &= v_t(Nk) - v_t(Nk-N) + v_p(Nk-N) \\ &= v_m(Nk) - v_m(Nk-N) + v_p(Nk-N) + v_c(Nk) - v_c(Nk-N) \\ &\approx v_m(Nk) - v_m(Nk-N) + v_p(Nk-N)\end{aligned} \tag{6-21}$$

$$E[\bar{v}_t(Nk)] = E[v_m(Nk)] - E[v_m(Nk-N)] + E[v_p(Nk-N)] = 0 \tag{6-22}$$

$$E[\bar{v}_t(Nk)\,\bar{v}_t(Nk-N)] \approx E[-v_m(Nk-N)v_m(Nk-N)] = -\sigma_R^2 \neq 0 \tag{6-23}$$

$$\bar{\boldsymbol{S}}(k) = \boldsymbol{L}^{\mathrm{T}}(k)\boldsymbol{S}(k)\boldsymbol{L}(k) \tag{6-24}$$

$$E[\bar{v}_t(Nk)v_\gamma(l)] = 0 \tag{6-25}$$

从上式可看出，$\bar{v}_t$ 不包含原子钟漂移的低频部分，并且是零数学期望值的有色噪声，其方差为 $2\boldsymbol{\sigma}_R^2 + \boldsymbol{R}_{\mathrm{est}}$ 。除此之外，噪声 $\bar{v}_t$ 和 v_γ 不相关。

6.2.2 无迹/H 无穷卡尔曼滤波器

下面介绍 UKF/H 无穷滤波器。UKF 的状态转移模型和测量模型表示如下：

$$\boldsymbol{X}(k+1) = f(\boldsymbol{X}(k),k) + \boldsymbol{w}(k) \tag{6-26}$$

$$\boldsymbol{Y}(k) = h(\boldsymbol{X}(k),k) + \boldsymbol{v}(k) \tag{6-27}$$

(1) 初始化

$$\hat{\boldsymbol{X}}(0) = E[\boldsymbol{X}(0)] \tag{6-28}$$

$$\boldsymbol{P}(0) = E[(\boldsymbol{X}(0) - \hat{\boldsymbol{X}}(0))(\boldsymbol{X}(0) - \hat{\boldsymbol{X}}(0))^{\mathrm{T}}] \tag{6-29}$$

(2) 计算 sigma

$$\begin{aligned}\boldsymbol{\chi}(k-1) = {} & \hat{\boldsymbol{X}}(k-1)\hat{\boldsymbol{X}}(k-1) + \sqrt{n+\tau}\,(\sqrt{\boldsymbol{P}(k-1)})_i\hat{\boldsymbol{X}}(k-1) - \\ & \sqrt{n+\tau}\,(\sqrt{\boldsymbol{P}(k-1)})_i\end{aligned} \tag{6-30}$$

$$W_0 = \tau/(n+\tau) \tag{6-31}$$

$$W_i = 1/[2(n+\tau)] \tag{6-32}$$

$$W_{i+n} = 1/[2(n+\tau)] \tag{6-33}$$

式中，$\tau \in \mathbf{R}$；$(\sqrt{\boldsymbol{P}(k-1)})_i$ 是矩阵平方根的第 i 列。

(3) 时间更新

$$\boldsymbol{\chi}(k/k-1) = f[\boldsymbol{\chi}(k-1),k-1] \tag{6-34}$$

$$\hat{\boldsymbol{X}}(\bar{k}) = \sum_{i=0}^{2n} W_i\boldsymbol{\chi}(k/k-1) \tag{6-35}$$

$$\boldsymbol{P}(\bar{k}) = \sum W_i[\boldsymbol{\chi}_i(k/k-1) - \hat{\boldsymbol{X}}(\bar{k})][\boldsymbol{\chi}_i(k/k-1) - \hat{\boldsymbol{X}}(\bar{k})]^{\mathrm{T}} + \boldsymbol{Q}(k) \tag{6-36}$$

$$\boldsymbol{Y}(k/k-1) = h[\boldsymbol{\chi}(k/k-1),k] \tag{6-37}$$

$$\hat{\boldsymbol{Y}}(\bar{k}) = \sum_{i=0}^{2n} W_i\,\boldsymbol{Y}_i(k/k-1) \tag{6-38}$$

（4）测量更新

$$\boldsymbol{P}_{\hat{y}\hat{y}}(k)=\sum_{i=0}^{2n}W_i[\boldsymbol{Y}_i(k/k-1)-\hat{\boldsymbol{Y}}(\bar{k})][\boldsymbol{Y}_i(k/k-1)-\hat{\boldsymbol{Y}}(\bar{k})]^{\mathrm{T}}+\boldsymbol{R}(k) \tag{6-39}$$

$$\boldsymbol{P}_{xy}(k)=\sum_{i=0}^{2n}W_i[\boldsymbol{\chi}_i(k/k-1)-\hat{\boldsymbol{X}}(\bar{k})][\boldsymbol{Y}_i(k/k-1)-\hat{\boldsymbol{Y}}(\bar{k})]^{\mathrm{T}} \tag{6-40}$$

$$\boldsymbol{K}(k)=\boldsymbol{P}_{xy}(k)\boldsymbol{P}_{\hat{y}\hat{y}}^{-1}(k) \tag{6-41}$$

$$\hat{\boldsymbol{X}}(k)=\hat{\boldsymbol{X}}(\bar{k})+\boldsymbol{K}(k)(\boldsymbol{Y}(k)-\hat{\boldsymbol{Y}}(\bar{k})) \tag{6-42}$$

$$\boldsymbol{P}(k)=\boldsymbol{P}(\bar{k})-\boldsymbol{K}(k)\boldsymbol{P}_{\hat{y}\hat{y}}(k)\boldsymbol{K}^{\mathrm{T}}(k) \tag{6-43}$$

式（6-36）和式（6-39）中，$\boldsymbol{Q}(k)$ 和 $\boldsymbol{R}(k)$ 分别为状态过程噪声和测量噪声协方差矩阵；当 $\boldsymbol{X}(k)$ 为高斯分布时，通常取 $n+\tau=3$ 。以上滤波过程与传统滤波过程无异。

H 无穷滤波器保证 H 无穷范数小于设定界限，这样估计误差不会超过预先设定的界限。该滤波器可容许建模误差和噪声不确定性。具体如下。

H 无穷滤波器的状态转移模型和测量模型：

$$\boldsymbol{X}(k+1)=\boldsymbol{\Phi}(k)\boldsymbol{X}(k)+\boldsymbol{w}(k) \tag{6-44}$$

$$\boldsymbol{Y}(k)=\boldsymbol{H}(k)\boldsymbol{X}(k)+\boldsymbol{v}(k) \tag{6-45}$$

$$\boldsymbol{Z}(k)=\boldsymbol{L}(k)\boldsymbol{X}(k) \tag{6-46}$$

式中，$\boldsymbol{w}(k)$ 和 $\boldsymbol{v}(k)$ 是噪声项，其协方差矩阵分别为 $\boldsymbol{Q}(k)$ 和 $\boldsymbol{R}(k)$ ，目的是估计 $\boldsymbol{Z}(k)$。

估计过程如下：

$$\overline{\boldsymbol{S}}(k)=\boldsymbol{L}^{\mathrm{T}}(k)\boldsymbol{S}(k)\boldsymbol{L}(k) \tag{6-47}$$

$$\hat{\boldsymbol{X}}(k+1)=\boldsymbol{\Phi}(k)\hat{\boldsymbol{X}}(k)+\boldsymbol{\Phi}(k)\boldsymbol{K}(k)(\boldsymbol{Y}(k)-\boldsymbol{H}(k)\hat{\boldsymbol{X}}(k)) \tag{6-48}$$

$$\boldsymbol{K}(k)=\boldsymbol{P}(k)[\boldsymbol{I}-\theta\overline{\boldsymbol{S}}(k)\boldsymbol{P}(k)+\boldsymbol{H}^{\mathrm{T}}(k)\boldsymbol{R}^{-1}(k)\boldsymbol{H}(k)\boldsymbol{P}(k)]^{-1}\boldsymbol{H}^{\mathrm{T}}(k)\boldsymbol{R}^{-1}(k) \tag{6-49}$$

$$\boldsymbol{P}(k+1)=\boldsymbol{\Phi}(k)\boldsymbol{P}(k)[\boldsymbol{I}-\theta\overline{\boldsymbol{S}}(k)\boldsymbol{P}(k)+\boldsymbol{H}^{\mathrm{T}}(k)\boldsymbol{R}^{-1}(k)\boldsymbol{H}(k)\boldsymbol{P}(k)]^{-1}\boldsymbol{\Phi}^{\mathrm{T}}(k)+\boldsymbol{Q}(k) \tag{6-50}$$

式中，$\boldsymbol{S}(k)$ 为对称、正定矩阵；θ 是使用者设定的界限。

为使该方程有解，必须满足以下条件：

$$\boldsymbol{P}^{-1}(k)-\theta\overline{\boldsymbol{S}}(k)+\boldsymbol{H}^{\mathrm{T}}(k)\boldsymbol{R}^{-1}(k)\boldsymbol{H}(k)>0 \tag{6-51}$$

6.2.3 导航信息融合

在有色噪声 $\bar{v}_t$ 干扰的情况下，Crab 脉冲星导航子系统宜采用鲁棒 H 无穷滤波器。而天文测角导航子系统则利用具有较好非线性估计能力的 UKF 作为子滤波器。但是，UKF 和 H 无穷滤波器是非同质的，联邦滤波器不能将二者有效融合。为此，一种新的数据融合方法被提出，即将两个滤波器串联成 UKF/H 无穷滤波器的方法。

早在 21 世纪初，文成林教授提出了分步式卡尔曼滤波方法。该方法的思路大体如下：利用第一个滤波器的预测模块，即基于前一时刻的状态估计矢量预测当前时刻的状态估计矢量；利用卡尔曼滤波器的更新模块和所有子观测值依次更新状态估计矢量。该方法可视为一个串联的卡尔曼滤波器组。除第一个卡尔曼滤波器外，其他卡尔曼滤波器仅保留更新模块，其状态转移矩阵退化为单位矩阵，其状态过程噪声变为零矢量。

受文成林教授的分步式滤波的启发，提出了 UKF/H 无穷滤波器来融合非同质导航数据。该滤波器由 UKF 和 H 无穷滤波器串联而成，如图 6-6 所示。在 H 无穷滤波器中，状态转移矩阵和状态过程噪声分别为单位矩阵和零矢量。天文测角导航和 X 射线脉冲星导航分别采用 UKF 和 H 无穷滤波器作为导航子滤波器。在 X 射线脉冲星测量期间，仅天文测角导航正常工作并输出状态估计值。当脉冲星轮廓累积完成后，估计出脉冲星 TOA。此时，天文测角导航输出状态估计矢量 $\boldsymbol{X}'(k+1)$ 和误差协方差矩阵 $\boldsymbol{P}'(k+1)$，然后利用脉冲星 TOA 更新状态估计矢量 $\boldsymbol{X}'(k+1)$ 和误差协方差矩阵 $\boldsymbol{P}'(k+1)$。这样，有效提高了状态估计矢量 $\boldsymbol{X}(k+1)$ 的精度。

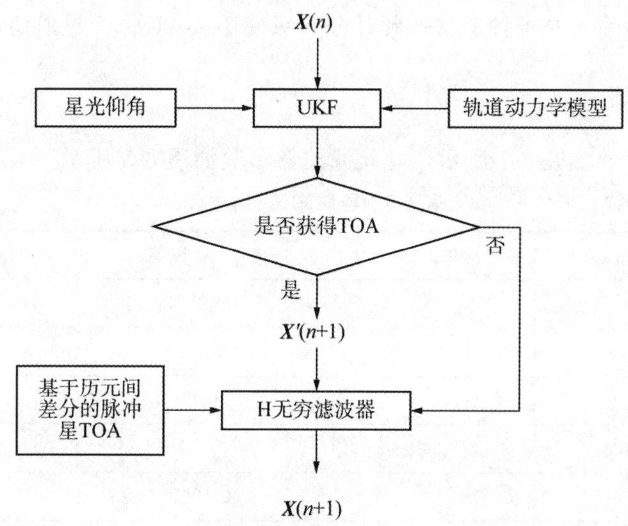

图 6-6　UKF/H 无穷滤波器

UKF/H 无穷滤波器性能分析如下。

UKF 具有较好的非线性估计能力，因而作为前滤波器。从式（6-25）可看出，天文测角导航与 Crab 脉冲星导航子系统测量噪声不相关。即 UKF 不会受 Crab 脉冲星 TOA 噪声的影响。这样，天文测角导航采用 UKF 估计状态，可获得较好的估计效果。

Crab 脉冲星导航子系统使用 H 无穷滤波器。究其原因，它对有色噪声和原子钟漂移高频部分具有良好的鲁棒性。因 H 无穷滤波器的状态过程噪声和状态转移矩阵分别为零矢量和单位矩阵，超长累积时间也不会导致状态过程强噪声。除此之外，式（6-20）具有弱非线性，所以 H 无穷滤波器不会引起较大非线性误差。为了使 $\boldsymbol{X}(k+1)$ 比 $\boldsymbol{X}'(k+1)$ 更准确，$\boldsymbol{P}(k+1)$ 的迹应小于 $\boldsymbol{P}'(k+1)$ 的迹，即下式成立。

$$\mathrm{tr}\{\boldsymbol{P}'(k+1)[\boldsymbol{I}-\theta\overline{\boldsymbol{S}}(k+1)\boldsymbol{P}'(k+1)+\boldsymbol{H}^{\mathrm{T}}(k+1)\boldsymbol{R}^{-1}(k+1)\boldsymbol{H}(k+1)\boldsymbol{P}'(k+1)]^{-1}\}<\mathrm{tr}\{\boldsymbol{P}'(k+1)\} \tag{6-52}$$

式中，tr 表示矩阵的迹。

6.2.4 仿真实验与结果分析

为验证测角/Crab 脉冲星深组合导航的可行性和有效性，将测角/Crab 脉冲星深组合导航与三种导航对比：

①天文测角导航。

②测角/Crab 脉冲星浅组合导航（INFU）。INFU 将式（6-14）和式（6-2）作为测量模型。该方法没有消除原子钟漂移。

③基于 UKF 和历元间差分法的脉冲星/天文测角组合导航（integrated navigation based on UKF and epoch difference，INUE）。INUE 将式（6-2）和式（6-20）作为测量模型。该方法消除了原子钟漂移低频部分，只使用 UKF 作为导航滤波器。

6.2.4.1 参数设置

航天器轨道参数如表 6-1 所示，导航滤波器参数如表 6-5 所示。

表 6-5 导航滤波器参数

参数	数值
星敏感器精度/（″）	3
星敏感器视场/（°）	11.9×11.9
恒星数据库	Tycho 恒星表
地平仪精度/（″）	0.02
测角噪声标准差/rad	3.4907×10^{-4}
测距噪声标准差/m	142
累积时间/s	Crab 脉冲星：300；天文测角：10
X 射线敏感器面积/ m^2	1
初始状态误差	$\delta\boldsymbol{X}(0)=[600\mathrm{m}, 600\mathrm{m}, 600\mathrm{m}, 2\mathrm{m/s}, 2\mathrm{m/s}, 1.5\mathrm{m/s}]$
初始估计误差协方差矩阵	$\boldsymbol{P}(0)$ 随机选择
原子钟漂移初始误差/ns	800
原子钟漂移频率误差/Hz	2×10^{-12}
θ	5×10^{-7}
状态过程噪声	$\boldsymbol{Q}=\mathrm{diag}[q_1^2, q_1^2, q_1^2, q_2^2, q_2^2, q_2^2]$，$q_1=0.2$ m，$q_2=0.0002$ m/s

6.2.4.2　导航方式对比

天文测角导航、INFU、INUE 和测角/Crab 脉冲星深组合导航性能对比如图 6-7 所示，仿真时间为 24 h（14.4 个轨道周期）。表 6-6 给出了导航位置和速度误差数学期望值。与天文测角导航、INFU 和 INUE 相比，测角/Crab 脉冲星深组合导航精度分别提高了 30%、48%和 26%。从图 6-7 和表 6-6 可看出，测角/Crab 脉冲星深组合导航优于天文测角导航、INFU 以及 INUE。值得注意的是，INFU 导航性能甚至不如天文测角导航。究其原因，INFU 虽然利用了天文测角导航和 X 射线脉冲星导航的信息，但没消除时钟的漂移。原子钟漂移严重影响了 Crab 脉冲星导航子系统，并使整个组合导航系统性能下降。

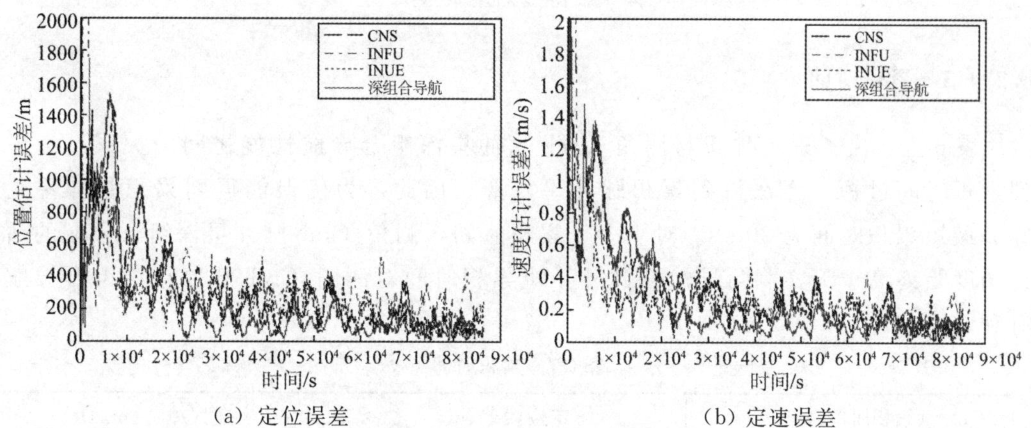

（a）定位误差　　（b）定速误差

图 6-7　四种导航的估计误差

表 6-6　四种导航的估计误差

导航方案	位置误差/m	速度误差/（m/s）
天文测角导航	199	0.198
INFU	268	0.252
INUE	189	0.178
测角/Crab 脉冲星深组合导航	140	0.137

随着时间的推移，原子钟漂移误差逐渐增大。研究发现，设发射航天器时初始误差为 0，数月不修正，误差会增大到数百纳秒量级。在不同原子钟漂移误差下，INFU、INUE 和测角/Crab 脉冲星深组合导航的位置和速度误差数学期望值如图 6-8 所示。可看出，随着原子钟漂移误差的增大，INFU 定位精度下降，而 INUE 与测角/Crab 脉冲星深组合导航则几乎保持不变。这表明 INFU 对原子钟漂移很敏感，而 INUE 和测角/Crab脉冲星深组合导航则具有鲁棒性。测角/Crab 脉冲星深组合导航优于 INUE，究其原因，H 无穷滤波器对有色噪声具有良好的鲁棒性。

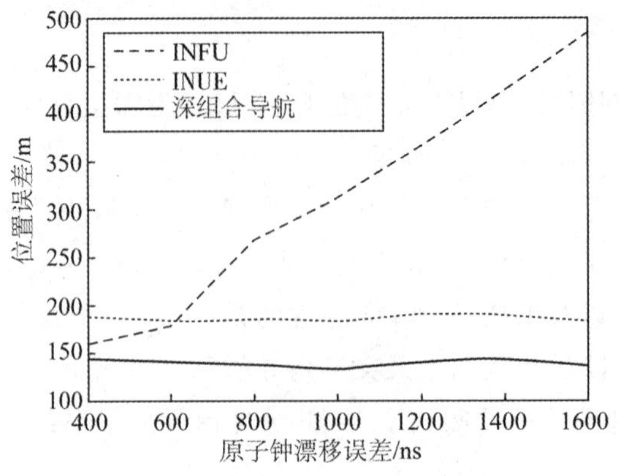

图 6-8　原子钟漂移误差

6.2.4.3　累积时间

表 6-7 给出了累积时间与测角/Crab 脉冲星深组合导航性能之间的关系。考虑到累积时间过短，无法得到累积脉冲星轮廓。因此，为确保能得到累积脉冲星轮廓，最短累积时间为 300 s。对于多个累积时间，测角/Crab 脉冲星深组合导航的估计精度始终高于天文测角导航。此外，短累积时间对测角/Crab 脉冲星深组合导航有利。

表 6-7　累积时间

累积时间/s	定位误差/m	定速误差/（m/s）
300	140	0.137
600	155	0.148
900	161	0.159

6.3　太阳多普勒/脉冲星组合导航

多普勒导航利用多普勒频移计算出航天器与某个位置的相对速度。该导航可利用两种多普勒频移：地面站发射的固定频率的无线电信号到达航天器时的多普勒频移；太阳光到达航天器时的多普勒频移。显然，如果采用相对于地面站的多普勒频移进行测量，需要地面站的支持，这样就不能很好地实现航天器自主导航。而利用相对于太阳的多普勒频移进行测量，则不需地面站支持。这种多普勒导航不能得到所有的状态估计，因而无法单独应用于自主导航。Jo Ryeong Yim 等人利用径向速度、太阳矢量方向和地球矢量方向作为测量信息，实现了航天器自主导航。但是，该方法定位精度很低，仅为 3 km，无法达到航天器自主导航的定位要求。

脉冲星导航无须地面站，是一种完全自主导航，可提供三维位置信息。但是，脉冲

星导航滤波周期较长，从而无法提供连续的导航信息，实时性较差。

因为这两种方法具有互补性，一种太阳多普勒/脉冲星组合导航方法[36]被提出。该方法的测量模型中共有两种测量数据：航天器相对于太阳的多普勒速度，以及脉冲星 TOA。由于轨道动力学模型和两种测量模型都是非线性的，UKF 比 EKF 具有更好的非线性估计能力，所以采用联邦 UKF 对导航信息进行融合。

6.3.1　太阳多普勒导航

通常，太阳光能用光谱仪或分光计成像。由于光源和移动物体的相对运动，光的谱线从原始位置移动了，则叫作多普勒频移。由于航天器会不断运动，太阳光到达航天器时会发生多普勒频移。利用这一多普勒频移的导航系统需采用光谱摄制仪作为传感器。因为移动量由相对速度决定，所以可以计算径向速度。利用多普勒补偿器可以测量相对于太阳的多普勒频移，从而获得太阳和航天器之间相对运动的径向速度 $\dot{r}$。径向速度的测量模型为

$$\dot{r} = \frac{\boldsymbol{r} \cdot \dot{\boldsymbol{r}}}{r} = \frac{\boldsymbol{r} \cdot \boldsymbol{v}}{r} \tag{6-53}$$

式中，$\boldsymbol{r}$ 为航天器相对于太阳的位置矢量；$\boldsymbol{v}$ 为航天器相对于太阳的速度矢量。

设太阳多普勒导航子系统的测量值为 $Z_1 = [\dot{r}]$，可表示如下：

$$Z_1 = h_1[\boldsymbol{X}(t), t] + v_1 \tag{6-54}$$

式中，v_1 是零均值白噪声，其方差为 $\boldsymbol{R}_1$，它由光谱摄制仪的精度所决定；$h_1[\boldsymbol{X}(t), t]$ 的表达式如下：

$$h_1[\boldsymbol{X}(t), t] = \frac{\boldsymbol{r} \cdot \boldsymbol{v}}{r} \tag{6-55}$$

6.3.2　可观测性分析

太阳多普勒导航系统不具有完全可观测性，而使用多颗脉冲星的导航系统则具有完全可观测性。若将两种导航系统进行组合导航，则导航系统应具有完全可观测性。因此，需进行多颗脉冲星导航系统的可观测性分析。为方便分析，首先介绍状态转移矩阵和 X 射线脉冲星导航测量矩阵，再对系统进行可观测性分析。本章仅给出了地球卫星导航系统的可观测性分析。太阳卫星导航系统的可观测性分析类似，本章不再阐述。

6.3.2.1　X 射线脉冲星导航观测矩阵

设 X 射线脉冲星导航测量 $\boldsymbol{Z}_2 = [c(t_b^1 - t_{SC}^1)\ c(t_b^2 - t_{SC}^2)\ c(t_b^3 - t_{SC}^3)]^{T}$，其对应的测量噪声 $\boldsymbol{V}_2 = [v_2^1\ v_2^2\ v_2^3]^{T}$，测量模型可表示为

$$\boldsymbol{Z}_2 = \boldsymbol{h}_2[\boldsymbol{X}(t),t] + \boldsymbol{V}_2(t) = \begin{bmatrix} c(t_b^1 - t_{SC}^1) + v_2^1 \\ c(t_b^2 - t_{SC}^2) + v_2^2 \\ c(t_b^3 - t_{SC}^3) + v_2^3 \end{bmatrix} \tag{6-56}$$

式中，$v_2^i(i=1,2,3)$ 为测量噪声，其标准差为 $\boldsymbol{\sigma}_R^i$ 。$\boldsymbol{h}_2[\boldsymbol{X}(t),t]$ 的表达式如下：

$$\boldsymbol{h}_2[\boldsymbol{X}(t),t] = \begin{bmatrix} h_2^1[\boldsymbol{X}(t),t] \\ h_2^2[\boldsymbol{X}(t),t] \\ h_2^3[\boldsymbol{X}(t),t] \end{bmatrix} \tag{6-57}$$

式中，

$$h_2^i[\boldsymbol{X}(t),t] = \boldsymbol{n}_i \cdot \boldsymbol{r}_{SC} + \frac{1}{2D_0}[-r_{SC}^2 + (\boldsymbol{n}_i \cdot \boldsymbol{r}_{SC})2 - 2\boldsymbol{b} \cdot \boldsymbol{r}_{SC} + 2(\boldsymbol{n}_i \cdot \boldsymbol{b})(\boldsymbol{n}_i \cdot \boldsymbol{r}_{SC})] + \frac{2\mu_{sun}}{c^2}\ln\left|\frac{\boldsymbol{n}_i \cdot \boldsymbol{r}_{SC} + r_{SC}}{\boldsymbol{n}_i \cdot \boldsymbol{b} + b} + 1\right| \tag{6-58}$$

式中，c 为光速；D_0 为脉冲星到 SSB 的距离；$\boldsymbol{b}$ 为 SSB 相对于太阳的位置矢量；μ_{sun} 为太阳引力常数；t_{SC} 和 t_b 分别为脉冲到达航天器和 SSB 的时间；$\boldsymbol{n}^i$ 是脉冲星视线方向矢量；$i=1,2,3$，为脉冲星编号；$\boldsymbol{r}_{SC}$是航天器相对于 SSB 的位置矢量；$t_b - t_{SC}$ 反映了 $\boldsymbol{r}_{SC}$ 在 $\boldsymbol{n}$ 上的投影；$\boldsymbol{r}$ 为航天器相对于地球的位置矢量；利用标准星历表提供的地球位置 $\boldsymbol{r}_E$ ，可将 $\boldsymbol{r}$ 转化为 $\boldsymbol{r}_{SC}$ 。

$$\boldsymbol{r}_{SC} = \boldsymbol{r} + \boldsymbol{r}_E \tag{6-59}$$

由于广义相对论的影响相对较小，求测量矩阵时可以忽略不计。测量矩阵 $\boldsymbol{H}_2^i(k)$ 可表示如下：

$$\boldsymbol{H}_2^i(k) = \left.\frac{\partial h_2^i[\boldsymbol{X}(t),t]}{\partial \boldsymbol{X}(t)}\right|_{\boldsymbol{X}(t)=\hat{\boldsymbol{X}}(t_k)} = [\boldsymbol{n}_i^{\mathrm{T}} \ \boldsymbol{0}_{1\times 3}] \tag{6-60}$$

6.3.2.2 组合导航系统的可观性

下面进行可观测性分析。本章选择三颗脉冲星，这样测量矩阵 $\boldsymbol{H}_2(k)$ 可表示如下：

$$\boldsymbol{H}_2(k) = [\boldsymbol{H}_2^1(k) \ \boldsymbol{H}_2^2(k) \ \boldsymbol{H}_2^3(k)]^{\mathrm{T}} \tag{6-61}$$

对多颗脉冲星导航系统的可观测性矩阵 $\boldsymbol{Q}_P$ 进行分析。$\boldsymbol{Q}_P$ 可表示为

$$\boldsymbol{Q}_P = \begin{bmatrix} \boldsymbol{H}_2(k) \\ \boldsymbol{H}_2(k)\boldsymbol{F}(k) \end{bmatrix} \tag{6-62}$$

$$\boldsymbol{Q}_P = \begin{bmatrix} \boldsymbol{n}_1^{\mathrm{T}} & \boldsymbol{0}_{1\times 3} \\ \boldsymbol{n}_2^{\mathrm{T}} & \boldsymbol{0}_{1\times 3} \\ \boldsymbol{n}_3^{\mathrm{T}} & \boldsymbol{0}_{1\times 3} \\ \boldsymbol{0}_{1\times 3} & \boldsymbol{n}_1^{\mathrm{T}} \\ \boldsymbol{0}_{1\times 3} & \boldsymbol{n}_2^{\mathrm{T}} \\ \boldsymbol{0}_{1\times 3} & \boldsymbol{n}_3^{\mathrm{T}} \end{bmatrix} \tag{6-63}$$

显然，三个方向矢量 $\boldsymbol{n}_1^{\mathrm{T}}$ 、$\boldsymbol{n}_2^{\mathrm{T}}$ 和 $\boldsymbol{n}_3^{\mathrm{T}}$ 不可能共面，因此，rank ($\boldsymbol{Q}_P$) = 6 。换句话说，$\boldsymbol{Q}_P$ 是满秩矩阵。这三个方向矢量的数量级都是 0.1。因此，多脉冲星导航系统的可观测度较好。若选择更多的脉冲星，导航系统的性能会更好。三颗以上脉冲星的情况，本章就不再证明。

由于多脉冲星导航系统具有完全可观测性，太阳多普勒/脉冲星组合导航系统的可观测性将不会逊色于多脉冲星导航系统。因此，该组合导航系统也具有完全可观测性。

6.3.3　导航信息融合

利用联邦 UKF 进行滤波以实现导航定位信息的融合，其具体结构如下：式（6-54）和式（6-5）分别作为构成太阳多普勒导航子滤波器的测量模型和状态模型，式（6-56）和式（6-5）构成 X 射线脉冲星导航子滤波器的测量模型和状态模型。用主滤波器融合太阳多普勒导航子系统和 X 射线脉冲星导航子系统提供的导航定位信息。图 6-9 给出了联邦 UKF 流程图。

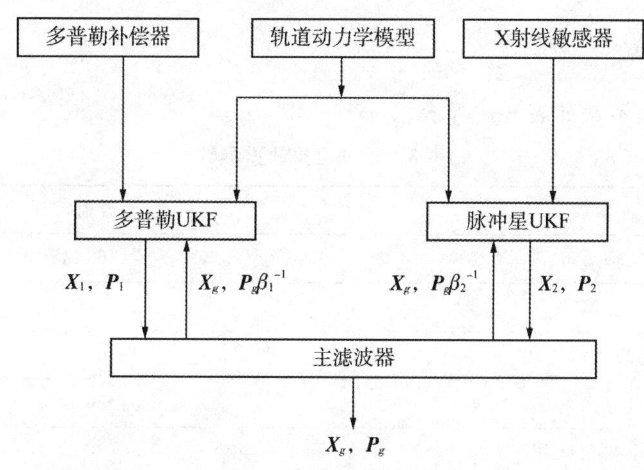

图 6-9　联邦 UKF 流程图

联邦 UKF 的滤波过程如下：

①在脉冲观测期间，仅多普勒子滤波器运行并输出导航信息。

②一旦产生了一个脉冲星 TOA，两个子滤波器运行并得到两个子最优状态估计 $\boldsymbol{X}_1$ 和 $\boldsymbol{X}_2$。然后，通过主滤波器即可获得全局最优状态估计。最后，将全局估计值反馈给两个子滤波器。

这一过程的具体数学表达式如下：

①太阳多普勒导航和脉冲星导航子滤波器的状态估计值分别为 $\boldsymbol{X}_1$ 和 $\boldsymbol{X}_2$，估计误差方差矩阵分别为 $\boldsymbol{P}_1$ 和 $\boldsymbol{P}_2$。

②两个局部最优估计值经过主滤波器处理以达到全局最优估计值。全局估计值表达

式如下：

$$\boldsymbol{X}_g(k)=[\boldsymbol{P}_1^{-1}(k)+\boldsymbol{P}_2^{-1}(k)]^{-1}\cdot[\boldsymbol{P}_1^{-1}(k)\boldsymbol{X}_1(k)+\boldsymbol{P}_2^{-1}(k)\boldsymbol{X}_2(k)] \tag{6-64}$$

$$\boldsymbol{P}_g(k)=[\boldsymbol{P}_1^{-1}(k)+\boldsymbol{P}_2^{-1}(k)]^{-1} \tag{6-65}$$

③将全局估计值反馈给两个子滤波器，并将其作为 k 时刻两个子滤波器的估计值。

$$\boldsymbol{X}_i(k)=\boldsymbol{X}_g(k) \tag{6-66}$$

$$\boldsymbol{P}_i^{-1}(k)=\beta_i\boldsymbol{P}_g^{-1}(k) \tag{6-67}$$

$$\beta_i=\frac{\|\boldsymbol{P}_i(k)\|^{-1}}{\sum_j\|\boldsymbol{P}_j(k)\|^{-1}} \tag{6-68}$$

式中，$\|\cdot\|$ 表示 2-范数。

6.3.4　仿真实验与结果分析

为了验证太阳多普勒/脉冲星组合导航的可行性与有效性，将其与脉冲星导航系统进行了对比。

6.3.4.1　参数设置

地球卫星轨道参数如表 6-8 所示。

表 6-8　地球卫星轨道参数

轨道参数	数值
半长轴/km	7136.635
偏心率	0.001809
轨道倾角/(°)	65
升交点赤经/(°)	30
近地点幅角/(°)	30

太阳卫星轨道参数如表 6-9 所示。

表 6-9　太阳卫星轨道参数

轨道参数	数值
半长轴/km	1.5426×10^8
偏心率	0.033
轨道倾角/(°)	1.92
升交点赤经/(°)	0
周期/s	3.305×10^7
近日点幅角/(°)	297.9

导航滤波器参数如表 6-10 所示。

表 6-10　导航滤波器参数

参数	数值
多普勒测速精度/（m/s）	0.5
测量周期/s	脉冲星导航子系统：300 太阳多普勒导航子系统：10
X 射线敏感器面积/ m^2	1
初始状态误差	$\delta \boldsymbol{X}(0)=[600\ \mathrm{m}, 600\ \mathrm{m}, 600\ \mathrm{m}, 2\ \mathrm{m/s}, 2\ \mathrm{m/s}, 1.5\ \mathrm{m/s}]$
初始估计误差协方差矩阵	$\boldsymbol{P}(0)$ 随机选择
状态过程噪声	$\boldsymbol{Q}=\mathrm{diag}[q_1^2, q_1^2, q_1^2, q_2^2, q_2^2, q_2^2]$，$q_1=0.2\ \mathrm{m}$，$q_2=0.0002\ \mathrm{m/s}$

脉冲星导航测量采用了三颗脉冲星，其参数如表 6-11 所示。

表 6-11　脉冲星参数

脉冲星	B0531＋21	B1821－24	B1937＋21
赤经/(°)	83.63	276.13	294.92
赤纬/(°)	22.01	－24.87	21.58
D_0/kpc	2.0	5.5	3.6
P/s	0.0334	0.00305	0.00156
W/s	1.7×10^{-3}	5.5×10^{-5}	2.1×10^{-5}
F_X/（$\mathrm{ph\cdot cm^{-2}\cdot s^{-1}}$）	1.54	1.93×10^{-4}	4.99×10^{-5}
P_{sf}/%	70	98	86

6.3.4.2　导航方式对比

图 6-10 给出了脉冲星导航和太阳多普勒/脉冲星组合导航的导航定位性能对比，仿真时间为 24 h（约为 14.4 个轨道周期）。从图 6-10 可看出，太阳多普勒/脉冲星组合导航和脉冲星导航均能有效收敛，并且组合导航优于脉冲星导航。这表明组合导航很好地融合了脉冲星导航和太阳多普勒导航子系统提供的导航信息，获得了更高的导航精度。

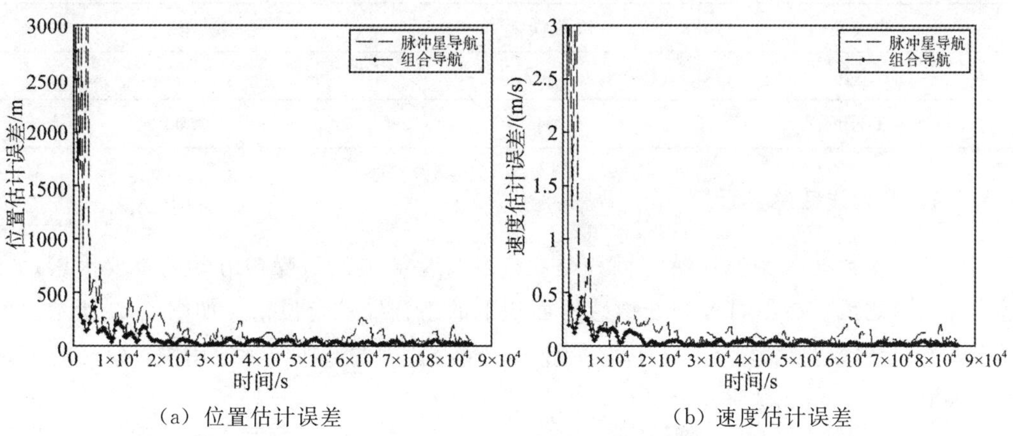

（a）位置估计误差　　（b）速度估计误差

图 6-10　两种导航方式的位置和速度估计误差

表 6-12　位置和速度估计误差均值

导航方式	位置误差/m	速度误差/（m/s）
脉冲星导航	109	0.107
组合导航	44	0.040

表 6-12 给出了两种导航方式的位置和速度估计误差。从表 6-12 可看出，与 X 射线脉冲星导航相比，该组合导航精度提高了约 60%。这表明太阳多普勒/脉冲星组合导航充分利用了 X 射线脉冲星导航子系统和太阳多普勒导航子系统提供的导航定位信息，明显改善了导航系统的定位性能。

6.3.4.3　两种联邦滤波器

两种联邦滤波器（采用 EKF 作为子滤波器和采用 UKF 作为子滤波器）的滤波仿真结果如图 6-11 所示，其对应的滤波精度如表 6-13 所示。可看出，UKF 的精度明显高于 EKF，约提高了 34%。这是由于 UKF 比 EKF 具有更好的非线性估计能力。

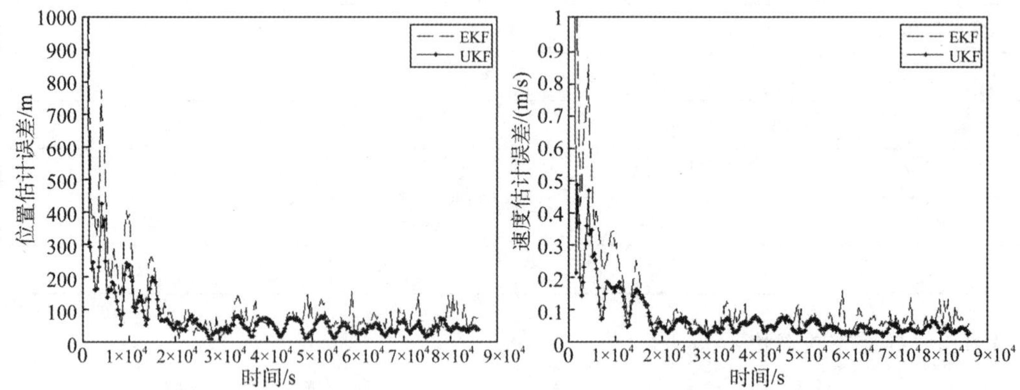

（a）位置估计误差　　（b）速度估计误差

图 6-11　两种滤波器的位置和速度估计误差

表 6-13　位置和速度估计误差均值

滤波器	位置误差/m	速度误差/（m/s）
EKF	67	0.059
UKF	44	0.040

6.3.4.4　X 射线敏感器面积

脉冲星参数与 X 射线敏感器面积是决定脉冲星导航测量噪声方差的重要因素。在选定脉冲星之后，在不同 X 射线敏感器面积下的组合导航定位精度如图 6-12 所示。可看出，X 射线敏感器面积越大，位置估计误差越小。因此，在实际应用中，宜尽可能选择较大面积的 X 射线敏感器。

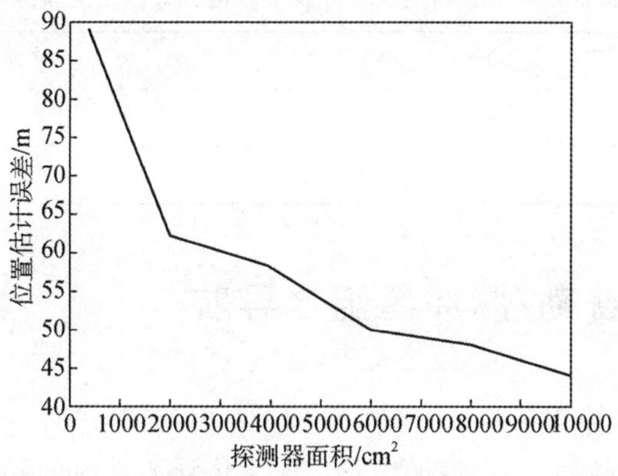

图 6-12　X 射线敏感器面积

6.3.4.5　太阳卫星轨道

下面考察该组合导航在太阳卫星轨道下的导航性能。图 6-13 给出了在太阳卫星轨道上，脉冲星导航和太阳多普勒/脉冲星组合导航的导航定位性能对比，仿真时间为 24 h。从图 6-13 可看出，太阳多普勒/脉冲星组合导航和脉冲星导航均能有效收敛，并且组合导航优于脉冲星导航。这表明组合导航很好地融合了脉冲星导航和太阳多普勒导航子系统提供的导航信息，获得了更高的导航精度。

表 6-14 给出了两种导航方式的位置和速度估计误差。从表 6-14 可看出，与 X 射线脉冲星导航相比，该组合导航精度提高了约 30%。这表明本章方法充分利用了 X 射线脉冲星导航子系统和太阳多普勒导航子系统提供的导航定位信息，明显改善了导航系统的定位性能。

根据以上仿真结果，还可看出，地球卫星轨道上的定位精度比太阳卫星轨道上的定位精度高。究其原因，地球卫星轨道周期很短，而太阳卫星轨道的周期相对较长，从而导致太阳卫星轨道上的可观测性较差。

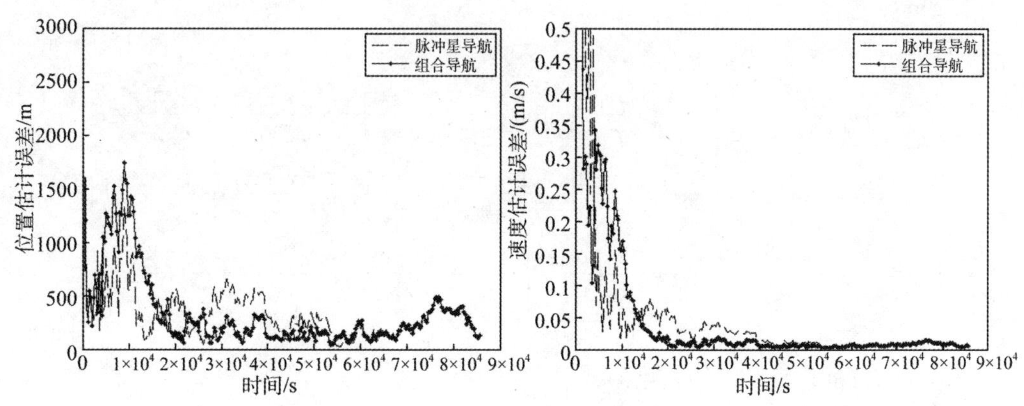

(a) 位置估计误差　　(b) 速度估计误差

图 6-13　两种导航方式的位置和速度估计误差

表 6-14　位置和速度估计误差均值（太阳卫星轨道）

导航方式	位置误差/m	速度误差/（m/s）
脉冲星导航	271	0.0178
组合导航	190	0.0085

6.4　双模型多普勒/脉冲星组合导航

X 射线脉冲星导航可提供高精度的导航信息，但滤波周期长，实时性差。多普勒测速导航滤波周期短，可实时提供速度信息，但定位误差随时间累积。利用 X 射线脉冲星导航的高精度定位信息对多普勒测速导航的定位信息进行修正，可减少累积误差。因此，将 X 射线脉冲星导航与多普勒测速导航进行组合，可发挥两种导航的优势，提高组合导航系统的定位精度。然而，耀斑和日珥等太阳活动会造成光谱畸变，将导致多普勒测速误差急剧增大，使得组合导航滤波发散。

为了解决以上问题，提出了双模型多普勒/脉冲星组合导航[37]。在该方法中，首先，提出了双模型多普勒测速，即多普勒差分测速与二维多普勒测速。然后，引入了故障检测机制，建立了基于故障检测的双模型多普勒测速方法，即光谱未畸变时采用二维多普勒测速；反之，采用多普勒差分测速。最后，采用 EKF 融合双模型多普勒测速与 X 射线脉冲星导航。

6.4.1　地火转移轨道动力学模型

选取日心惯性坐标系 J2000 作为导航坐标系。地火转移轨道段的航天器轨道动力学模型如下：

$$\begin{cases} \dot{x} = v_x \\ \dot{y} = v_y \\ \dot{z} = v_z \\ \dot{v}_x = -\mu_s \dfrac{x}{r_{ps}^3} - \mu_m\left[\dfrac{x-x_1}{r_{pm}^3} + \dfrac{x_1}{r_{sm}^3}\right] - \mu_e\left[\dfrac{x-x_2}{r_{pe}^3} + \dfrac{x_2}{r_{se}^3}\right] - \mu_j\left[\dfrac{x-x_3}{r_{pj}^3} + \dfrac{x_3}{r_{sj}^3}\right] + \Delta F_x \\ \dot{v}_y = -\mu_s \dfrac{y}{r_{ps}^3} - \mu_m\left[\dfrac{y-y_1}{r_{pm}^3} + \dfrac{y_1}{r_{sm}^3}\right] - \mu_e\left[\dfrac{y-y_2}{r_{pe}^3} + \dfrac{y_2}{r_{se}^3}\right] - \mu_j\left[\dfrac{y-y_3}{r_{pj}^3} + \dfrac{y_3}{r_{sj}^3}\right] + \Delta F_y \\ \dot{v}_z = -\mu_s \dfrac{z}{r_{ps}^3} - \mu_m\left[\dfrac{z-z_1}{r_{pm}^3} + \dfrac{z_1}{r_{sm}^3}\right] - \mu_e\left[\dfrac{z-z_2}{r_{pe}^3} + \dfrac{z_2}{r_{se}^3}\right] - \mu_j\left[\dfrac{z-z_3}{r_{pj}^3} + \dfrac{z_3}{r_{sj}^3}\right] + \Delta F_z \end{cases} \tag{6-69}$$

式（6-69）可写为一般状态模型：

$$\dot{\boldsymbol{X}}(t) = f(\boldsymbol{X}, t) + \boldsymbol{w}(t) \tag{6-70}$$

状态矢量 $\boldsymbol{X}=[\boldsymbol{r}^{\mathrm{T}}\ \ \boldsymbol{v}^{\mathrm{T}}]^{\mathrm{T}}$；航天器位置和速度分别为 $\boldsymbol{r}=[x\ y\ z]^{\mathrm{T}}$，$\boldsymbol{v}=[v_x\ v_y\ v_z]^{\mathrm{T}}$；$u_{\mathrm{s}}$、$u_{\mathrm{m}}$、$u_{\mathrm{e}}$ 和 u_{j} 分别为太阳、火星、地球和木星的引力常数；r_{ps}、r_{pm}、r_{pe} 和 r_{pj} 则分别表示航天器与太阳、火星、地球和木星之间的距离；r_{sm}、r_{se} 和 r_{sj} 分别为太阳质心与火星、地球和木星等质心的距离；$\boldsymbol{w}=[0,\ 0,\ 0,\ \Delta F_x,\ \Delta F_y,\ \Delta F_z]$，$\Delta F_x$，$\Delta F_y$ 和 ΔF_z 为其他天体的摄动力、太阳光压带来的状态噪声。

6.4.2　双模型多普勒测速

多普勒测速导航是利用多普勒频率偏移量计算出航天器相对于某个固定参考点的多普勒速度。通过光谱仪接收太阳光谱并测得谱线频率偏移量是目前普遍采用的多普勒导航方式，谱线移动量取决于航天器和太阳之间的相对速度。已知太阳光谱的多普勒频移，可获得航天器在太阳方向上的速度分量，在初始距离给定的条件下对速度信息进行积分可得到距离信息，以实现自主导航定位。

双模型多普勒测速包含差分测速和二维测速两种多普勒测速模型，通过对多普勒测速残差进行检测实现故障检测机制，以达到有效抗光谱畸变影响的目的。

（1）多普勒差分测速

采用双光谱仪测得航天器分别相对于太阳和火星的径向速度，进行差分计算，可获得多普勒差分测速值，将该值作为导航测量信息可消除光谱畸变带来的测速误差。多普勒差分测速如图 6-14 所示。

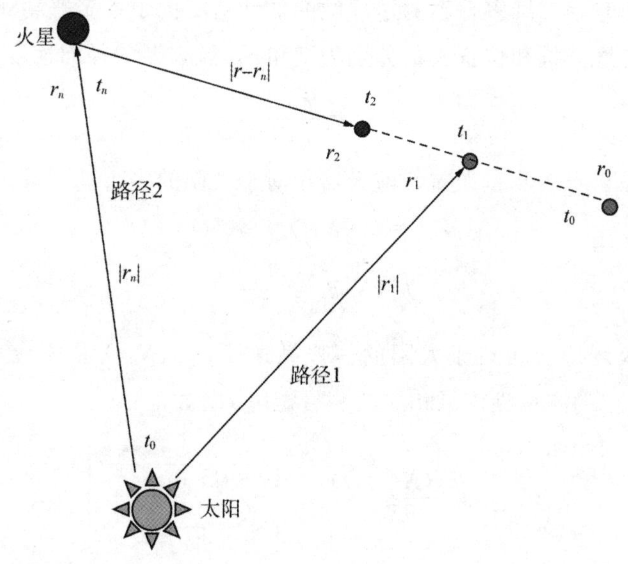

图 6-14　多普勒差分测速

设在日心坐标系下，t_0 时刻离开太阳的光子可通过两条路径被航天器搭载的光谱仪接收到。一条在 t_1 时刻被面向太阳的光谱仪 a 接收，另一条则是通过火星反射后在 t_2 时刻被面向火星的光谱仪 b 接收，光子到达火星的时间为 t_n ，位置矢量为 $\boldsymbol{r}_n$ 。通过数值计算方法得到时间 t_1 、t_2 、t_n 和相应的速度 $\boldsymbol{v}_1$ 、$\boldsymbol{v}_2$ 、$\boldsymbol{v}_n$ 。

通过光谱仪 a 可计算出 t_1 时刻航天器相对于太阳的多普勒速度 v_a 。同理，可得在 t_2 时刻航天器相对于火星的多普勒速度 v_b 。v_a 和 v_b 表示如下：

$$v_a = \frac{\boldsymbol{r}_1 \cdot \boldsymbol{v}_1}{|\boldsymbol{r}_1|} + \Delta v_0 + v_1(t) \tag{6-71}$$

$$v_b = \frac{(\boldsymbol{r}_2 - \boldsymbol{r}_n) \cdot (\boldsymbol{v}_2 - \boldsymbol{v}_n)}{|\boldsymbol{r}_2 - \boldsymbol{r}_n|} + \Delta v_0 + v_2(t) \tag{6-72}$$

式中，$\boldsymbol{v}_1(t)$ 、$\boldsymbol{v}_2(t)$ 分别为光谱仪 a 和光谱仪 b 的测量噪声；Δv_0 表示光谱畸变带来的测量误差；对式（6-71）和式（6-72）进行分析可知，两式存在共同项 Δv_0 。因此，多普勒差分导航的测量信息为

$$Z_1 = h_1(\boldsymbol{X},t) + v_2(t) - v_1(t) \tag{6-73}$$

$$h_1(\boldsymbol{X},t) = \frac{(\boldsymbol{r}_2 - \boldsymbol{r}_n) \cdot (\boldsymbol{v}_2 - \boldsymbol{v}_n)}{|\boldsymbol{r}_2 - \boldsymbol{r}_n|} - \frac{\boldsymbol{r}_1 \cdot \boldsymbol{v}_1}{|\boldsymbol{r}_1|} \tag{6-74}$$

式中，Z_1 和 $h_1(\boldsymbol{X},t)$ 分别为多普勒测速差分测量值和多普勒差分测速模型；$\boldsymbol{v}_2 - \boldsymbol{v}_n$ 消去了共性误差 Δv_0 ，这表明，多普勒测速差分值作为导航测量信息可消除光谱畸变对多普勒测速的影响。

（2）二维多普勒测速

二维多普勒测速是指航天器将双光谱仪测得的两个径向速度直接作为导航测量信息，在光谱未畸变时，二维多普勒测速导航的估计精度优于单多普勒测速导航。

设航天器的速度矢量和位置矢量分别为 $\boldsymbol{v}$ 和 $\boldsymbol{r}$，航天器的径向速度 $\boldsymbol{v}_s$ 可被确定：

$$\boldsymbol{v}_s = \frac{\boldsymbol{r} \cdot \boldsymbol{v}}{|\boldsymbol{r}|} \tag{6-75}$$

考虑到光谱仪自身的测量误差，航天器相对于太阳的多普勒测量信息可表示为

$$\boldsymbol{Z}_2 = h_2(\boldsymbol{X},t) + v_3(t) \tag{6-76}$$

$$h_2(\boldsymbol{X},t) = \frac{\boldsymbol{r} \cdot \boldsymbol{v}}{|\boldsymbol{r}|} \tag{6-77}$$

式中，$\boldsymbol{Z}_2$ 为光谱仪测得的相对于太阳的多普勒速度；$h_2(\boldsymbol{X},t)$ 是相应多普勒测速模型；$v_3(t)$ 表示该光谱仪的测量噪声。相应的测量矩阵 $\boldsymbol{H}_1$ 如下：

$$\boldsymbol{H}_1 = \frac{\partial h_2(\boldsymbol{X}(t),t)}{\partial \boldsymbol{X}} = \begin{bmatrix} \dfrac{\boldsymbol{v}}{|\boldsymbol{r}|} - \dfrac{\boldsymbol{r} \cdot \boldsymbol{v} \cdot \boldsymbol{r}}{|\boldsymbol{r}|^3} \\ \dfrac{\boldsymbol{r}}{|\boldsymbol{r}|} \end{bmatrix} \tag{6-78}$$

同理，可得航天器相对于火星的测速值与测量矩阵 $\boldsymbol{H}_2$：

$$\boldsymbol{Z}_3 = h_3(\boldsymbol{X},t) + v_4(t) \tag{6-79}$$

$$h_3(\boldsymbol{X},t) = \frac{(\boldsymbol{r} - \boldsymbol{r}_{\mathrm{m}}) \cdot (\boldsymbol{v} - \boldsymbol{v}_{\mathrm{m}})}{|\boldsymbol{r} - \boldsymbol{r}_{\mathrm{m}}|} \tag{6-80}$$

$$\boldsymbol{H}_2=\frac{\partial h_3(\boldsymbol{X}(t),t)}{\partial \boldsymbol{X}}=\begin{bmatrix}\dfrac{\boldsymbol{v}-\boldsymbol{v}_\mathrm{m}}{|\boldsymbol{r}-\boldsymbol{r}_\mathrm{m}|}-\dfrac{(\boldsymbol{r}-\boldsymbol{r}_\mathrm{m})\cdot(\boldsymbol{v}-\boldsymbol{v}_\mathrm{m})}{|\boldsymbol{r}-\boldsymbol{r}_\mathrm{m}|^3}(\boldsymbol{r}-\boldsymbol{r}_\mathrm{m}) \\ \dfrac{\boldsymbol{r}-\boldsymbol{r}_\mathrm{m}}{|\boldsymbol{r}-\boldsymbol{r}_\mathrm{m}|}\end{bmatrix} \tag{6-81}$$

式中，$\boldsymbol{Z}_3$ 是相对于火星的多普勒速度值；$h_3(\boldsymbol{X},t)$ 为速度模型；$v_4(t)$ 表示光谱仪的测量噪声；$\boldsymbol{r}_\mathrm{m}$ 和 $\boldsymbol{v}_\mathrm{m}$ 是光子到达火星时航天器的位置矢量和速度矢量。在光谱未畸变时，由式(6-76) 和式 (6-79) 可知，二维多普勒测速导航可为导航提供更多观测信息，能够比多普勒差分导航获得更高的状态估计精度。

6.4.3 X 射线脉冲星导航测量

X 射线脉冲星导航以 X 射线脉冲到达航天器的时间 t_sat 和到达太阳质心的时间 t_SSB 的差作为脉冲星导航基本测量值，t_sat 和 t_SSB 分别从 X 射线敏感器和脉冲星计时模型处获得，两者之差乘以光速即为航天器的位置矢量在脉冲星视线方向矢量的投影。采用三颗脉冲星作为导航脉冲星，则 X 射线脉冲星的测量值 Z_4 及相应的测量矩阵 $\boldsymbol{H}_3$ 为

$$\boldsymbol{Z}_4=h_4(\boldsymbol{X},t)+v_5(t) \tag{6-82}$$

$$\boldsymbol{H}_3=\frac{\partial h_4[\boldsymbol{X}(t),t]}{\partial \boldsymbol{X}}=\begin{bmatrix}(\boldsymbol{n}^1)^\mathrm{T},\boldsymbol{0}_{1\times3} \\ (\boldsymbol{n}^2)^\mathrm{T},\boldsymbol{0}_{1\times3} \\ (\boldsymbol{n}^3)^\mathrm{T},\boldsymbol{0}_{1\times3}\end{bmatrix} \tag{6-83}$$

式中，$h_4(\boldsymbol{X},t)$ 为脉冲星测量模型；$v_5(t)$ 是 X 射线敏感器的测量噪声；$\boldsymbol{n}^i$ 为第 i 颗脉冲星视线方向矢量，$i=1,2,3$ 。若同时对三颗脉冲星进行观测，能够为航天器提供高精度的三维状态估计信息。

6.4.4 故障检测

根据第 6.4.3 节的介绍，多普勒差分导航能在光谱畸变条件下正常工作。设两个光谱仪的测量噪声 $\boldsymbol{v}_1(t)$ 和 $\boldsymbol{v}_2(t)$ 的噪声方差为 $\boldsymbol{R}$，当两个噪声相互独立时，$\boldsymbol{v}_2(t)-\boldsymbol{v}_1(t)$ 的噪声方差等于 $2\boldsymbol{R}$；反之，$\boldsymbol{v}_2(t)-\boldsymbol{v}_1(t)$ 的噪声方差小于 $2\boldsymbol{R}$。这表明，多普勒差分导航以增加测量噪声为代价来达到抗光谱畸变的目的，但光谱畸变的时间较短，在光谱未畸变时，将两个多普勒速度直接作为导航滤波的测量信息进行二维多普勒导航得到的导航定位精度要高于多普勒差分导航。

由式 (6-73) 和式 (6-76) 可将多普勒导航系统的观测模型表示为

$$\boldsymbol{Z}_j=\boldsymbol{H}_j\boldsymbol{X}_j+\boldsymbol{V}_j \tag{6-84}$$

式中，$\boldsymbol{X}_j$ 代表状态矢量；$\boldsymbol{Z}_j$ 为多普勒观测矢量；$\boldsymbol{H}_j$ 是系统的测量矩阵；$\boldsymbol{V}_j$ 则为系统随机观测噪声。

设系统已经获得 $j-1$ 时刻的最优状态估计 $\hat{\boldsymbol{X}}_{j-1}$ ，可得 j 时刻的状态预测值 $\hat{\boldsymbol{X}}_{j,j-1}$ ，

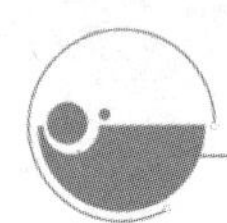

多普勒观测值的一步预测值为

$$\hat{\boldsymbol{Z}}_{j,j-1}=h(\hat{\boldsymbol{X}}_{j,j-1},j) \tag{6-85}$$

j 时刻多普勒测量值的残差 $\boldsymbol{D}_j$ 可表示为

$$\boldsymbol{D}_j=\boldsymbol{Z}_j-\hat{\boldsymbol{Z}}_{j,j-1} \tag{6-86}$$

由卡尔曼滤波的残差所具有的统计特性可知，$\boldsymbol{D}_j$ 为零均值的高斯白噪声。当光谱畸变时，多普勒观测值 $\boldsymbol{Z}_j$ 会变大，导致 $\boldsymbol{D}_j$ 随之变大，对多普勒测速残差进行检测可判断当前光谱是否畸变。

采用 3σ 准则对 $\boldsymbol{D}_j$ 进行检测，3σ 准则又被称为拉依达准则。若测量数据的随机误差服从正态分布，则误差的绝对值会集中在均值（0）附近。可表示为

$$P(|d|>3\sigma)=0.0027 \tag{6-87}$$

式中，P 表示概率；d 为随机误差；σ 为正态分布的标准差。

设组合导航系统中的多普勒测速残差为零均值的高斯白噪声，那么在光谱未畸变时，多普勒残差的取值集中在（-3σ，3σ）之间的概率高达 99.73%，检测精度高。

为此，将故障检测机制引入到双模型多普勒测速中，即根据 3σ 准则选取阈值，利用该阈值来分析多普勒残差。若残差大于该阈值，表明当前光谱畸变，则以多普勒差分值作为测量信息进行多普勒差分测速导航。若残差小于该阈值，表明当前光谱无畸变，则以二维测速值作为测量信息进行二维多普勒导航。从而实现对基于故障检测机制的双模型多普勒测速抗光谱畸变的灵活有效运用。

6.4.5 导航信息融合

多普勒测速无法提供所有状态量，无法单独为航天器提供自主导航。将多普勒测速导航和 X 射线脉冲星导航相结合可提高精度的状态估计，能实现高效的组合导航。本章将 X 射线脉冲星与双模型多普勒测速导航进行组合。组合导航滤波过程如图 6-15 所示。

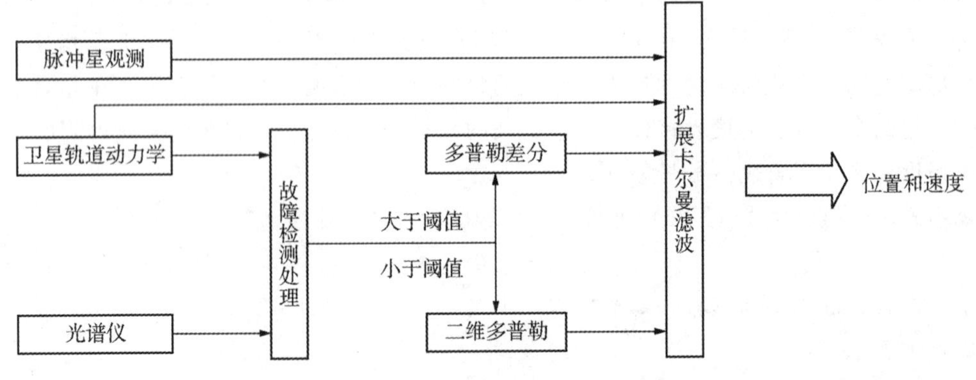

图 6-15　组合导航滤波流程图

从图 6-15 可知，组合导航滤波的测量矢量由脉冲星 TOA 和多普勒测量值组成。由于脉冲信号需经过较长时间累积才能得到一个脉冲 TOA 测量值，在脉冲星测量期间，以多普勒测量值作为导航测量信息进行导航滤波，保证导航的实时性；当得到脉冲星 TOA 时，则将其与当前多普勒测量值一并输入到 EKF 中进行最优状态估计。

滤波过程的具体表达式如下。

设系统已经完成了 $k-1$ 时刻的最优状态估计处理，获得了 k 时刻的误差方差矩阵 $\boldsymbol{P}_{k-1}$ 、状态估计值 $\hat{\boldsymbol{X}}_{k-1}$ 。

①计算状态转移矩阵 $\boldsymbol{\Phi}_{k,k-1}$ ，状态一步预测：

$$\hat{\boldsymbol{X}}_{k,k-1}=f(\hat{\boldsymbol{X}}_{k-1},k-1) \tag{6-88}$$

②更新一步预测方差矩阵：

$$\boldsymbol{P}_{k,k-1}=\boldsymbol{\Phi}_{k,k-1}\boldsymbol{P}_{k-1}\boldsymbol{\Phi}_{k,k-1}^{\mathrm{T}}+\boldsymbol{Q} \tag{6-89}$$

③计算滤波增益矩阵：

$$\boldsymbol{K}_k=\boldsymbol{P}_{k,k-1}\boldsymbol{H}_k^{\mathrm{T}}[\boldsymbol{H}_k\boldsymbol{P}_{k,k-1}\boldsymbol{H}_k^{\mathrm{T}}+\boldsymbol{R}]^{-1} \tag{6-90}$$

④处理观测信息并输出状态估计值：

$$\hat{\boldsymbol{X}}_k=\hat{\boldsymbol{X}}_{k,k-1}+\boldsymbol{K}_k[\boldsymbol{Z}_k-h(\hat{\boldsymbol{X}}_{k,k-1},k)] \tag{6-91}$$

⑤得到 k 时刻的估计误差方差矩阵：

$$\boldsymbol{P}_k=[\boldsymbol{I}-\boldsymbol{K}_k\boldsymbol{H}_k]\boldsymbol{P}_{k,k-1} \tag{6-92}$$

式中，系统测量矩阵 $\boldsymbol{H}_k$ 和系统观测矢量 $\boldsymbol{Z}_k$ 由故障检测的结果与脉冲星的滤波周期决定。

6.4.6　仿真实验与结果分析

6.4.6.1　参数设置

仿真采用J2000日心惯性坐标系，标称轨道数据由卫星工具包（satellite tool kit，STK）产生，时间为 1997 年 6 月 30 日 00：00：00.000 至 1997 年 7 月 1 日 00：00：00.000。航天器轨道参数设置如表 6-15 所示。

表 6-15　航天器轨道参数

轨道参数	数值
半长轴/ km	193216365.381
偏心率	0.236386
轨道倾角/(°)	23.455
升交点赤经/(°)	0.258
近地点幅角/(°)	71.347
真近点角/(°)	85.152

选取的三颗脉冲星分别为 B0531＋21、B1821－24 和 B1937＋21，相应方向信息见表 6-16。

表 6-16　脉冲星视线方向信息

脉冲星	赤经/(°)	赤纬/(°)	观测噪声/m
B0531＋21	83.6333	22.0144	149
B1821－24	276.13	－24.87	369
B1937＋21	294.92	21.58	351

EKF 的滤波参数见表 6-17。

表 6-17　导航滤波器参数

参数	数值
多普勒测速精度/（m/s）	0.8
测速周期/s	5
光谱仪测量噪声/（m/s）	0.01
光谱仪数量	2
累积时间/s	300
X 射线敏感器面积/ m^2	1
X 射线敏感器数量/个	3
初始状态误差	$\delta\boldsymbol{X}(0)$ ＝［600 m，600 m，600 m，2 m/s，2 m/s，1.5 m/s］
初始估计误差协方差矩阵	$\boldsymbol{P}(0)$ 随机选择
状态过程噪声	$\boldsymbol{Q}=\mathrm{diag}[q_1^2, q_1^2, q_1^2, q_2^2, q_2^2, q_2^2]$，$q_1=0.2$ m，$q_2=0.003$ m/s

6.4.6.2　太阳光谱未畸变时不同导航方式对比

表 6-18、图 6-16 给出了多普勒/脉冲星组合导航、多普勒差分/脉冲星组合导航两种方法和双模型多普勒/脉冲星组合导航在光谱未畸变时的状态估计误差的仿真结果。可看出，三种方法均能获得较高的导航定位精度。其中，双模型多普勒/脉冲星组合导航的性能更优，其位置和速度估计精度比其他两种组合导航分别提高了 14.07%、26.19%和 12.60%、25.68%。

表 6-18　太阳光谱未畸变时的估计误差对比

导航方式	位置误差/m	速度误差/（m/s）
多普勒/脉冲星组合导航	257.99	0.0440
多普勒差分/脉冲星组合导航	262.41	0.0443
双模型多普勒/脉冲星组合导航	225.48	0.0327

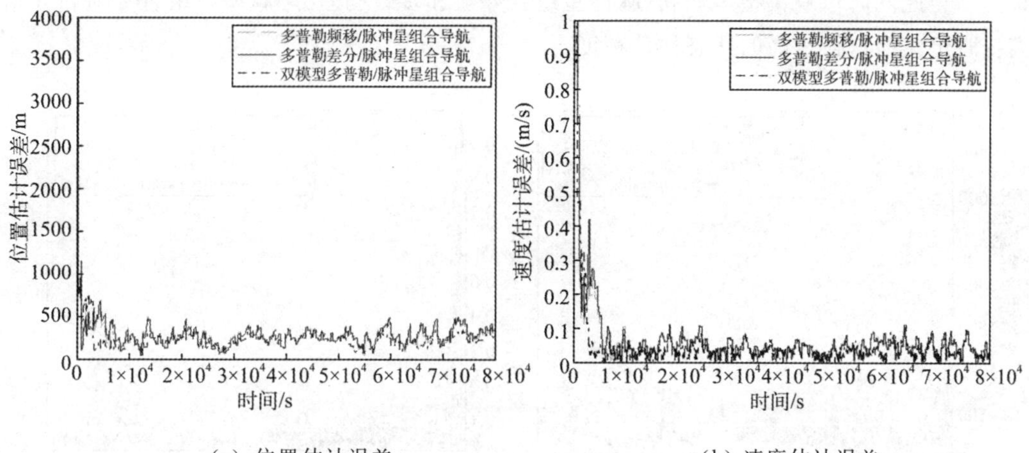

(a) 位置估计误差　　(b) 速度估计误差

图 6-16　太阳光谱未畸变时的估计误差

6.4.6.3　太阳光谱畸变时不同导航方式对比

太阳光谱畸变是由太阳活动造成的，太阳耀斑则是太阳活动最激烈时的体现。图 6-17 是波长为 30.4 nm 的紫外线观测图，可看到太阳左侧有一个明显的亮斑。图 6-18 是该波长段的紫外线辐射强度实测数据，数据采集时间为 2015 年 12 月 24 日至 27 日。从图 6-18 可知辐射强度在每一天都会有一个峰值，峰值是由太阳耀斑爆发造成的且持续几分钟，进一步验证了光谱畸变的时间较短这一论述。

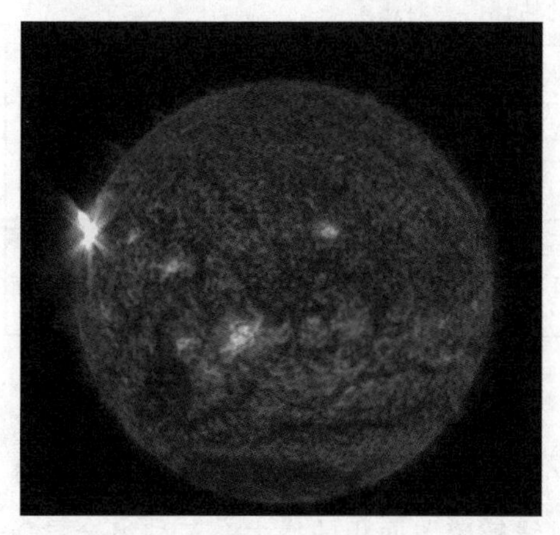

图 6-17　太阳耀斑

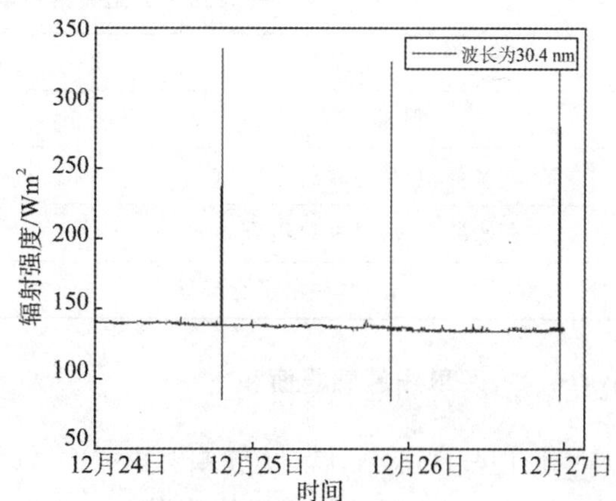

图 6-18　紫外线辐射强度

为了进一步验证双模型多普勒/脉冲星组合导航的有效性，在太阳光谱畸变的情况下，将上述三种组合导航和 X 射线脉冲星导航的导航性能进行统一对比。图 6-19 给出了四种方法的对比结果。从图 6-19（a）可知在 20000～20600 s 内，光谱畸变导致多普勒/脉冲星组合导航的位置估计误差突然增大，并持续到 50000 s 左右才趋于正常收敛状态，与此同时，双模型多普勒/脉冲星组合导航和多普勒差分/脉冲星组合导航在光谱畸变时仍然能取得较高的状态估计精度。

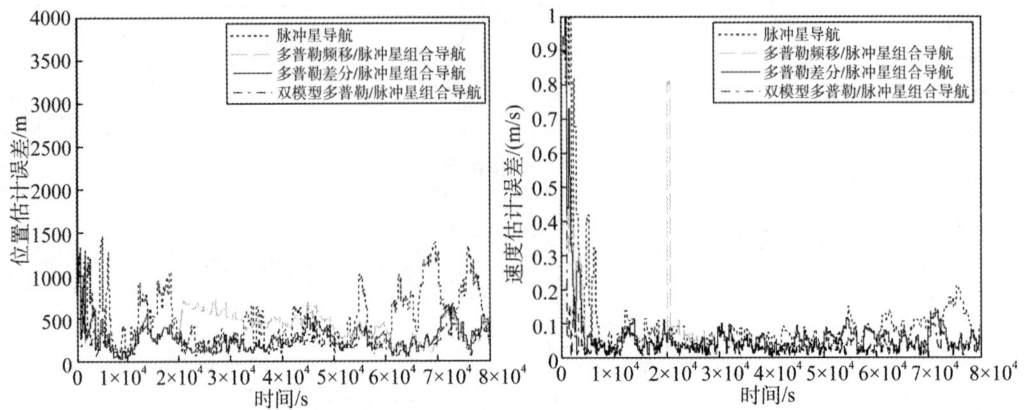

(a) 位置估计误差　　(b) 速度估计误差

图 6-19　太阳光谱畸变时的估计误差

表 6-19 是四种导航方式的估计误差对比。从表中可看出，组合导航的状态估计精度要普遍优于 X 射线脉冲星导航。其中，双模型多普勒/脉冲星组合导航的位置和速度估计精度比多普勒差分/脉冲星组合导航分别提高了 13.81%和 30.07%。这表明，双模型多普勒/脉冲星组合导航不但能抗光谱畸变，同时可获得更高的状态估计精度。

表 6-19　太阳光谱畸变时的估计误差对比

导航方式	位置误差/m	速度误差/（m/s）
脉冲星导航	462.68	0.0691
多普勒/脉冲星组合导航	320.69	0.0510
多普勒差分/脉冲星组合导航	259.19	0.0439
双模型多普勒/脉冲星组合导航	223.40	0.0307

6.4.6.4　X 射线敏感器面积

脉冲星 TOA 估计精度与 X 射线敏感器面积有关。图 6-20 给出了存在光谱畸变的情况下，三种组合导航的位置估计误差。随着 X 射线敏感器面积的增大，三种组合导航的精度随之提高。双模型多普勒/脉冲星组合导航优于其他两种导航方法。

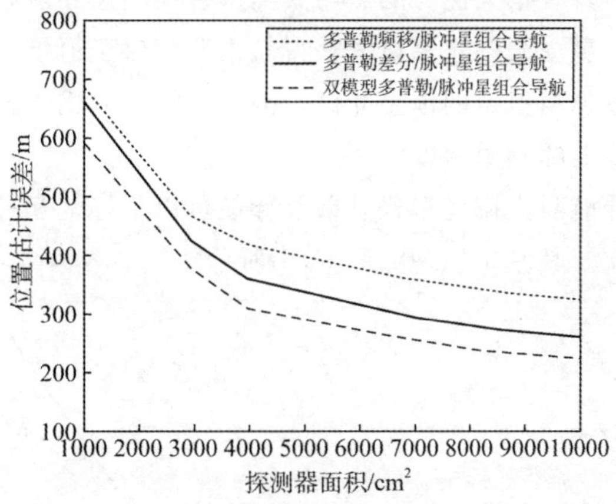

图 6-20　不同 X 射线敏感器面积下的位置估计误差

6.5　面向编队飞行的天文多普勒差分/脉冲星组合导航

在传统的太阳多普勒测速导航中，常利用多普勒频移原理直接获得航天器相对于太阳的速度。该方法未考虑太阳耀斑、黑子爆发时，太阳光谱会产生不可预测的频移的情况，这些干扰会导致直接利用太阳光多普勒频移进行测速时，获得的速度中存在较大的偏差。利用编队飞行的两个航天器同时测量太阳光多普勒频移，获得两航天器的多普勒速度差分可以消除由太阳光源不稳定引起的测量偏差。

太阳多普勒差分导航精度高，但难以提供全方位信息；恒星多普勒差分导航精度低，但可以提供全方位导航信息。将这两种测速导航与具备完全可观察性的 X 射线脉冲星导航相结合，提出了全新的天文多普勒差分/脉冲星组合导航[38]。

6.5.1　天文多普勒差分测速

传统天文测角导航利用航天器上的敏感器获得天体的方向信息，将其作为测量值。但是天文测角导航精度会随航天器与天体的距离增大而减小，难以满足深空探测中精度的要求。实际上，天体的方向和光谱都可以作为导航信息。航天器相对于天体运动，利用光谱摄制仪测得的光谱谱线会从原始位置发生移动，可以根据该移动量获得航天器相对于天体的速度信息，并通过积分获得位置信息。

在深空探测任务中，通常需要观测多个天体的信息作为测量信息。太阳能量大，太阳光多普勒差分导航具备提供高精度相对速度信息的潜力，但只能提供相对于太阳径向方向上的速度信息；恒星星光能量较小，但利用多颗恒星星光的多普勒测速可以提供多个方向上的速度信息。若将二者组合，有望得到高性能的多普勒速度信息。

由于在整个太空中都可以获得星光，因此恒星多普勒导航可适用于整个太空，这在深空探测导航领域中是具有很大优势的。与太阳多普勒测速导航原理相似，利用航天器上的光谱摄制仪测量恒星星光的频移量来获得航天器相对于恒星的径向速度。目前天文观测数据有限，尚未发现高稳定的恒星光谱。因此，将其应用于航天器编队飞行，可以获得其在导航恒星视线上的相对速度。

恒星多普勒差分导航与太阳光多普勒差分导航可以很好地互补，组成面向编队飞行的天文多普勒差分导航。其基本原理如图 6-21 所示。

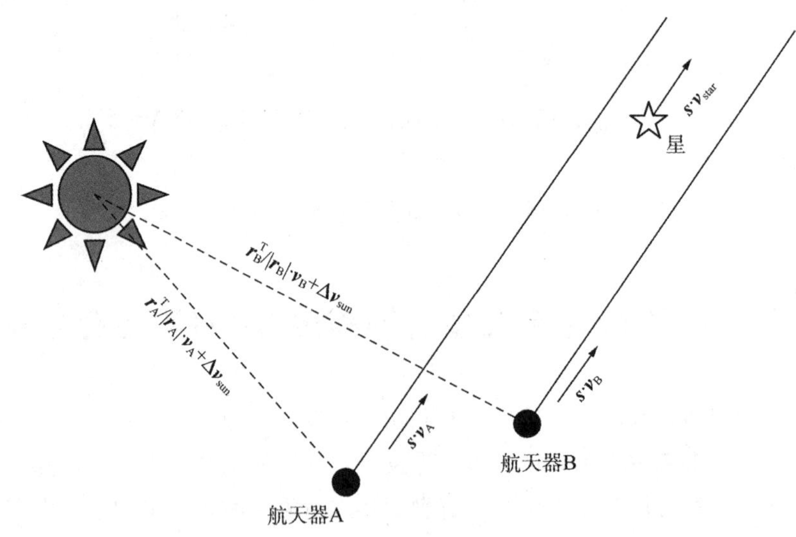

图 6-21　天文多普勒差分导航的基本原理

基本原理：$\boldsymbol{r}_{\mathrm{A}}$ 和 $\boldsymbol{r}_{\mathrm{B}}$ 分别是航天器 A 和航天器 B 的位置；$\boldsymbol{v}_{\mathrm{A}}$ 和 $\boldsymbol{v}_{\mathrm{B}}$ 分别为航天器 A 和航天器 B 的速度；$\boldsymbol{r}_{\mathrm{A}}^{\mathrm{T}}/|\boldsymbol{r}_{\mathrm{A}}|\cdot\boldsymbol{v}_{\mathrm{A}}+\Delta\boldsymbol{v}_{\mathrm{sun}}$ 和 $\boldsymbol{r}_{\mathrm{B}}^{\mathrm{T}}/|\boldsymbol{r}_{\mathrm{B}}|\cdot\boldsymbol{v}_{\mathrm{B}}+\Delta\boldsymbol{v}_{\mathrm{sun}}$ 分别为航天器 A 和航天器 B 利用光谱仪测得的相对于太阳的径向速度。$\Delta\boldsymbol{v}_{\mathrm{sun}}$ 是太阳光谱不稳定引起的速度偏差。

航天器 A 和航天器 B 相对于太阳的径向速度差分可以表示为

$$\boldsymbol{v}_{\mathrm{sun}}^{r}=\left(\frac{\boldsymbol{r}_{\mathrm{A}}}{|\boldsymbol{r}_{\mathrm{A}}|}\cdot\boldsymbol{v}_{\mathrm{A}}+\Delta\boldsymbol{v}_{\mathrm{sun}}\right)-\left(\frac{\boldsymbol{r}_{\mathrm{B}}}{|\boldsymbol{r}_{\mathrm{B}}|}\cdot\boldsymbol{v}_{\mathrm{B}}+\Delta\boldsymbol{v}_{\mathrm{sun}}\right)=\frac{\boldsymbol{r}_{\mathrm{A}}}{|\boldsymbol{r}_{\mathrm{A}}|}\cdot\boldsymbol{v}_{\mathrm{A}}-\frac{\boldsymbol{r}_{\mathrm{B}}}{|\boldsymbol{r}_{\mathrm{B}}|}\cdot\boldsymbol{v}_{\mathrm{B}}\tag{6-93}$$

由式（6-93）可以得到基于太阳光测量的航天器径向速度差分是不受太阳光源不稳定的影响，可以很好地应用于深空探测。

设 $\boldsymbol{w}_{vA}$ 和 $\boldsymbol{w}_{vB}$ 分别为航天器 A 和航天器 B 上的光谱仪造成的测量造成，则径向速度差分 $\boldsymbol{v}_{\mathrm{sun}}^{r}$ 可以表示为

$$\begin{aligned}\boldsymbol{v}_{\mathrm{sun}}^{r}&=\left(\frac{\boldsymbol{r}_{\mathrm{A}}}{|\boldsymbol{r}_{\mathrm{A}}|}\cdot\boldsymbol{v}_{\mathrm{A}}+\Delta\boldsymbol{v}_{\mathrm{sun}}+\boldsymbol{w}_{v\mathrm{A}}\right)-\left(\frac{\boldsymbol{r}_{\mathrm{B}}}{|\boldsymbol{r}_{\mathrm{B}}|}\cdot\boldsymbol{v}_{\mathrm{B}}+\Delta\boldsymbol{v}_{\mathrm{sun}}+\boldsymbol{w}_{v\mathrm{B}}\right)\\&=\frac{\boldsymbol{r}_{\mathrm{A}}}{|\boldsymbol{r}_{\mathrm{A}}|}\cdot\boldsymbol{v}_{\mathrm{A}}-\frac{\boldsymbol{r}_{\mathrm{B}}}{|\boldsymbol{r}_{\mathrm{B}}|}\cdot\boldsymbol{v}_{\mathrm{B}}+\boldsymbol{w}_{v\mathrm{A}}-\boldsymbol{w}_{v\mathrm{B}}\end{aligned}\tag{6-94}$$

因此，太阳多普勒差分测速模型可以表示为

$$\boldsymbol{Y}^{\mathrm{sun}}(t)=h^{1}(\boldsymbol{X},\ t)+\boldsymbol{w}_{v\mathrm{A}}-\boldsymbol{w}_{v\mathrm{B}}\tag{6-95}$$

式中，测量值$\boldsymbol{Y}^{\mathrm{sun}}$和测量模型 $h^{1}(\boldsymbol{X},t)$ 的表达式为

$$\boldsymbol{Y}^{\text{sun}}(t)=\boldsymbol{v}_{\text{sun}}^{r} \tag{6-96}$$

$$h^{1}(\boldsymbol{X},\ t)=\frac{\boldsymbol{r}_{\text{A}}}{|\boldsymbol{r}_{\text{A}}|}\cdot\boldsymbol{v}_{\text{A}}-\frac{\boldsymbol{r}_{\text{B}}}{|\boldsymbol{r}_{\text{B}}|}\cdot\boldsymbol{v}_{\text{B}} \tag{6-97}$$

$\boldsymbol{v}_{\text{star}}$是恒星光谱不稳定引起的速度偏差；$\boldsymbol{s}$是导航恒星的视线方向矢量；则$\boldsymbol{s}\cdot\boldsymbol{v}_{\text{star}}$是导航恒星的径向速度偏差；那么，$\boldsymbol{s}\cdot\boldsymbol{v}_{\text{A}}$和$\boldsymbol{s}\cdot\boldsymbol{v}_{\text{B}}$是航天器 A 和 B 在导航恒星视线上的速度；航天器 A 和 B 在导航恒星视线上的相对速度$\boldsymbol{v}_{\text{star}}^{r}$为二者之差，可以表示为

$$\boldsymbol{v}_{\text{star}}^{r}=(\boldsymbol{s}\cdot\boldsymbol{v}_{\text{A}}-\boldsymbol{s}\cdot\boldsymbol{v}_{\text{star}})-(\boldsymbol{s}\cdot\boldsymbol{v}_{\text{B}}-\boldsymbol{s}\cdot\boldsymbol{v}_{\text{star}})=\boldsymbol{s}\cdot(\boldsymbol{v}_{\text{A}}-\boldsymbol{v}_{\text{B}}) \tag{6-98}$$

基于恒星星光的多普勒差分导航可以消除恒星径向上光谱不稳定引起的速度偏差未知的问题。若考虑光谱摄制仪的测量噪声影响，则航天器 A 和 B 在导航恒星视线上的相对速度$\boldsymbol{v}_{\text{star}}^{r}$可以表示为

$$\boldsymbol{v}_{\text{star}}^{r}=(\boldsymbol{s}\cdot\boldsymbol{v}_{\text{A}}-\boldsymbol{s}\cdot\boldsymbol{v}_{\text{star}}+\boldsymbol{w}_{v\text{A}})-(\boldsymbol{s}\cdot\boldsymbol{v}_{\text{B}}-\boldsymbol{s}\cdot\boldsymbol{v}_{\text{star}}+\boldsymbol{w}_{v\text{B}})=\boldsymbol{s}\cdot(\boldsymbol{v}_{\text{A}}-\boldsymbol{v}_{\text{B}})+\boldsymbol{w}_{v\text{A}}-\boldsymbol{w}_{v\text{B}} \tag{6-99}$$

因此，恒星多普勒差分测速模型可以表示为

$$\boldsymbol{Y}^{\text{star}}(t)=h^{2}(\boldsymbol{X},\ t)+\boldsymbol{w}_{v\text{A}}-\boldsymbol{w}_{v\text{B}} \tag{6-100}$$

式中，测量值$\boldsymbol{Y}^{\text{star}}$和测量模型$h^{2}(\boldsymbol{X},t)$的表达式为

$$\boldsymbol{Y}^{\text{star}}(t)=\boldsymbol{v}_{\text{star}}^{r} \tag{6-101}$$

$$h^{2}(\boldsymbol{X},t)=\boldsymbol{s}\cdot(\boldsymbol{v}_{\text{A}}-\boldsymbol{v}_{\text{B}}) \tag{6-102}$$

鉴于该导航是一种测速导航，位置误差会随时间积累，为使其具备完全可观测性，需将其与具备完全可观测性的导航相结合。

6.5.2　导航信息融合

面向航天器的天文多普勒差分导航是一种测速导航，位置误差会随时间累积。为了解决该问题，将其与具备完全可观测性的 X 射线脉冲星导航相结合，研究天文多普勒差分/脉冲星组合导航的导航性能。

太阳能量大，太阳光谱频移测速精度高，但难以提供全方位的速度信息；恒星光谱多普勒测速可以提供全方位的速度信息，但恒星能量较低，导致测速精度较低。太阳多普勒差分导航和恒星光谱多普勒差分导航可以很好地组合为天文多普勒差分导航。该方法是一种测速导航，测速导航系统是不具备完全可观测性，位置误差会随时间积累；X 射线脉冲星导航系统是具备完全可观测性的，但累积时间长达几分钟，难以获得实时的导航信息。综上所述，鉴于三种导航具有互补性，若将三者组合，能取得较好效果。下面，介绍三种导航构成的组合导航的信息融合方法。

在深空探测自主导航系统中，状态转移模型和测量模型均为非线性的。因此，采用具有非线性预估能力的 EKF 是一个较好的选择。滤波时，测量数据包括太阳光和恒星多普勒差分测速信息和脉冲星 TOA。滤波过程包括时间预测和测量更新，预测是由轨道动力学模型来实现，更新则由测量值来完成。

鉴于 X 射线脉冲星导航滤波周期较长，可以根据脉冲星到达与否来设计组合导航测量模型。

①在脉冲星测量周期内，未获得脉冲星 TOA，测量值为太阳与恒星多普勒差分，测量模型为

$$h(\boldsymbol{X},t)=[h^1(\boldsymbol{X},t)^{\mathrm{T}}\quad h^2(\boldsymbol{X},t)^{\mathrm{T}}]^{\mathrm{T}} \tag{6-103}$$

②获得脉冲信号时，测量值为脉冲星 TOA、太阳/恒星多普勒差分，测量模型为

$$h(\boldsymbol{X},t)=[h^1(\boldsymbol{X},t)^{\mathrm{T}}\quad h^2(\boldsymbol{X},t)^{\mathrm{T}}\quad h^3(\boldsymbol{X},t)^{\mathrm{T}}]^{\mathrm{T}} \tag{6-104}$$

式中，$h^3(\boldsymbol{X},t)$ 为 X 射线脉冲星导航测量模型，见第 6.4.2 节。

此时，天文多普勒差分/脉冲星组合导航系统的原理如图 6-22 所示。

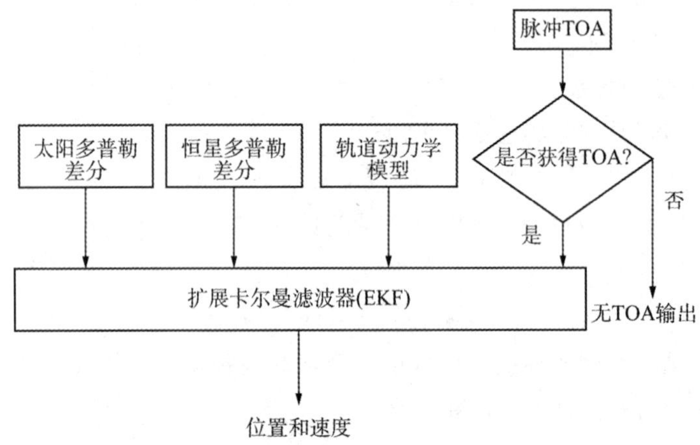

图 6-22　天文多普勒差分/脉冲星组合导航系统

6.5.3　仿真实验与结果分析

为了验证天文多普勒差分/脉冲星组合导航的可行性和有效性，以火星环绕段编队飞行的航天器进行仿真实验。

6.5.3.1　参数设置

航天器轨道数据是由 STK 获得，仿真时间从 2007 年 7 月 1 日 12：00：00.00 到 2007 年 7 月 2 日 12：00：00.00。编队飞行的航天器 A、B 的初始轨道信息如表 6-20 所示。

表 6-20　编队飞行轨道参数

轨道半径	航天器 A	航天器 B
半长轴/km	21000	14000
偏心率	0.3	0.3
轨道倾角/(°)	60	10
升交点赤经/(°)	30	0

续表

轨道半径	航天器 A	航天器 B
近地点幅角/(°)	30	40
真近点角/(°)	50	50

导航滤波器参数如表 6-21 所示。

表 6-21　导航滤波器参数

参数	数值
X 射线敏感器数量/个	3
X 射线敏感器面积/cm^2	400
初始状态协方差矩阵	$\boldsymbol{P}$（0）随机选择
脉冲星累积时间/s	2000
多普勒测量周期/s	5
太阳光测量精度/(m/s)	0.01
恒星星光测量精度/(m/s)	1
状态过程噪声方差	$\boldsymbol{Q}=\mathrm{diag}[q_1^2,\ q_1^2,\ q_1^2,\ q_2^2,\ q_2^2,\ q_2^2]$ $q_1=2\ \mathrm{m},\ q_2=3\times10^{-3}\ \mathrm{m/s}$
初始状态误差	$\delta\boldsymbol{X}_A(0)=[5200\ \mathrm{m},\ -5200\ \mathrm{m},\ 5200\ \mathrm{m},\ 19\ \mathrm{m/s},\ -19\ \mathrm{m/s},\ 14\ \mathrm{m/s}]$ $\delta\boldsymbol{X}_B(0)=[6000\ \mathrm{m},\ -6000\ \mathrm{m},\ 6000\ \mathrm{m},\ 20\ \mathrm{m/s},\ -20\ \mathrm{m/s},\ 15\ \mathrm{m/s}]$

考虑恒星星等对多普勒测量精度影响较大，故选择星等最低的天狼星作为导航恒星，其方向参数和 X 射线脉冲星视线方向参数如表 6-22 所示。

表 6-22　恒星及脉冲星视线方向

恒星/脉冲星	天狼星	B0531＋21	B1821－24	B1937＋21
赤经/(°)	101.29	83.63	276.13	294.92
赤纬/(°)	－16.72	22.01	－24.87	21.58

6.5.3.2　三种导航方式对比

将天文多普勒差分/脉冲星组合导航与太阳多普勒差分/脉冲星组合导航、恒星多普勒差分/脉冲星组合导航相对比，仿真结果如图 6-23 所示。

从图 6-23 中可看出，太阳多普勒差分/脉冲星组合导航、恒星多普勒差分/脉冲星组合导航和天文多普勒差分/脉冲星组合导航三种导航均能很好地收敛，均能提供高精度的导航信息。其中，恒星多普勒差分/脉冲星组合导航收敛得更快。

从表 6-23 可看出，与太阳多普勒差分/脉冲星组合导航、恒星多普勒差分/脉冲星组合导航相比，在绝对位置上，天文多普勒差分/脉冲星组合导航分别提升了 9％和 23.67％；在绝对速度上，天文多普勒差分/脉冲星组合导航分别提升了 9.9％和 1.9％；

在相对位置上，天文多普勒差分/脉冲星组合导航分别提升了 14.2%和 22.24%；在相对速度上，天文多普勒差分/脉冲星组合导航分别提升了 21.72%和 11.1%。天文多普勒差分/脉冲星组合导航在相对导航精度上提升得更多。究其原因，天文多普勒差分导航是一种相对导航。

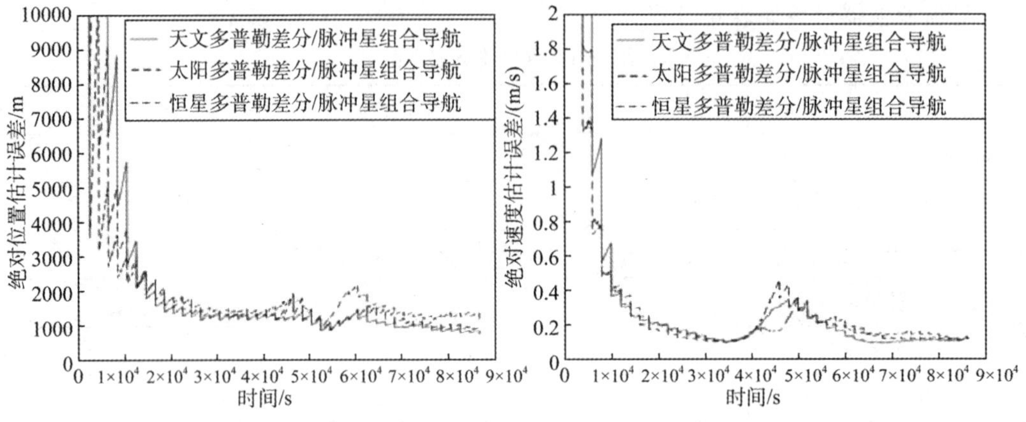

（a）绝对位置误差　　　　（b）绝对速度误差

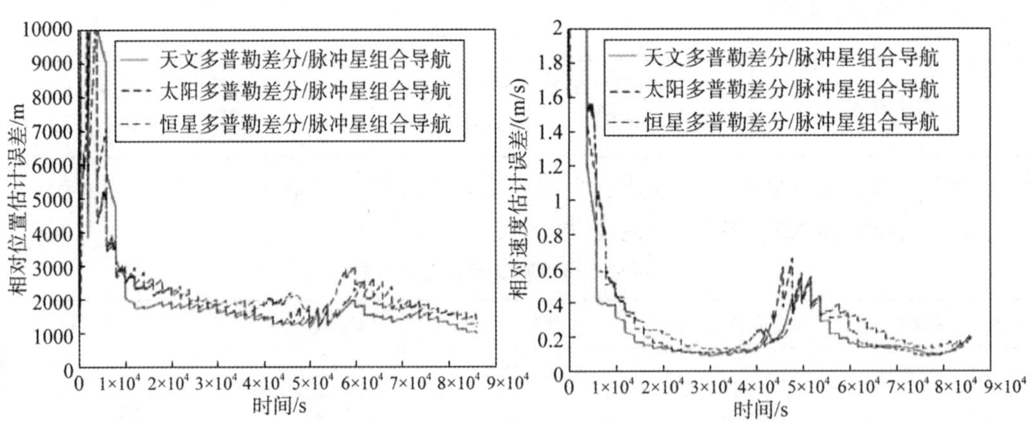

（c）相对位置误差　　　　（d）相对速度误差

图 6-23　三种导航性能对比

表 6-23　三种导航精度对比

导航方式	绝对位置/ m	绝对速度/（m/s）	相对位置/m	相对速度/（m/s）
太阳多普勒差分/脉冲星组合导航	1220.28	0.1752	1711.80	0.2344
恒星多普勒差分/脉冲星组合导航	1454.75	0.1609	1888.81	0.2064
天文多普勒差分/脉冲星组合导航	1110.49	0.1579	1468.71	0.1835

6.5.3.3　太阳多普勒测速噪声水平

太阳多普勒测速噪声水平直接影响太阳径向速度的测量精度，进而影响天文多普勒差分/脉冲星组合导航精度。图 6-24 给出了太阳多普勒测速噪声水平对天文多普勒差分/脉冲星组合导航测量精度的影响。从图 6-24 中可看出，天文多普勒差分/脉冲星组合导航的定位误差随太阳多普勒测速噪声水平的降低而减小。当太阳多普勒测速噪声水平达到 1 m/s 时，太阳多普勒测速噪声水平的降低对天文多普勒差分/脉冲星组合导航的精度提升作用较小。这表明，天文多普勒差分/脉冲星组合导航对光谱摄制仪精度要求低，可以降低研发成本。

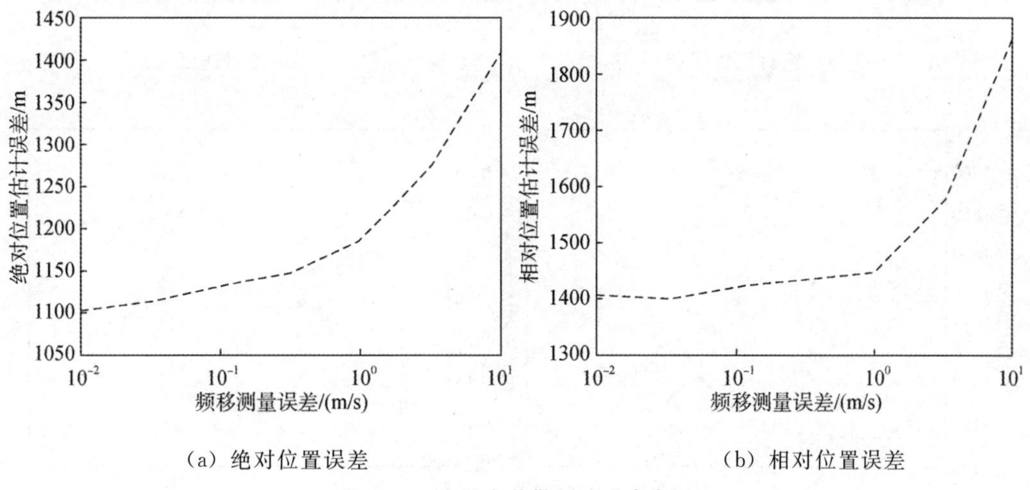

(a) 绝对位置误差　　(b) 相对位置误差

图 6-24　太阳多普勒测速噪声水平

6.5.3.4　恒星多普勒测速噪声水平

在天文多普勒差分/脉冲星组合导航中，恒星多普勒测量噪声水平对组合导航的精度也有影响。图 6-25 给出了恒星多普勒测量噪声水平与天文多普勒差分/脉冲星组合导航精度之间的关系。从图中可看出，与太阳多普勒测速噪声水平类似，恒星多普勒测量噪声水平的降低对天文多普勒差分/脉冲星组合导航的导航精度提升有益。当恒星多普勒测量噪声水平达到 1 m/s 时，恒星多普勒测量噪声水平的降低对天文多普勒差分/脉冲星组合导航的精度提升作用较小。这再次表明，天文多普勒差分/脉冲星组合导航对光谱摄制仪精度要求低，可以降低研发成本。

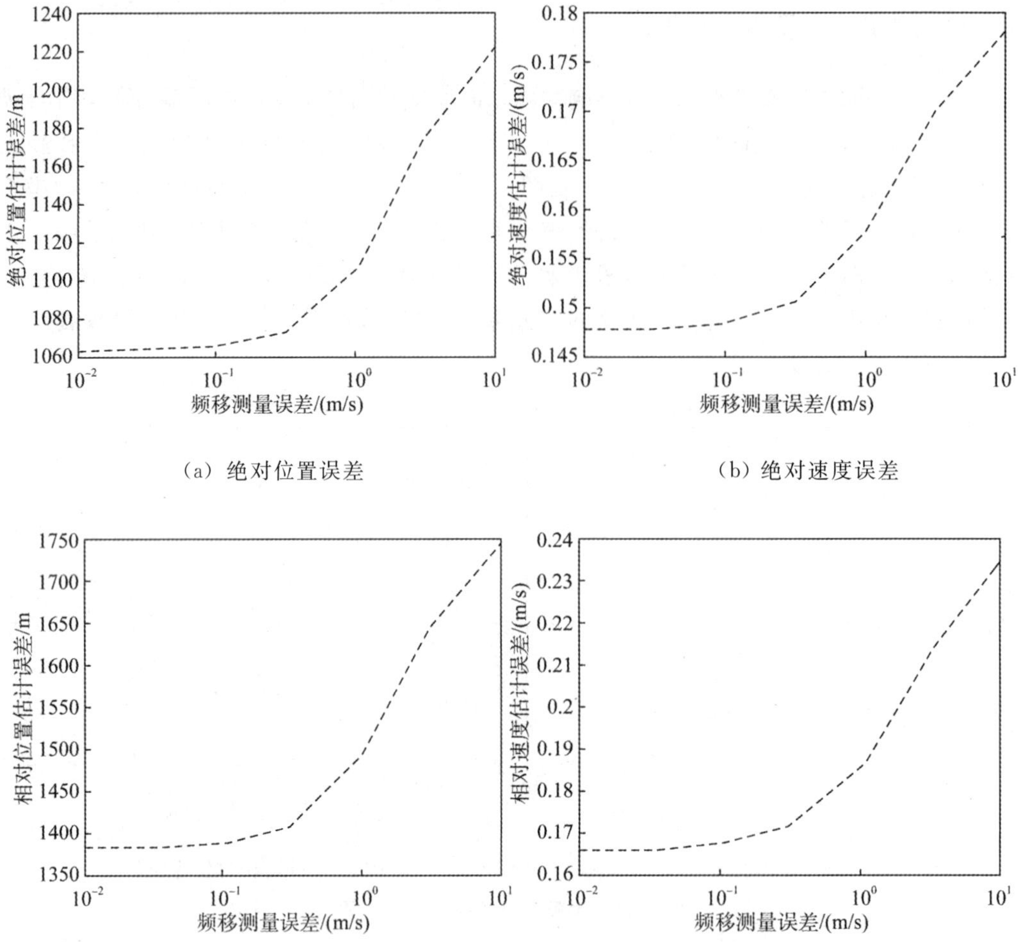

（a）绝对位置误差

（b）绝对速度误差

（c）相对位置误差

（d）相对速度误差

图 6-25　恒星多普勒测速噪声水平

6.5.3.5　X 射线敏感器面积

在天文多普勒差分/脉冲星组合导航中，X 射线脉冲星导航的精度对组合导航的精度有较大的影响。在影响 X 射线脉冲星导航精度的众多因素中，分析 X 射线敏感器面积对组合导航精度的影响。

图 6-26 给出了 X 射线敏感器面积与天文多普勒差分/脉冲星组合导航精度之间的关系。随着 X 射线敏感器面积的增大，天文多普勒差分/脉冲星组合导航的精度也随之提高。在深空探测领域中，增大 X 射线敏感器面积意味着增加载重。因此，在保证导航精度的前提下，选择合适的 X 射线敏感器面积具有重要意义。

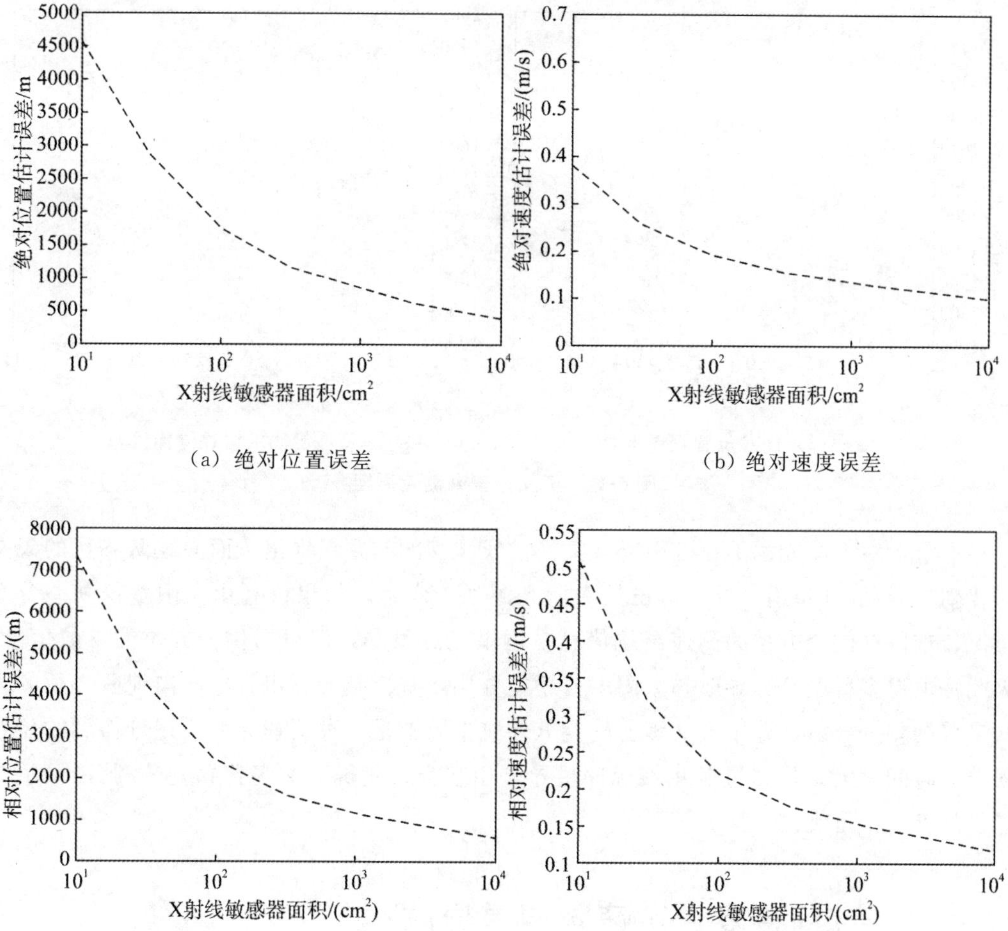

绝对位置估计误差/m

X射线敏感器面积/cm²

（a）绝对位置误差

绝对速度估计误差/(m/s)

X射线敏感器面积/cm²

（b）绝对速度误差

相对位置估计误差/(m)

X射线敏感器面积/(cm²)

（c）相对位置误差

相对速度估计误差/(m/s)

X射线敏感器面积/(cm²)

（d）相对速度误差

图 6-26　X 射线敏感器面积

6.5.3.6　天文多普勒测速周期

图 6-27 给出了在累积时间恒定的条件下，天文多普勒测速周期对天文多普勒差分/脉冲星组合导航的影响。从图 6-27 中可看出，当累积时间恒定时，随着天文多普勒测速周期的延长，天文多普勒差分/脉冲星组合导航的精度下降。究其原因，天文多普勒测速周期的延长会导致测量数据的减少，进而影响天文多普勒差分/脉冲星组合导航的导航精度。

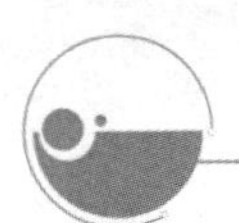

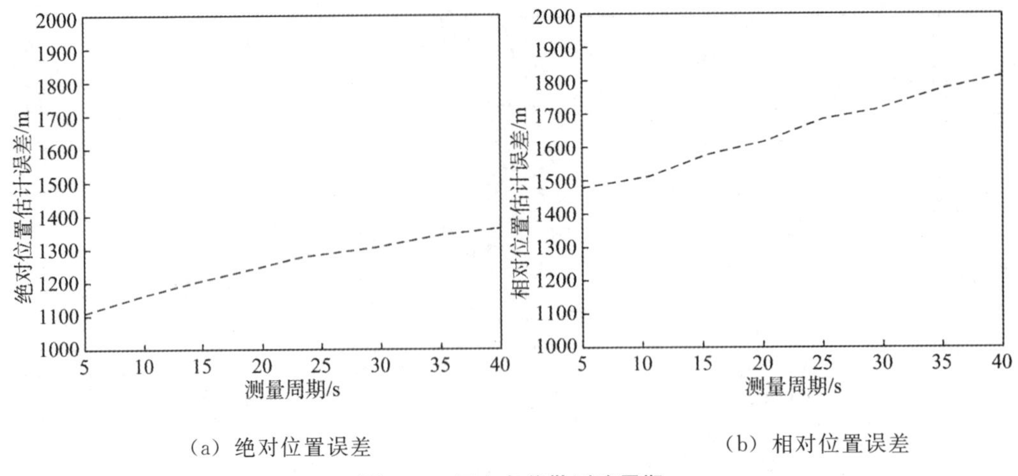

（a）绝对位置误差　　（b）相对位置误差

图 6-27　天文多普勒测速周期

本节针对天体光源不稳定引起天文光谱线漂移的问题，提出了面向编队飞行的天文多普勒差分/脉冲星组合导航。虽然太阳光源强，但是，如果仅利用太阳多普勒差分测量值，难以提供全方位的测速导航信息；恒星光源虽弱，但可提供全方位的导航信息。因此将恒星多普勒差分导航与太阳多普勒差分导航有机结合，组合成面向编队飞行的天文多普勒差分导航。鉴于天文多普勒差分导航本质上是一种测速导航，积分得到的位置误差随时间增大，将其与 X 射线脉冲星导航相结合，使得天文多普勒差分/脉冲星组合导航具备完全可观测性。

6.6　直接/间接复合定速脉冲星导航

X 射线脉冲星定位定速系统的测量模型中包含定位和定速这两个测量值，其中定位来自脉冲星的 TOA 估计，定速来自对航天器处短时观测估计的脉冲星周期。

脉冲星周期估计方法有两类：轮廓畸变检测法和脉冲星 TOA 偏差建模法。轮廓畸变检测法按 EF 次数又可分为两种：多次 EF 和单次 EF。多次 EF 的轮廓畸变检测法按照多个不同周期折叠脉冲星信号，得到多个畸变脉冲星轮廓，其中最小畸变对应的周期即可视为脉冲星周期。但器载计算机的计算能力有限，无法承受多次 EF。因而，此类方法难以在轨实现。单次 EF 的轮廓畸变检测法如第 5.3 节的 GQCS，可以根据累积脉冲星轮廓的畸变直接估计出脉冲星周期。此类方法避免了多次 EF，可直接通过周期估计得出脉冲星视线方向上的速度，这里将其简称为直接定速法。由于脉冲星轮廓的畸变是一种微弱特征，当脉冲星轮廓 SNR 高时，轮廓畸变检测法能正常工作；反之不能。因此，直接定速法仅适用于高流量脉冲星。

脉冲星 TOA 偏差建模法通过研究脉冲星 TOA 偏差的形成机理，建立航天器速度对 TOA 偏差的影响机制模型。将该影响机制模型融入到脉冲星导航测量模型中，构成

新的测量模型。基于新测量模型优化卡尔曼滤波器，如闭环 EKF、测量偏差与状态估计误差相关的扩展卡尔曼滤波器和跟踪滤波器等，以达到抑制脉冲星信号中多普勒效应的目的。在此类方法中，航天器速度并未被直接测量，而是由脉冲星 TOA 偏差来体现。这里将脉冲星 TOA 偏差建模法又称为间接定速法。间接定速法对脉冲星光子流量无要求，故可用于低流量脉冲星。间接定速法无法直接得到低流量脉冲星测量模型中的定速测量值。

综合考虑高流量和低流量脉冲星的特点，提出直接/间接复合定速脉冲星导航[39]。不同于已有的间接定速脉冲星导航只有三颗脉冲星的定位测量值，复合定速导航对高流量脉冲星采用直接定速测量模型，而对低流量脉冲星采用间接定速测量模型，融合两种不同的测量模型。复合定速导航的测量模型包含定位和定速两个测量值，丰富了导航测量信息，一定程度上提高了导航精度。

6.6.1　火卫轨道动力学模型

火卫轨道动力学模型与近地轨道相似，均为一个受摄二体问题。即以一个中心天体引力为主，其他天体的引力作为摄动力。这里对后文用到的火卫轨道动力学模型进行简要说明。

火卫轨道动力学模型考虑以火星为中心天体的质心引力，以及太阳质心引力和地球质心引力等摄动力的影响，其他摄动力视为噪声。在以火星质心为中心的惯性坐标系中，火卫轨道动力学模型可表示为

$$\dot{\boldsymbol{X}} = \begin{bmatrix} v_x \\ v_y \\ v_z \\ -\mu_{\mathrm{m}} \dfrac{x}{r_{\mathrm{pm}}^3} - \mu_{\mathrm{s}} \left[\dfrac{x - x_1}{r_{\mathrm{ps}}^3} + \dfrac{x_1}{r_{\mathrm{ms}}^3} \right] - \mu_{\mathrm{e}} \left[\dfrac{x - x_2}{r_{\mathrm{pe}}^3} + \dfrac{x_2}{r_{\mathrm{me}}^3} \right] \\ -\mu_{\mathrm{m}} \dfrac{y}{r_{\mathrm{pm}}^3} - \mu_{\mathrm{s}} \left[\dfrac{y - y_1}{r_{\mathrm{ps}}^3} + \dfrac{y_1}{r_{\mathrm{ms}}^3} \right] - \mu_{\mathrm{e}} \left[\dfrac{y - y_2}{r_{\mathrm{pe}}^3} + \dfrac{y_2}{r_{\mathrm{me}}^3} \right] \\ -\mu_{\mathrm{m}} \dfrac{z}{r_{\mathrm{pm}}^3} - \mu_{\mathrm{s}} \left[\dfrac{z - z_1}{r_{\mathrm{ps}}^3} + \dfrac{z_1}{r_{\mathrm{ms}}^3} \right] - \mu_{\mathrm{e}} \left[\dfrac{z - z_2}{r_{\mathrm{pe}}^3} + \dfrac{z_2}{r_{\mathrm{me}}^3} \right] \end{bmatrix} + \boldsymbol{w}(t) \tag{6-105}$$

式中，μ_{m}、μ_{s} 和 μ_{e} 分别是火星、太阳和地球的引力常数，$\mu_{\mathrm{m}} = 4.2828 \times 10^4\ \mathrm{km^3/s^2}$，$\mu_{\mathrm{s}} = 1.327 \times 10^{11}\ \mathrm{km^3/s^2}$；$(x, y, z)$、$(x_1, y_1, z_1)$ 和 (x_2, y_2, z_2) 分别是航天器、太阳和地球的位置矢量；r_{pm}、r_{ps} 和 r_{pe} 分别是航天器与火星、太阳和地球的距离；r_{ms} 和 r_{me} 分别是火星与太阳和地球的距离，它们的表达式分别为

$$r_{\mathrm{pm}} = \sqrt{x^2 + y^2 + z^2} \tag{6-106}$$

$$r_{\mathrm{ps}} = \sqrt{(x - x_1)^2 + (y - y_1)^2 + (z - z_1)^2} \tag{6-107}$$

$$r_{\mathrm{pe}} = \sqrt{(x - x_2)^2 + (y - y_2)^2 + (z - z_2)^2} \tag{6-108}$$

$$r_{ms} = \sqrt{x_1^2 + y_1^2 + z_1^2} \tag{6-109}$$

$$r_{me} = \sqrt{x_2^2 + y_2^2 + z_2^2} \tag{6-110}$$

6.6.2 直接与间接定速测量模型

直接/间接复合定速脉冲星导航利用一个 X 射线敏感器轮流观测一颗高流量和两颗低流量脉冲星，结合导航测量模型和轨道动力学模型，利用导航滤波器实现航天器的三维位置和速度联合估计。复合定速脉冲星导航测量模型由直接和间接定速测量模型结合而成。面向高流量脉冲星的直接定速测量模型中有两个测量值，分别为其视线方向上的定位和定速。采用 GQCS 可实现这两个测量值联合估计。面向低流量脉冲星的间接定速测量模型只有一个测量值，即其视线方向上的定位，采用传统的循环互相关法估计。低流量脉冲星的另一个测量值——其视线方向上的定速，并不能直接体现在测量模型中，而是通过基于多普勒效应的脉冲星 TOA 测量偏差模型进行定位补偿。

下面，首先介绍传统脉冲星 TOA 测量模型与多普勒效应下的脉冲星 TOA 测量偏差模型，然后分析间接定速的循环互相关法受多普勒速度的影响，最后研究直接和间接定速的测量模型。为便于表达，将高流量脉冲星和另两颗低流量脉冲星的编号分别设为 1、2、3。

6.6.2.1 传统脉冲星到达时间测量模型

脉冲星的 TOA 是 X 射线脉冲星定位定速系统的基本测量值，设为 t_{TOA}，它表示同一脉冲信号到达 SSB 的时间 t_{SSB} 与到达航天器的时间 t_{SC} 之差，$t_{TOA}=t_{SSB}-t_{SC}$。

设 $\boldsymbol{n}$ 为脉冲星视线方向矢量，由于脉冲星距离太阳系非常之远，因此其位置在整个太阳系中可近似看作是恒定不变的。$\boldsymbol{n}$ 通常由脉冲星的赤经角 α 和赤纬角 β 表示。

$$\boldsymbol{n}=\begin{bmatrix}\cos\alpha\cos\beta\\ \sin\alpha\cos\beta\\ \sin\beta\end{bmatrix} \tag{6-111}$$

设脉冲星信号的传播速度为光速 c，根据脉冲星的时间转换模型，在不考虑广义相对论效应的一阶近似下，脉冲星 TOA 与航天器相对 SSB 的位置矢量 $\boldsymbol{r}$ 之间的关系模型为

$$t_{TOA} = t_{SSB} - t_{SC} = \frac{\boldsymbol{n}\cdot\boldsymbol{r}}{c} + \sigma_{TOA} \tag{6-112}$$

式中，σ_{TOA} 为脉冲星 TOA 测量误差。Sheikh 博士给出了 σ_{TOA} 的表达式：

$$\sigma_{TOA} = \frac{W\sqrt{[B_X + F_X(1-P_f)]d + F_X P_f}}{2F_X\sqrt{AT_{obs}}P_f} \tag{6-113}$$

式中，W 为一个脉冲信号的宽度；F_X 为脉冲星光子流量；B_X 为宇宙背景噪声流量；P_f 为一个周期中脉冲星光子流量的占比；d 为脉冲信号宽度与脉冲星周期的比值；A 为 X

射线敏感器面积；T_{obs} 为脉冲星的累积时间；该式的参数均来自对脉冲星的长期观测，均是固定不变的。而航天器在飞行过程中的短时观测值跟长期观测值相比会有一定偏差，且是实时变化的。而且航天器运动的多普勒效应会对脉冲星 TOA 的测量带来一定的影响，所以由式（6-113）得出的脉冲星 TOA 测量误差跟实际相比相差较大。

由于脉冲星距离太阳系非常遥远，为了建立精确的测量模型，X 射线光子的传播还需考虑空间几何效应和广义相对论效应。而且由于太阳系中太阳的引力场远大于其他天体，故可只考虑太阳引力场的影响，简化的脉冲星 TOA 测量模型为

$$t_{TOA}=\frac{\boldsymbol{n}\cdot\boldsymbol{r}}{c}+\frac{1}{2D_0c}[-r^2+(\boldsymbol{n}\cdot\boldsymbol{r})^2-2\boldsymbol{b}\cdot\boldsymbol{r}+2(\boldsymbol{n}\cdot\boldsymbol{b})(\boldsymbol{n}\cdot\boldsymbol{r})]+\frac{2\mu_S}{c^3}\ln\left|\frac{\boldsymbol{n}\cdot\boldsymbol{r}+\boldsymbol{n}\cdot\boldsymbol{b}+r+b}{\boldsymbol{n}\cdot\boldsymbol{b}+b}\right|+\sigma_{TOA} \tag{6-114}$$

式中，μ_S 是太阳引力常数；$\boldsymbol{b}$ 和 b 分别是 SSB 相对于太阳质心的位置矢量和距离；D_0 为脉冲星到太阳质心的距离。

6.6.2.2　多普勒效应下的脉冲星到达时间测量偏差模型

航天器运动的多普勒效应带来信号频率的变化，这一变化使得在对 X 射线脉冲星光子按估计周期恢复脉冲星轮廓时，脉冲星轮廓出现相移，从而出现脉冲星 TOA 测量偏差。将该测量偏差在导航测量模型中表示出来，以进行多普勒速度补偿。简述如下。

设 P_0 是脉冲星周期，T 为累积时间，N_p 为累积时间内的总脉冲数，则 $T=N_pP_0$ 。第 k 个脉冲星周期内，从第 i 个脉冲开始航天器在脉冲星方向移动的距离为 $\sum_{k=i+1}^{N_p}(\boldsymbol{n}\cdot\boldsymbol{v}_{i,k})P_0$ 。$\boldsymbol{v}_{i,k}$ 表示第 i 个脉冲在第 k 个周期内的速度。

设第 k 个脉冲星周期上的第 i 个脉冲的速度误差为 $\Delta\boldsymbol{v}_{i,k}$ ，第 i 个脉冲到达航天器的时间误差为 $\Delta T_{i,k}$ ，则有：

$$\Delta T_{i,k}=-\sum_{k=i+1}^{N_p}\frac{\boldsymbol{n}\cdot\Delta\boldsymbol{v}_{i,k}}{c}P_0 \tag{6-115}$$

累积脉冲星轮廓是对累积时间内所有脉冲星光子进行 EF 累积而得，因此累积时间内的脉冲星 TOA 估计偏差 β 等于各脉冲到达航天器的时间误差的平均值，其表达式为

$$\beta=\frac{1}{N_p}\sum_{i=1}^{N_p}\Delta T_{i,k}=-\frac{1}{N_p}\sum_{i=1}^{N_p}\sum_{k=i+1}^{N_p}\frac{\boldsymbol{n}^T\Delta\boldsymbol{v}_{i,k}}{c}P_0 \tag{6-116}$$

式（6-116）即为基于多普勒效应的脉冲星 TOA 测量偏差模型。

因此，在脉冲星的 TOA 测量模型中去除基于多普勒效应的 TOA 测量偏差 β，以抑制多普勒速度的影响。表达式如下：

$$t_{TOA}=\frac{\boldsymbol{n}\cdot\boldsymbol{r}}{c}+\frac{1}{2D_0c}[-r^2+(\boldsymbol{n}\cdot\boldsymbol{r})^2-2\boldsymbol{b}\cdot\boldsymbol{r}+2(\boldsymbol{n}\cdot\boldsymbol{b})(\boldsymbol{n}\cdot\boldsymbol{r})]+\frac{2\mu_s}{c^3}\ln\left|\frac{\boldsymbol{n}\cdot\boldsymbol{r}+\boldsymbol{n}\cdot\boldsymbol{b}+r+b}{\boldsymbol{n}\cdot\boldsymbol{b}+b}\right|+\sigma_{TOA}-\beta \tag{6-117}$$

下面简单分析脉冲星 TOA 测量偏差 β 的离散形式。结合航天器状态模型，可得

$$\Delta \boldsymbol{v}_{i,k} \approx [\boldsymbol{0}_{3\times3}, \boldsymbol{I}_{3\times3}]\begin{bmatrix}\delta \boldsymbol{r}_k \\ \delta \boldsymbol{v}_k\end{bmatrix} = [\boldsymbol{0}_{3\times3}, \boldsymbol{I}_{3\times3}](\boldsymbol{I}_{6\times6} + \boldsymbol{F}_k i P_0)\delta \boldsymbol{X}_{k-1} = [\boldsymbol{S}_k i P_0, \boldsymbol{I}_{3\times3}]\delta \boldsymbol{X}_{K-1} \tag{6-118}$$

代入式（6-116）可得

$$\beta_k = -\frac{\boldsymbol{n}^{\mathrm{T}}}{c}\left[\frac{T^2}{3}\boldsymbol{S}_k, \frac{T}{2}\boldsymbol{I}_{3\times3}\right]\delta \boldsymbol{X}_{k-1} \tag{6-119}$$

6.6.2.3 循环互相关法与多普勒速度

低流量脉冲星虽也存在轮廓畸变，但由于其轮廓 SNR 太低，所以无法利用畸变脉冲星轮廓匹配估计法如 GQCS 直接获得其定位和定速信息。鉴于 CC 良好的抗噪能力，故采用循环互相关法估计低流量脉冲星的脉冲星 TOA，以获得其脉冲星视线方向上的定位信息。显然，由循环互相关法得到的脉冲星 TOA 估计中还包含有多普勒速度引起的相移，具体说明如下：

设航天器处累积脉冲星轮廓为 $\boldsymbol{x}(n)$，SSB 处的标准脉冲星轮廓为 $\boldsymbol{h}(n)$，由于多普勒速度的影响，可知累积脉冲星轮廓 $\boldsymbol{x}(n)$ 存在一定的畸变和相移。参见第 3.3 节的畸变脉冲星轮廓模型，$\boldsymbol{x}(n)$ 可表示为

$$\boldsymbol{x}(n) = \boldsymbol{s}^d(n-p) \otimes \boldsymbol{h}(n-p) + \boldsymbol{e}(n) \tag{6-120}$$

式中，d 为 $\boldsymbol{x}(n)$ 的畸变；p 为 $\boldsymbol{x}(n)$ 的相移；$\boldsymbol{e}(n)$ 表示随机噪声；$\otimes$ 表示循环卷积运算；$\boldsymbol{s}^d(n)$ 的表达式为

$$\boldsymbol{s}^d(n) = \begin{cases}\dfrac{1}{d}, & 0 \leqslant n \leqslant d \\ 0, & n \text{ 为其他值}\end{cases} \tag{6-121}$$

$\boldsymbol{x}(n)$ 与 $\boldsymbol{h}(n)$ 的互相关函数 $\boldsymbol{R}_{\mathrm{hx}}(l)$ 的表达式为

$$\begin{aligned}\boldsymbol{R}_{\mathrm{hx}}(l) &= \boldsymbol{h}(n) \odot \boldsymbol{x}(n+l) = \boldsymbol{h}(n) \odot [\boldsymbol{s}^d(n+l-p) \otimes \boldsymbol{h}(n+l-p) + \boldsymbol{e}(n+l)] \\ &= \frac{1}{d}\sum_{k=0}^{d}\boldsymbol{R}_{\mathrm{hh}}(l-p+k) + \boldsymbol{R}_{\mathrm{he}}(l)\end{aligned} \tag{6-122}$$

式中，$\odot$ 表示循环互相关运算；$\boldsymbol{R}_{hh}$ 为 $\boldsymbol{h}(n)$ 的自相关函数；$\boldsymbol{R}_{\mathrm{he}}$ 为 $\boldsymbol{h}(n)$ 与 $\boldsymbol{e}(n)$ 的互相关函数。设二者不相关，即噪声近似为高斯分布，则有：

$$E[\boldsymbol{R}_{\mathrm{he}}(l)] = 0 \tag{6-123}$$

$\boldsymbol{x}(n)$ 的相移估计 $\hat{p}$ 为 $\boldsymbol{R}_{\mathrm{hx}}(l)$ 为最大时对应的时间，即

$$\hat{p} = \arg\max \boldsymbol{R}_{\mathrm{hx}}(l) \tag{6-124}$$

若累积脉冲星轮廓 $\boldsymbol{x}(n)$ 不存在畸变，即 $d=0$，则 $\boldsymbol{x}(n)$ 的相移估计 $\hat{p}$ 为

$$\hat{p} = \arg\max_{l}[\boldsymbol{R}_{\mathrm{hh}}(l-p) + \boldsymbol{R}_{\mathrm{he}}(l)] \tag{6-125}$$

若累积脉冲星轮廓 $\boldsymbol{x}(n)$ 存在畸变 d，则 $\boldsymbol{x}(n)$ 的相移估计 $\hat{p}_d$ 为

$$\hat{p}_d = \arg\max_l \left[\frac{1}{d}\sum_{k=0}^{d} \boldsymbol{R}_{\mathrm{hh}}(l-p+k) + \boldsymbol{R}_{\mathrm{he}}(l)\right] = \arg\max_l [\boldsymbol{R}_{\mathrm{hh}}(l-p) + \boldsymbol{R}_{\mathrm{he}}(l)] + \frac{d_l}{2}$$
$$= \hat{p} + \frac{d}{2} \tag{6-126}$$

可见，多普勒速度影响下的循环互相关法得到的脉冲星 TOA 还包含有轮廓畸变所引起的相移——$d/2$，关于这一点将在仿真实验与分析中进行说明。正是由于多普勒速度引起轮廓畸变的同时也带来了轮廓的相移，因此需在低流量脉冲星的 TOA 测量模型中对这一部分进行补偿。基于多普勒效应的脉冲星 TOA 测量偏差 β 正是式（6-126）中的 $d/2$。

由循环互相关法得到的是脉冲星 TOA 的小数部分，因此，脉冲星 TOA 估计还需加上整数个周期，表达式为

$$\Delta t = IT_0 + \frac{T_0}{N}\hat{p}_d \tag{6-127}$$

式中，I 是脉冲星周期 T_0 的整数倍数；Δt 为脉冲星 TOA。

脉冲星视线方向上的定位误差 $\hat{d}_p$ 为

$$\hat{d}_p = c\Delta t = cIT_0 + c\frac{T_0}{N}\hat{p}_d \tag{6-128}$$

6.6.2.4　直接定速测量模型

直接定速通过高流量的畸变脉冲星轮廓直接估计出定位和定速信息，所以直接定速的测量模型中测量值 $\boldsymbol{Y}_{\mathrm{D}}$ 包括航天器在高流量脉冲星视线方向上的位置标量 r 和速度标量 v：

$$\boldsymbol{Y}_{\mathrm{D}} = \begin{bmatrix} \boldsymbol{r} \\ \boldsymbol{v} \end{bmatrix} = \boldsymbol{h}_{\mathrm{D}}(\boldsymbol{X},t) + \boldsymbol{\xi}_{\mathrm{D}} \tag{6-129}$$

式中，$\boldsymbol{X}$ 为系统状态变量；$\boldsymbol{r}$ 和 $\boldsymbol{v}$ 分别是航天器的位置矢量和速度矢量；$\boldsymbol{\xi}_{\mathrm{D}}$ 为测量噪声矢量；$r = ct_{\mathrm{TOA}}^1$，t_{TOA}^1 表示高流量 PSR B0531＋21 的脉冲星 TOA，由式（6-114）可得：

$$t_{\mathrm{TOA}}^1 = \frac{\boldsymbol{n}_1 \cdot \boldsymbol{r}}{c} + \frac{1}{2D_0 c}[-r^2 + (\boldsymbol{n}_1 \cdot \boldsymbol{r})^2 - 2\boldsymbol{b}\cdot\boldsymbol{r} + 2(\boldsymbol{n}_1\cdot\boldsymbol{b})(\boldsymbol{n}_1\cdot\boldsymbol{r})] +$$
$$\frac{2\mu_{\mathrm{s}}}{c^3}\ln\left|\frac{\boldsymbol{n}_1\cdot\boldsymbol{r} + \boldsymbol{n}_1\cdot\boldsymbol{b} + r + b}{\boldsymbol{n}_1\cdot\boldsymbol{b} + b}\right| + \sigma_{\mathrm{TOA}}^1 \tag{6-130}$$

式中，$\boldsymbol{n}_1$ 为 PSR B0531＋21 的脉冲星视线方向矢量。

将式（6-130）代入式（6-129）可得 $\boldsymbol{h}_{\mathrm{D}}(\boldsymbol{X},t)$ 的表达式为

$$\boldsymbol{h}_{\mathrm{D}}(\boldsymbol{X},t) = \begin{bmatrix} \boldsymbol{n}_1\cdot\boldsymbol{r} + \frac{1}{2D_0}\left[-r^2 + (\boldsymbol{n}_1\cdot\boldsymbol{r})^2 - 2\boldsymbol{b}\cdot\boldsymbol{r} + 2(\boldsymbol{n}_1\cdot\boldsymbol{b})(\boldsymbol{n}_1\cdot\boldsymbol{r})\right] + \frac{2\mu_{\mathrm{s}}}{c^2}\ln\left|\frac{\boldsymbol{n}_1\cdot\boldsymbol{r} + \boldsymbol{n}_1\cdot\boldsymbol{b} + r + b}{n_1\cdot b + b}\right| \\ \boldsymbol{n}_1\cdot\boldsymbol{v} \end{bmatrix} \tag{6-131}$$

式（6-129）中的测量噪声矢量$\boldsymbol{\xi}_{\mathrm{D}}$包括定位测量噪声$\zeta_r$与定速测量噪声$\zeta_v$两个分量，表达式为

$$\boldsymbol{\xi}_{\mathrm{D}} = [\zeta_r, \zeta_v]^{\mathrm{T}} \tag{6-132}$$

式中，$\zeta_r = c\sigma_{\mathrm{TOA}}^1$，$\sigma_{\mathrm{TOA}}^1$表示 PSR B0531+21 的 TOA 测量噪声。ζ_r和ζ_v由第 5.3 节的 GQCS 联合估计得到。

6.6.2.5 间接定速测量模型

在间接定速测量模型中用$Y_1^j (j=2,3)$分别表示两个低流量脉冲星的测量值，由于无法直接得到低流量脉冲星视线方向上的定速信息，所以Y_1^j仅包含航天器在低流量脉冲星视线方向上的位置标量r^j，$r^j = ct_{\mathrm{TOA}}^j$。$t_{\mathrm{TOA}}^j$为低流量脉冲星的 TOA。将多普勒速度转化为低流量脉冲星的 TOA 测量偏差β^j加入测量模型中，以抑制多普勒效应。所以，Y_1^j的表达式为

$$Y_1^j = [ct_{\mathrm{TOA}}^j] = h_1^j(\boldsymbol{X}, t) - c\beta^j + \xi_1^j \tag{6-133}$$

式中，$\boldsymbol{X}$为系统状态变量，由于低流量脉冲星的测量值没有定速，故$\boldsymbol{X}=\boldsymbol{r}$；$\beta^j$的表达式参见式（6-116）；$\xi_1^j$为测量噪声，由循环互相关法对低流量脉冲星的 TOA 估计也即定位估计得到。

低流量脉冲星的 TOA t_{TOA}^j由式（6-117）可得

$$\begin{aligned} t_{\mathrm{TOA}}^j = & \frac{\boldsymbol{n}_j \cdot \boldsymbol{r}}{c} + \frac{1}{2D_0 c}[-r^2 + (\boldsymbol{n}_j \cdot \boldsymbol{r})^2 - 2\boldsymbol{b} \cdot \boldsymbol{r} + 2(\boldsymbol{n}_j \cdot \boldsymbol{b})(\boldsymbol{n}_j \cdot \boldsymbol{r})] + \\ & \frac{2\mu_{\mathrm{s}}}{c^3}\ln\left|\frac{\boldsymbol{n}_j \cdot \boldsymbol{r} + \boldsymbol{n}_j \cdot \boldsymbol{b} + r + b}{\boldsymbol{n}_j \cdot \boldsymbol{b} + b}\right| + \sigma_{\mathrm{TOA}}^j - \beta^j \end{aligned} \tag{6-134}$$

式中，$\boldsymbol{n}_j$为两个低流量脉冲星视线方向矢量。

可得$h_1^j(\boldsymbol{X}, t)$的表达式为

$$\begin{aligned} h_1^j(\boldsymbol{X}, t) = & \boldsymbol{n}_j \cdot \boldsymbol{r} + \frac{1}{2D_0^j}[-r^2 + (\boldsymbol{n}_j \cdot \boldsymbol{r})^2 - 2\boldsymbol{b} \cdot \boldsymbol{r} + 2(\boldsymbol{n}_j \cdot \boldsymbol{b})(\boldsymbol{n}_j \cdot \boldsymbol{r})] + \\ & \frac{2\mu_{\mathrm{s}}}{c^2}\ln\left|\frac{\boldsymbol{n}_j \cdot \boldsymbol{r} + \boldsymbol{n}_j \cdot \boldsymbol{b} + r + b}{\boldsymbol{n}_j \cdot \boldsymbol{b} + b}\right| \end{aligned} \tag{6-135}$$

6.6.3 误差状态扩展卡尔曼滤波器

在误差状态 EKF 中，状态预测误差被作为新的状态估计。采用反馈修正的状态预测误差滤波，将状态预测误差估计反馈到轨道动力学模型中，对状态进行修正。

线性离散化后的 X 射线脉冲星定位定速系统的状态误差模型和测量误差模型分别为

$$\delta \boldsymbol{X}_k = \boldsymbol{\Phi}_k \delta \boldsymbol{X}_{k-1} + \boldsymbol{w}_k \tag{6-136}$$

$$\delta \boldsymbol{Y}_k = \boldsymbol{H}_k \delta \boldsymbol{X}_k + \boldsymbol{\xi}_k \tag{6-137}$$

式中，$\boldsymbol{X}_k$为系统状态变量；$\boldsymbol{\Phi}_k$为状态转移矩阵；$\boldsymbol{w}_k$为状态噪声，其协方差矩阵为$\boldsymbol{Q}_k$；$\boldsymbol{H}_k$

为测量矩阵；$\boldsymbol{\xi}_k$ 为测量噪声，其协方差矩阵为 $\boldsymbol{R}_k$ 。

对于高流量 PSR B0531＋21，在预估状态 $\widetilde{\boldsymbol{X}}_k$ 下的测量误差 $\delta \boldsymbol{Y}_k^1$ 可表示为

$$\delta \boldsymbol{Y}_k^1 = \boldsymbol{Y}_D - h_D(\bar{\boldsymbol{X}}_k, k) = \boldsymbol{H}_D \delta \boldsymbol{X}_k + \boldsymbol{\xi}_D \tag{6-138}$$

式中，$\boldsymbol{H}_D$ 为直接定速的测量矩阵。由于状态误差相比航天器相对脉冲星的距离一般很小，在短时观测下空间几何效应和广义相对论效应可忽略，可得$\boldsymbol{H}_D$ 的近似表达式：

$$\boldsymbol{H}_D = \begin{bmatrix} \boldsymbol{n}_1^T, \ \boldsymbol{0}_{1\times3} \\ \boldsymbol{0}_{1\times3}, \ \boldsymbol{n}_1^T \end{bmatrix} \tag{6-139}$$

对于任意一颗低流量脉冲星，测量误差 $\delta \boldsymbol{Y}_k^j (j = 2,3)$ 可表示为

$$\delta Y_k^j = \boldsymbol{Y}_1^j - h_1^j(\widetilde{\boldsymbol{X}}_k, k) = [\boldsymbol{n}_j^T, \boldsymbol{0}_{1\times3}]\delta \boldsymbol{X}_k - c\beta_k^j + \xi_1^j \tag{6-140}$$

结合基于多普勒效应的脉冲星 TOA 测量偏差模型，可得 β_k^j 的表达式为

$$\beta_k^j = -\frac{\boldsymbol{n}_j^T}{c}\left[\frac{5T^2}{6}\boldsymbol{S}_k, \boldsymbol{I}_{3\times3} + \frac{\tau^3}{3}\boldsymbol{S}_k\right]\delta \boldsymbol{X}_k \tag{6-141}$$

代入式（6-140），可得

$$\delta Y_k^j = \boldsymbol{n}_j^T\left[\boldsymbol{I}_{3\times3} + \frac{5T^2}{6}\boldsymbol{S}_k, \boldsymbol{I}_{3\times3} + \frac{T^3}{3}\boldsymbol{S}_k\right]\delta \boldsymbol{X}_k + \xi_1^j = \boldsymbol{H}_1^j \delta \boldsymbol{X}_k + \xi_1^j \tag{6-142}$$

式中，$\boldsymbol{H}_1^j$ 为编号为 j 的低流量脉冲星的间接定速测量矩阵，其表达式为

$$\boldsymbol{H}_1^j = \boldsymbol{n}_j^T\left[\boldsymbol{I}_{3\times3} + \frac{5T^2}{6}\boldsymbol{S}_k, \boldsymbol{I}_{3\times3} + \frac{T^3}{3}\boldsymbol{S}_k\right] \tag{6-143}$$

从式（6-143）可看出，加入了基于多普勒效应的脉冲星 TOA 偏差的低流量脉冲星的测量模型同高流量脉冲星的测量模型一样，也包含定位和定速这两个测量值。这些测量值将有助于 EKF 修正预测值，提高滤波精度。

综合式（6-138）至式（6-143），可得直接/间接复合定速导航的测量误差模型为

$$\delta \boldsymbol{Y}_k = \begin{bmatrix} \delta \boldsymbol{Y}_k^1 \\ \delta Y_k^2 \\ \delta Y_k^3 \end{bmatrix}_{4\times1} = \boldsymbol{H}_k \delta \boldsymbol{X}_k + \boldsymbol{\xi}_k = \boldsymbol{H}_k \begin{bmatrix} \delta \boldsymbol{r}_k \\ \delta \boldsymbol{v}_k \end{bmatrix} + \boldsymbol{\xi}_k \tag{6-144}$$

式中，测量矩阵 $\boldsymbol{H}_k$ 的表达式为

$$\boldsymbol{H}_k = \begin{bmatrix} \boldsymbol{H}_D \\ \boldsymbol{H}_1^2 \\ \boldsymbol{H}_1^3 \end{bmatrix}_{4\times6} = \begin{bmatrix} \boldsymbol{n}_1^T, \boldsymbol{0}_{1\times3} \\ \boldsymbol{0}_{1\times3}, \boldsymbol{n}_1^T \\ \boldsymbol{n}_2^T\left(I_{3\times3} + \frac{5T^2}{6}\boldsymbol{S}_k, \frac{T}{2}\boldsymbol{I}_{3\times3} + \frac{T^3}{3}\boldsymbol{S}_k\right) \\ \boldsymbol{n}_3^T\left(I_{3\times3} + \frac{5T^2}{6}\boldsymbol{S}_k, \frac{T}{2}\boldsymbol{I}_{3\times3} + \frac{T^3}{3}\boldsymbol{S}_k\right) \end{bmatrix} \tag{6-145}$$

测量噪声的表达式 $\boldsymbol{\xi}_k$ 为

$$\boldsymbol{\xi}_k = \begin{bmatrix} \boldsymbol{\xi}_D \\ \xi_1^2 \\ \xi_1^3 \end{bmatrix}_{4\times1} = \begin{bmatrix} \zeta_r \\ \zeta_v \\ \xi_1^2 \\ \xi_1^3 \end{bmatrix} \tag{6-146}$$

图 6-28 为误差状态 EKF 原理框图。轨道动力学模型需要利用当前状态预测下一个状态。复合定速脉冲星导航测量模型得出的各测量值轮流进入 EKF，得出状态预测误差，用以修正轨道动力学模型中的状态。最终输出修正后的航天器位置和速度。

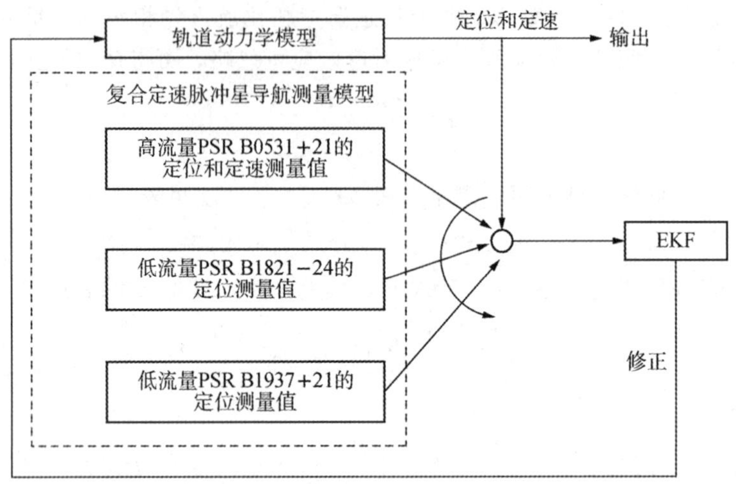

图 6-28　误差状态 EKF 原理框图

误差状态 EKF 的滤波式如下：

$$\boldsymbol{P}_k^- = \boldsymbol{\Phi}_{k-1}\boldsymbol{P}_{k-1}^+\boldsymbol{\Phi}_{k-1}^{\mathrm{T}} + \boldsymbol{Q}_{k-1} \tag{6-147}$$

$$\boldsymbol{K}_k = (\boldsymbol{P}_k^-\boldsymbol{H}_k^{\mathrm{T}})(\boldsymbol{H}_k\boldsymbol{P}_k^-\boldsymbol{H}_k^{\mathrm{T}} + \boldsymbol{R}_k)^{-1} \tag{6-148}$$

$$\delta\boldsymbol{X}_k = \boldsymbol{K}_k\delta\boldsymbol{Y}_k \tag{6-149}$$

$$\boldsymbol{P}_k^+ = \boldsymbol{P}_k^- - \boldsymbol{K}_k\boldsymbol{H}_k\boldsymbol{P}_k^- \tag{6-150}$$

$$\boldsymbol{X}_k^+ = \boldsymbol{X}_k^- + \delta\boldsymbol{X}_k \tag{6-151}$$

6.6.4　仿真实验与结果分析

6.6.4.1　参数设置

复合定速脉冲星导航选用一颗高流量 PSR B0531＋21 和两颗低流量 PSR B1821－24 和 B1937＋21，其累积脉冲星轮廓如图 6-29 所示。

从图 6-29 可看出高流量 PSR B0531＋21 的轮廓 SNR 高，所以，能从中检测出轮廓的畸变；而两颗低流量脉冲星的 SNR 很低，仅能检测出轮廓的相移。因此，对低流量脉冲星只能采用间接定速。脉冲星具体参数如表 6-24 所示。相关参数的设置说明如下。

①轮廓的最大畸变和最大相移。轮廓的最大畸变和最大相移的设置方法同第 5.3 节。

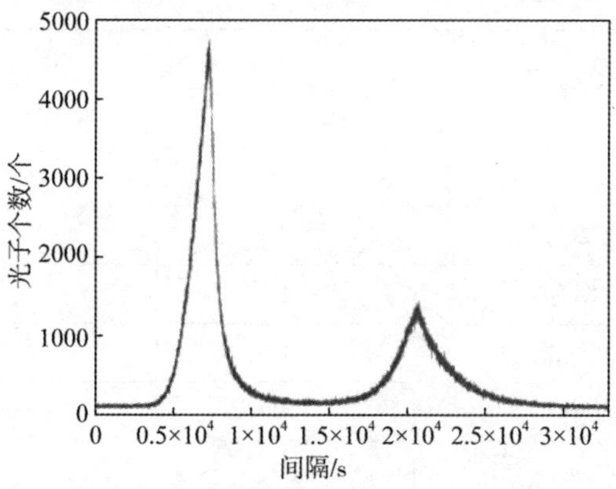

（a）高流量 PSR B0531＋21

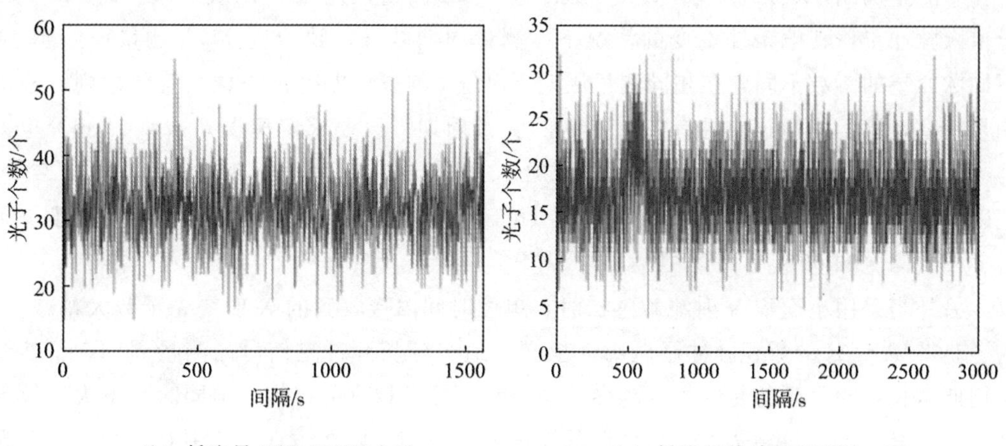

（b）低流量 PSR B1937＋21　　（c）低流量脉冲星 B1821－24

图 6-29　累积脉冲星轮廓

②X 射线敏感器面积。由于仅采用一个 X 射线敏感器轮流观测，因此略微增大了 X 射线敏感器面积，设为 10000 cm^2。

表 6-24　X 射线脉冲星仿真参数

参数	值		
脉冲星	PSR B0531＋21	PSR B1821－24	PSR B1937＋21
周期/s	0.03300	0.00305	0.00156
赤经/s	83.633	276.133	294.910
赤纬/s	22.014	－24.869	21.583
脉冲信号宽度 W/s	1.7×10^{-3}	5.5×10^{-5}	2.1×10^{-5}
脉冲星光子流量 F_X/（$ph\cdot cm^{-2}\cdot s^{-1}$）	1.54	1.93×10^{-4}	4.99×10^{-5}
宇宙背景噪声流量 B_X/（$ph\cdot cm^{-2}\cdot s^{-1}$）	0.005	0.005	0.005

续表

参数	值		
脉冲星	PSR B0531+21	PSR B1821−24	PSR B1937+21
脉冲星光子流量占比 P_f/%	70	98	86
脉冲星到 SSB 的距离 D_0 /kpc	2	5.5	3.6
X 射线敏感器分辨率/μs	1	1	1
X 射线敏感器面积/ m^2	1	1	1
测量周期/s	1000	1000	1000
最大畸变 D'	80	/	/
最大相移 P'	80	700	700

③测量周期。根据第 6.6.2.1 节脉冲星 TOA 测量误差 σ_{TOA} 的表达式（6-113），对于单颗脉冲星，其他条件不变的情况下，测量周期越长，脉冲星 TOA 测量误差越小。不同脉冲星的参数不同，在相同测量周期下 TOA 测量误差也不一样。若要达到一样的测量精度，则不同的脉冲星有各自不同的测量周期。设要求定位误差 $\sigma_p \leqslant 1$ km，也即 $\sigma_{TOA} \leqslant \sigma_p / c = 0.33 \times 10^{-5}$。对于 PSR B0531+21、PSR B1821−24 和 PSR B1937+21 这三颗脉冲星，将表 6-24 所示参数代入式（6-113），可得三颗脉冲星的最短测量周期分别为 10 s、54 s 和 60 s。

另外当采用小面积 X 射线敏感器时，单位时间内接收到的 X 射线光子数大幅减少。为了获得高 SNR 的累积脉冲星轮廓，也必须适当延长脉冲星信号的测量周期。虽然测量周期越长，收集到的光子数量越多，越有利于导航精度的提高，但同时会增大计算复杂度。综合考虑，每颗脉冲星的测量周期设为 1000 s，并在仿真实验中对比分析了测量周期为 100 s 和 500 s 时的导航精度。

仿真实验轨道采用环火星卫星轨道，其初始轨道参数如表 6-25 所示。环火轨道数据利用 STK 仿真生成，其中考虑了扰动效应。

表 6-25　环火轨道初始六要素

轨道六要素	值
半长轴/ km	6794
偏心率	0
轨道倾角/(°)	45
升交点赤经/(°)	0
近地点幅角/(°)	0
真近点角/(°)	0

直接/间接复合定速脉冲星导航滤波器参数如表 6-26 所示。

表 6-26　导航滤波器参数

参数	值
X 射线敏感器数量/个	1
仿真时间/s	864000
初始轨道误差	$\delta X(0)=[6000\ \mathrm{m}, 6000\ \mathrm{m}, 6000\ \mathrm{m}, 20\ \mathrm{m/s}, 20\ \mathrm{m/s}, 15\ \mathrm{m/s}]^{\mathrm{T}}$
状态噪声协方差矩阵	$\boldsymbol{Q}=\mathrm{diag}(q_1^2, q_1^2, q_1^2, q_2^2, q_2^2, q_2^2)$ $q_1=6\ \mathrm{m}, q_2=0.04\ \mathrm{m/s}$
测量噪声协方差矩阵	PSR B0531+21：$\boldsymbol{R}=\begin{bmatrix} \sigma_{\mathrm{D}}^2 & -0.630\sigma_{\mathrm{D}}\sigma_{\mathrm{v}} \\ -0.630\sigma_{\mathrm{D}}\sigma_{\mathrm{v}} & \sigma_{\mathrm{v}}^2 \end{bmatrix}$ $\sigma_{\mathrm{D}}=87\ \mathrm{m}, \sigma_{\mathrm{v}}=0.1\ \mathrm{m/s}$ PSR B1821−24：$\boldsymbol{R}=[\sigma_{\mathrm{D}}^2]$，$\sigma_{\mathrm{D}}=624\ \mathrm{m}$ PSR B1937+21：$\boldsymbol{R}=[\sigma_{\mathrm{D}}^2]$，$\sigma_{\mathrm{D}}=1463\ \mathrm{m}$

①X 射线敏感器数量。由于 X 射线敏感器载重大，出于航天器小型化和轻量化的工程要求，故只采用一个 X 射线敏感器对三颗导航脉冲星进行轮流观测。

②测量噪声协方差矩阵。高流量脉冲星 B0531+21 的测量噪声协方差矩阵中的定位测量噪声 σ_{D} 和定速测量噪声 σ_{v} 由 GQCS 联合估计得到，同时得到二者的相关系数为 −0.630。另两颗低流量脉冲星的测量噪声协方差矩阵中的定位测量噪声 σ_{D} 由循环互相关估计分别得到。

6.6.4.2　直接定速和间接定速测量值的估计

复合定速导航中的直接定速采用 GQCS，实现高流量脉冲星的定位和定速这两个测量值的联合估计；复合定速导航中的间接定速采用循环互相关法，实现低流量脉冲星的定位测量值的估计。仿真结果如表 6-27 所示。

表 6-27　GQCS 和循环互相关法

脉冲星	方法	定位误差/m	定速误差/（m/s）	计算时间/s
B0531+21	直接定速 GQCS	87	0.0952	6.1543
B1821−24	间接定速循环互相关	624	/	0.0014
B1937+21	间接定速循环互相关	1463	/	0.0009

从表 6-27 可看出，对于高流量脉冲星 PSR B0531+21，直接定速 GQCS 得到的定位和定速误差分别小于 100 m 和 0.1 m/s；对于低流量脉冲星 PSR B1821−24 和 PSR B1937+21，间接定速循环互相关的定位误差在 1 km 量级，并且无法直接估计低流量脉冲星的定速误差。

从表 6-27 还可看出，高流量脉冲星的计算时间远大于另两颗低流量脉冲星的，因为低流量脉冲星无须进行定速估计，所以计算复杂度大幅下降。此外，三颗脉冲星定位

定速的总计算时间约为 6 s。航天器计算机的主频约为 100 MHz，而计算机的主频为 2.2 GHz。设计算时间与主频成反比，那么三颗脉冲星的测量值的估计在航天器计算机上的计算时间约为 132 s，远小于脉冲星测量周期。这表明导航具有较好的实时性。

图 6-30 给出了间接定速的循环互相关估计中累积脉冲星轮廓的相移和畸变关系。可看出，由多普勒速度引起的累积脉冲星轮廓畸变使得轮廓发生相移，相移约为畸变的一半。因此，为提高低流量脉冲星的 TOA 也即定位测量值的估计精度，需要在低流量脉冲星的测量模型中进行多普勒速度补偿。

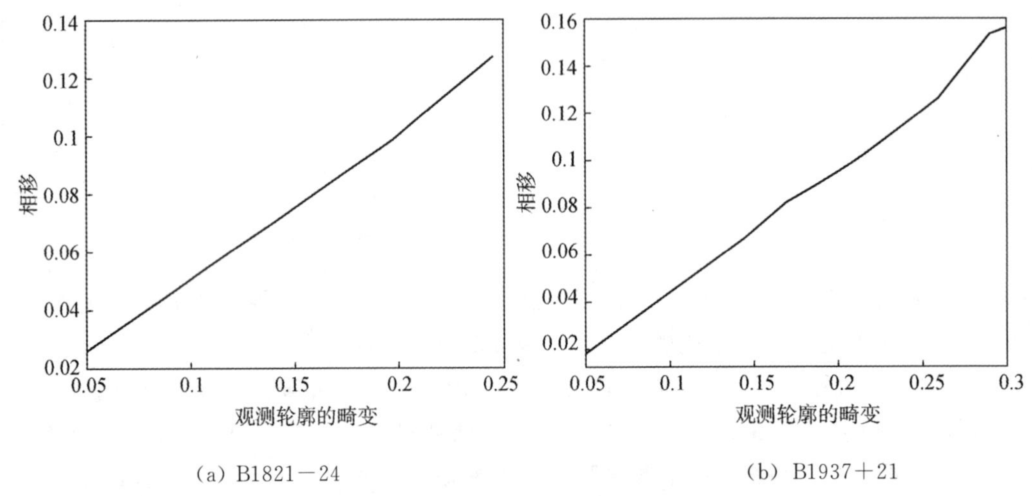

(a) B1821－24　　(b) B1937＋21

图 6-30　多普勒速度引起的累积脉冲星轮廓畸变与相移

6.6.4.3　导航方式对比

本节对比分析了直接/间接复合定速与已有的间接定速脉冲星导航。与复合定速导航一样，间接定速导航也是选用同样的三颗脉冲星进行观测。区别在于对高流量脉冲星的测量模型不同。间接定速脉冲星导航对三颗脉冲星均采用间接定速测量模型，即通过 CC 估计定位测量值，而无定速测量值；复合定速导航对高流量脉冲星采用了直接定速测量模型，所以比间接定速脉冲星导航多了定速测量值。另两颗低流量脉冲星依然采用间接定速测量模型。

两种导航方式的滤波结果如图 6-31 所示。从图 6-31 可看出，两种导航方式均收敛。这表明两种导航方式均能正常工作。此外，直接/间接复合定速脉冲星导航的定位定速误差明显小于间接定速脉冲星导航的。

图 6-31 反映出的结论在表 6-28 中也可得出。从表 6-28 中测量周期为 1000 s 这一列可看出，与间接定速脉冲星导航相比，直接/间接复合定速导航的定位和定速估计精度分别提高了 19%和 22.74%。这表明直接/间接复合定速脉冲星导航有利于提高导航精度。究其原因，高流量脉冲星的直接定速测量值为导航滤波器提供了新的测量值。

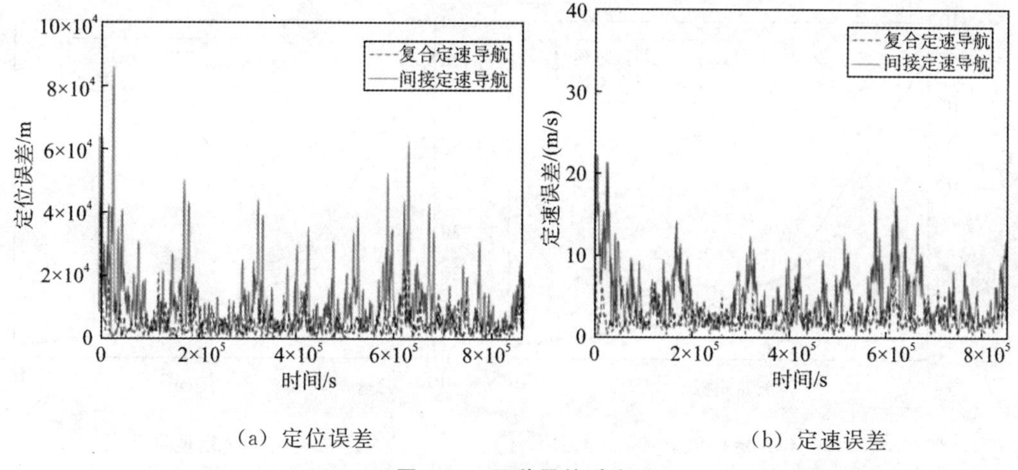

（a）定位误差　　　　　　　　　　（b）定速误差

图 6-31　两种导航对比

6.6.4.4　测量周期和 X 射线敏感器面积

（1）测量周期

表 6-28 对比了不同测量周期下的两种导航方式。可看出，直接/间接复合脉冲星导航精度都优于间接定速脉冲星导航的。与 1000 s 测量周期相比，100 s 和 500 s 测量周期的导航误差略有增大。由于低流量脉冲星的定位误差随测量周期的缩短而明显增大，进而导致整个导航性能下降。理论上，脉冲星的定位误差与测量周期的平方根成反比，而仿真中低流量脉冲星的定位误差随测量周期的增大速度快于理论值。

表 6-28　不同测量周期下两种导航方式对比

导航方式	测量周期 1000 s		测量周期 100 s		测量周期 500 s	
	定位误差/km	定速误差/（m/s）	定位误差/km	定速误差/（m/s）	定位误差/km	定速误差/（m/s）
间接定速脉冲星导航	6.890	2.889	12.709	4.433	7.640	2.998
直接/间接复合定速脉冲星导航	5.581	2.232	12.239	4.184	7.033	2.689

（2）X 射线敏感器面积

X 射线敏感器面积与两种脉冲星导航方式之间的关系如图 6-32 所示。由图 6-32（a）和（b）可看出，X 射线敏感器面积的增大能降低导航误差，且不同 X 射线敏感器面积下，复合定速脉冲星导航明显优于间接定速脉冲星导航。原因同上，复合定速导航利用了高流量脉冲星的定速测量值，并且当 X 射线敏感器面积较小时，复合定速脉冲星导航优势明显。

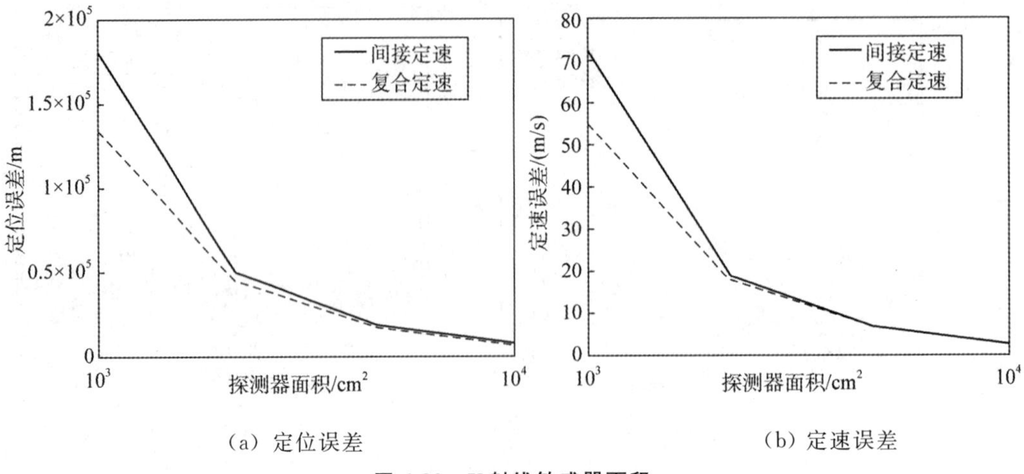

(a) 定位误差　　(b) 定速误差

图 6-32　X射线敏感器面积

6.7　本章小结

本章介绍了六种脉冲星组合导航方式，包括两种测角/Crab脉冲星组合导航、三种多普勒/脉冲星组合导航以及高流量脉冲星与低流量脉冲星相结合的复合定位定速导航。这几种组合导航与滤波方法有效利用了脉冲星测量值，提高了导航精度。

第 7 章　脉冲星候选体选择

脉冲星候选体选择是脉冲星搜寻任务中的一个关键步骤，随着现代脉冲星搜索设备性能的不断提升，脉冲星候选体的数据量呈指数增长，将候选体筛选由传统的人工识别方法转为机器学习的自动选择方法是脉冲星数据分析的重要发展趋势，对脉冲星信号的智能处理及基于脉冲星导航应用的开展有着十分重要的意义。

为了获得高准确率的脉冲星候选体选择结果，本章介绍了一种基于 SNN 的候选体识别方法，该方法利用 SNN、GA、合成少数类过采样这三种技术来提升对脉冲星候选体的筛选能力。本章将对基于 SNN 的脉冲星候选体选择的方法过程、实验过程及结果分析依次进行介绍。

7.1　自归一化神经网络的候选体选择方法

脉冲星候选体选择的目标就是尽可能地挑选出真实脉冲星候选体，采用基于 SNN 的方法来提高候选体选择的精确性。SNN 可克服梯度消失与爆炸问题以提高训练速度，可有效提高识别精度。GA 因其自适应性特别适合特征选择这一多目标优化任务，可用于优化特征子集。而合成少数类过采样技术（synthetic minority over-sampling technique，SMOTE）是一种不同于仅通过直接复制少数类样本的过采样技术，因其简单有效，适用于处理非平衡数据集。因此基于 GA 与 SMOTE 的自归一化神经网络（self normalized neural network based on GA and SMOTE，GMO-SNN）[40]被提出来了。

7.1.1　基于遗传方法的特征选择方法

GMO-SNN 模型利用 GA 进行特征选择，在原有特征数据内选择得到一个最优特征子集。用于特征选择的 GA 可以概括为三个部分：初始化种群、评估适应度、产生新种群。

初始化种群，设定初始种群，采用二进制进行基因编码，长度为 L 的遗传个体编码后对照一个 L 维的二进制基因串，其中 $L_i = 1$ 即说明编号为 i 的特征包括在所选择的特征集内，否则 L_i 为 0。例如，特征数量为 6 个的特征集可以用〈100100〉来说明，则表示第 1 个与第 4 个特征被选中作为特征子集。

适应度函数的选择是GA中最关键的部分，有可能直接影响GA的收敛速度。在特征选择问题中，将轻量级梯度提升机器学习（light gradient boosting machine，LightG-BM）模型输出值作为遗传个体的适应值，能直接反映不同特征组合对目标值的相关度，适应值越高说明对应的特征组合越优良，被选中的概率也越大。即依据适应度值，来对个体进行一个优胜劣汰的选择过程。

产生新种群包括选择、交叉、变异，选择算子具体采取轮盘赌方法，定长基因段交叉算子，基本位变异操作。新的种群产生后，通过适应度函数进行评估，再选择、交叉、变异，一直重复此步骤，当遗传操作达到设定的最大迭代次数后，方法结束。对末代种群中适应度值最大的个体进行解码，就获得了脉冲星候选体特征的最优子集。

7.1.2 合成少数类过采样技术

GMO-SNN模型采用SMOTE方法解决脉冲星候选体的类不平衡问题。SMOTE是一种过采样技术，其利用K近邻与线性插值，在距离较近的两个真实脉冲星候选体之间按照一定规则插入新的样本。方法具体流程如下：

①对于真实脉冲星候选体中的每一个样本r，以欧氏距离为标准分别计算它到其他每个真实脉冲星样本的距离，得到其K近邻，一般K取值为5。

②在每一个真实脉冲星样本r的5个近邻中随机选取一个样本，设选择近邻样本为r_n。

③对于随机选出的近邻r_n，在其与r之间按照式（7-1）随机线性插值，获得合成的真实脉冲星候选体样本$\tilde{r}$：

$$\tilde{r} = r + \mathrm{rand}(0,1) \times (r_n - r) \tag{7-1}$$

式中，rand(0,1)表示0到1之间的随机数。

7.1.3 候选体选择方法

图7-1为GMO-SNN候选体选择方法流程图。首先采用GA进行特征选择，找出可以分离脉冲星与非脉冲星的最优特征子集；然后使用SMOTE合成新的脉冲星样本加入到数据集中；最后将数据集分为训练集与测试集，利用训练集对SNN进行训练，SNN训练完成后，把测试数据送到SNN中，即可得到基于GMO-SNN模型的脉冲星候选体选择结果。

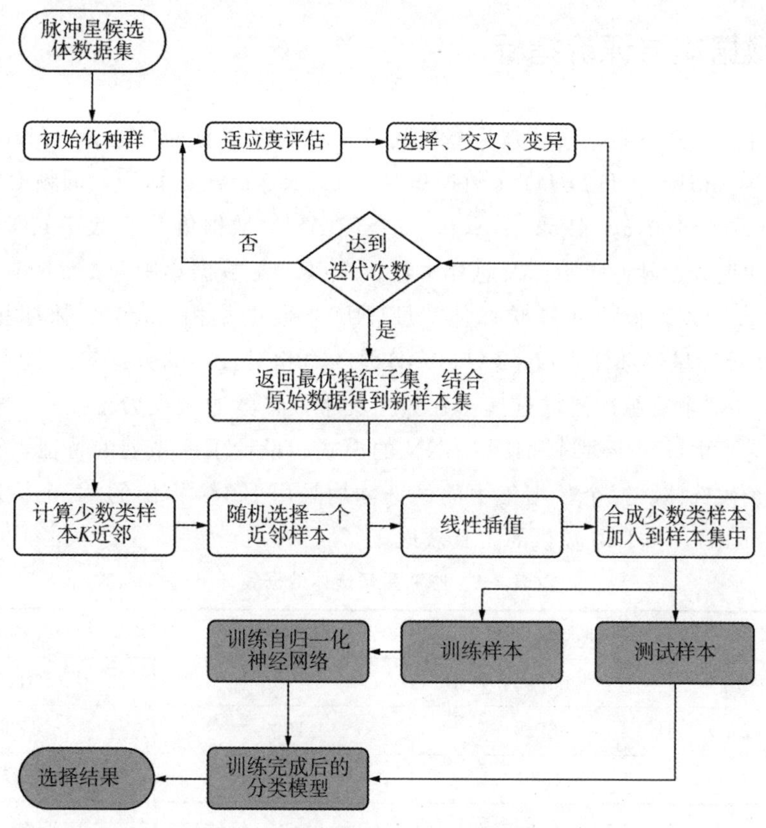

图 7-1 GMO-SNN 候选体选择方法流程图

7.2 仿真实验与结果分析

在三个独立的脉冲星候选体数据集上进行实验，根据 6 个典型的机器学习评价指标评估 GMO-SNN 模型性能。选择最优参数使 SNN 分类效果最佳，并在相同网络结构下与传统 SNN 进行对比。另外，还分别将 GMO-SNN 与 ANN、SNN、遗传算法优化的自归一化神经网络（genetic algorithm optimized self normalized neural network，GA-SNN)、基于合成少数类过采样技术的自归一化神经网络（self normalized neural network based on synthetic minority over-sampling technique，MO-SNN）的候选体选择结果进行对比，进一步验证 GMO-SNN 的有效性。

实验平台为 Python 3.6.4，使用 Numpy 1.14.0、Pandas 0.22.0、Sklearn 0.20.1 等机器学习库处理数据，开发编译器 Spyder 调试方法；利用 Keras 框架，后端为 Tensorflow-GPU（NVIDIA GeForce GTX 1050）搭建 SNN。

7.2.1 数据集与评价指标

三个脉冲星候选体数据集分别为高时间分辨率的宇宙脉冲星巡天（high time resolution universe survey，HTRU）1 数据集[41]、HTRU 2 数据集[42]、低频射电阵列巡天（low frequency tied-array all-sky survey，LOTAAS ）数据集[42]。表 7-1 列出了三个数据集的非脉冲星数、脉冲星数以及总样本数。HTRU 1 数据集中包括 1196 个真实脉冲星候选体与 89996 个非脉冲星候选体；HTRU 2 数据集由 1639 个脉冲星候选体和 16259 个真实脉冲星候选体组成；LOTAAS 是一个相对较小的数据集，包含 66 个脉冲星候选体和 4987 个非脉冲星候选体。在数据集中，将脉冲星视为正样本，非脉冲星视为负样本。为了生成用于训练和使用 SNN 的模式，设计了一系列的特征，以尽可能完整地描述每个候选体。三个数据集中的候选体均采用 Bates 提出的 22 个特征，这些特征通过 Pulsar Feature Lab 提供的工具获取。

表 7-1　脉冲星候选体数据集

数据集	非脉冲星数	脉冲星数	总样本数
HTRU 1	89996	1196	91192
HTRU 2	16259	1639	17898
LOTAAS	4987	66	5053

这三个数据集均按照统一的标准给出了同样的 22 个特征。由于数据集来自不同射电望远镜的巡天数据，不同设备以及不同区域的射频干扰，会使这三个数据集之间存在系统性偏差。但本节方法所使用的特征是无偏向性的统计特征，一定程度上避免了方法对数据集的依赖性和倾向性。表 7-2 给出了 22 个特征的具体描述，这些特征由脉冲星周期 P、脉冲宽度 W、脉冲星轮廓信噪比 S/N、色散量（dispersion measure，DM）、观测频率、累积时间等处理得到。其中脉冲星周期、色散量以及 SNR 是直接从候选体原始数据中提取，并在处理过程中生成。

表 7-2　特征描述

编号	特征
1	P
2	DM
3	S/N
4	W
5	用 sin 曲线拟合脉冲星轮廓的卡方值
6	用 $\sin^2$ 曲线拟合脉冲星轮廓的卡方值
7	高斯拟合脉冲星轮廓的卡方值

续表

编号	特征
8	高斯拟合脉冲星轮廓的半高宽
9	双高斯拟合脉冲星轮廓的卡方值
10	双高斯拟合脉冲星轮廓的平均半高宽
11	脉冲星轮廓直方图对 0 的偏移量
12	轮廓直方图最大值/高斯拟合的最大值
13	对轮廓求导后的直方图与轮廓直方图的偏移量
14	$S/N/\sqrt{(P-W)/W}$
15	拟合 $S/N/\sqrt{(P-W)/W}$
16	DM 拟合值与 DM 最优值取余
17	DM 曲线拟合的卡方值
18	峰值处对应的所有频段值的均方差
19	任意两个频段线性相关度的均值
20	线性相关度的和
21	脉冲星轮廓的波峰数
22	脉冲星轮廓减去均值后的面积

在脉冲星候选体选择任务中，使用准确率（accuracy）、查准率（precision）、查全率（recall）、假阳率（false positive rate，FPR）、F1-分数（F1-score）、G-均值（G-mean）这 6 个评价指标对方法性能进行评估。在二分类中只有四种可能结果，评价指标均由其计算而来，四种可能如下：

①真正（true positive，TP）数：正样本被正确归类为正样本的数量。

②真负（true negative，TN）数：负样本被正确归类为负样本的数量。

③假正（false positive，FP）数：负样本被错误归类为正样本的数量。

④假负（false negative，FN）数：正样本被错误归类为负样本的数量。

式（7-2）至式（7-7）给出了这些评价指标的计算方法。accuracy 表示整体正确分类的比例。但当测试集中非脉冲星比例很高时，分类器可以通过将所有样本分类为负样本来获得高准确率，因此对于非平衡数据集仅靠准确率来评价不够科学全面，还需要其他评价指标。recall 表示数据集中真实脉冲星候选体被正确分类的比例，是评估脉冲星候选体选择模型一个非常重要的指标。如果将一个真实脉冲星错误地归类为非脉冲星，可能会漏掉脉冲星的新发现，因此 recall 越高，分类器遗漏脉冲星的概率就越小。precision 表示被归类为正样本中实际为正样本的比例。precision 和 recall 有时候会出现矛盾的情况，F1-score 则同时兼顾了这两者，定义为 precision 和 recall 的调和平均，是评价分类器分类少数类的综合指标。FPR 是非脉冲星被归类为真实脉冲星的比例。当候选体选择完成之后，会对被分类为真实脉冲星的候选体进行最终验证。如果 FPR 太高，会带来许多不必要的工作。G-mean 是正负样本准确率的比值，用来衡量在非平衡数据集下模型的综合性能。

$$\text{accuracy} = \frac{\text{TP} + \text{TN}}{\text{TP} + \text{TN} + \text{FP} + \text{FN}} \tag{7-2}$$

$$\text{recall} = \frac{\text{TP}}{\text{TP} + \text{FN}} \tag{7-3}$$

$$\text{precision} = \frac{\text{TP}}{\text{TP} + \text{FP}} \tag{7-4}$$

$$\text{F1-score} = 2 \times \frac{\text{precision} \times \text{recall}}{\text{precision} + \text{recall}} \tag{7-5}$$

$$\text{FPR} = \frac{\text{FP}}{\text{FP} + \text{TN}} \tag{7-6}$$

$$\text{G-mean} = \sqrt{\frac{\text{TP}}{\text{TP} + \text{FN}} \times \frac{\text{TN}}{\text{TN} + \text{FP}}} \tag{7-7}$$

7.2.2 参数设置

GA 中种群规模为 20，种群最大遗传次数为 10 次，适应度函数中使用的 LightGBM 模型使用默认参数；自归一化网络结构采用“conic layers”设定隐藏单元数，即从第一层中给定的隐藏单元数开始，根据几何级数将隐藏单元的数目减小到输出层的神经元数量；每个数据集使用 75%的样本作为训练集，余下的作为测试集；优化方法为“Adam”，损失函数采用“交叉熵损失函数”。通过实验分析，SNN 相关参数设置如下：

①网络层数，选择最佳结果 8 层。

②批次，取 32 最佳。

③学习速率，取 0.001 最佳。

7.2.3 结果分析

7.2.3.1 网络参数的最优选择

脉冲星候选体选择更加关注真实脉冲星候选体（即少数类样本）的分类准确率，由于 F1-score 是评价分类器分类少数类的综合指标，因此根据三个数据集上的平均 F1-score 值来确定参数，F1-score 值越高，SNN 分类效果越好。

（1）网络层数的最优选择

深层次的网络结构通常会获得更好的分类效果，但随着网络层数的增大，网络结构也越复杂。表 7-3 给出了不同隐藏层数下的平均 F1-score 值。由表 7-3 可知，当隐藏层数为 8 层时效果最佳。

表 7-3　不同隐藏层数下的分类效果

隐藏层数	F1-score/%
2	82.48
4	89.58
8	94.56
9	94.20

（2）批次的最优选择

为了提高 SNN 的训练效率，将训练样本分批次输入。批次能使 SNN 优化程度和训练速度发生变化。若批训练量过小，则会增加网络训练时间；若批训练过大，则其分类效果会变差。表 7-4 给出了不同批次下的平均 F1-score 值及计算时间。由表 7-4 可知，随着批次减小，F1-score 值逐步上升，但计算时间也有明显的增加。当批次为 16 时，F1-score 值对比批次为 32 时只上升了 0.31%，但其计算时间却增加了 72%。因此综合考虑分类效果与方法计算时间，GMO-SNN 的批次取 32。

表 7-4　不同批次下的分类效果

批次	F1-score/%	计算时间/s
16	94.87	74
32	94.56	43
64	93.90	23
128	91.05	11

（3）学习速率的最优选择

学习速率设置不同会改变 SNN 的性能。过大导致损失函数震荡，SNN 无法收敛；过小则会导致收敛速度过慢，可能会陷入一个局部最优的结果。表 7-5 列出了迭代 10 次后不同学习速率下的平均 F1-score 值。由表 7-5 可知，在相同的迭代次数下，当学习速率减小时，F1-score 值会降低，模型分类效果变差。当学习速率增大到 0.1 时，方法无法优化，因此学习速率取值 0.001 最佳。

表 7-5　不同学习速率的分类效果

学习速率	F1-score/%
0.1	无法收敛
0.01	94.29
0.001	94.55
0.0001	84.10

7.2.3.2　消融实验

为验证 GMO-SNN 的有效性，对 SNN 与 ANN 在 HTRU 2 数据集上进行对比实

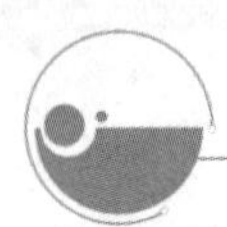

验，图 7-2 给出了 8 层 SNN 训练过程中的损失函数曲线对比图，迭代次数为 100 次。损失函数是用来衡量 SNN 模型预测值和真值的不一致程度，损失函数越小，模型鲁棒性就越好。由图 7-2 可知 SNN 模型比 ANN 具有更低的误差，且其收敛速度明显大于 ANN，验证了 SNN 在深层网络中的有效性。

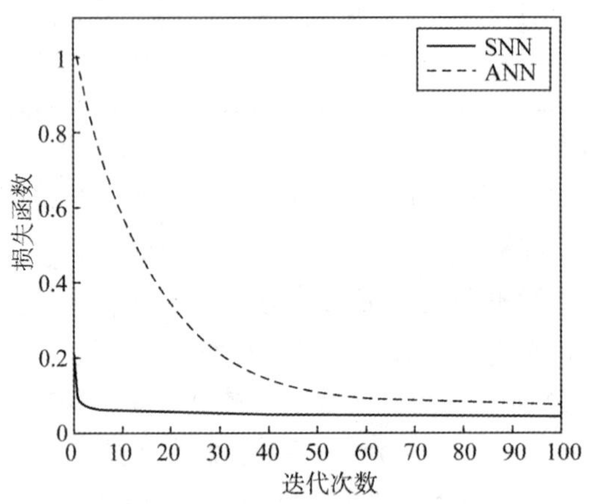

图 7-2　SNN 与 ANN 损失函数的对比

表 7-6 给出了三个数据集上 ANN、SNN、GA-SNN、MO-SNN、GMO-SNN 的脉冲星候选体选择结果。如表 7-6 所示，在三个数据集上采用 SNN 模型的选择结果平均优于 ANN 方法，验证了 SNN 的有效性。

利用 GA 进行特征选择，从候选体样本的 22 个特征中筛选出 8 个作为最优特征子集，数据集缩减率达到 63%。以 HTRU 1 数据集为例，对比表 7-6 中 GA-SNN 与 SNN 的选择结果可知，利用最优特征子集训练分类模型，其结果均表现出不同程度的优化，其他两个数据集除少数几个评价指标外，也达到了类似的效果。表明该特征选择方法可以在压缩特征空间的同时又不丢失原有信息，提升模型性能。

由表 7-6 中 SNN 与 MO-SNN 的评价指标可知，利用 SMOTE 处理类不平衡问题后，recall 值在 HTRU 1 与 HTRU 2 数据集上分别提高了 1.79 和 4.44 个百分点，其中 LOTAAS 数据集上 recall 值达到 100%。在三个数据集上的选择查全率均有明显提高，说明该方法使分类器对非平衡学习问题具有较强的鲁棒性，防止了分类器在训练时向丰富的非脉冲星类倾斜。

由表 7-6 可知，在三个数据集上，GMO-SNN 模型在 recall、precision、F1-score、FPR 以及 G-mean 上均优于其他模型。例如 HTRU 1 数据集，其 recall 值为 95.53%，FPR 仅有 0.04%，说明该方法即能有效避免脉冲星的遗漏，又能减少需要人工再次验证的非脉冲星候选体，进一步验证了 GMO-SNN 的有效性。

表 7-6　不同方法在三个数据集上的分类效果

数据集	模型	accuracy/%	recall/%	precison/%	F1-score/%	FPR/%	G-mean/%
HTRU 1	ANN	99.63	78.42	90.46	94.01	0.10	88.50
	SNN	99.82	92.44	93.45	92.94	0.08	96.11
	GA-SNN	99.85	92.45	95.19	93.80	0.06	96.12
	MO-SNN	99.81	94.23	97.94	96.05	0.05	97.05
	GMO-SNN	99.85	95.32	98.51	96.89	0.04	97.61
HTRU 2	ANN	97.67	79.95	94.69	86.70	0.50	89.20
	SNN	98.30	87.73	93.93	90.73	0.59	93.38
	GA-SNN	98.30	88.91	92.86	90.84	0.71	93.96
	MO-SNN	97.89	92.17	95.08	93.60	0.95	95.54
	GMO-SNN	98.03	92.53	95.58	94.03	0.08	95.78
LOTAAS	ANN	99.51	84.39	92.16	88.10	0.44	90.23
	SNN	99.92	93.75	100.00	96.77	0.08	96.79
	GA-SNN	99.92	100.00	93.33	96.55	0	100.00
	MO-SNN	99.69	100.00	87.10	93.10	0.31	99.84
	GMO-SNN	100.00	100.00	100.00	100.00	0	100.00

500 m 口径球面射电望远镜（five-hundred-meter aperture spherical radio telescope，FAST）是目前世界上最大、最灵敏的射电天文望远镜，其科学目标之一就是开展脉冲星的搜寻。FAST 预计可产生上亿量级的脉冲星候选体。本节的候选体选择模型运用机器学习方法提高了筛选速度，使用单个 GPU 每秒可以识别约 2 万个候选体，同时得到高精度的选择结果。这种速度和效率的提高能促进对 FAST 巡天产生的脉冲星候选体数据的实时处理，可减小大数据量带来的筛选难度。

7.3　本章小结

基于 SNN 的脉冲星候选体选择是一种能高准确率识别真实脉冲星的有效方法。采用 SNN、GA、合成少数类过采样这三种技术可提升对脉冲星候选体的筛选能力，利用 SNN 的自归一化性质克服了深层 ANN 训练中梯度消失和爆炸的问题，加快了训练速度。为了消除样本数据的冗余性，利用 GA 对脉冲星候选体的样本特征进行选择，得到了最优特征子集。针对数据中真实脉冲星样本数极少带来的严重类不平衡性，采用合成少数类过采样技术生成脉冲星候选体样本，降低了类不平衡率。以分类精度为评价指标，三个脉冲星候选体数据集上的实验结果表明，GMO-SNN 能有效提升脉冲星候选体选择的性能。

第 8 章　X 射线脉冲星导航的展望

X 射线脉冲星导航通过观测 X 射线脉冲星这种自然天体，可为近地轨道、深空和星际空间飞行的航天器提供位置、速度、姿态和时间等高精度导航信息，具有十分广阔的应用前景。目前，X 射线脉冲星导航研究已经进入实验验证阶段，为工程化的脉冲星信号处理方法提供了舞台，脉冲星信号处理的智能化和轻量化也是未来的发展趋势。下面从工程化、智能化和轻量化这三个方面介绍 X 射线脉冲星导航中信号处理方法的发展趋势。

（1）工程化

2016 年，我国成功发射了天宫二号和 XPNAV-1，这标志着我国 X 射线脉冲星导航研究已经进入实验验证阶段。第二年，X 射线天文卫星“慧眼”成功发射升空。中国科学院高能物理研究所利用慧眼卫星上 X 射线望远镜开展了 X 射线脉冲星导航实验，定位精度达到 10 km，进一步验证了航天器利用脉冲星自主导航的可行性，为未来在深空中的实际应用奠定了基础。

通过在轨实验，可以验证地面仿真条件是否与实际相符。若不相符，则需优化信号处理方法，如标准脉冲星轮廓。标准脉冲星轮廓通常被认为是 X 射线脉冲星导航中的一个重要输入量。但是，在空间 X 射线探测中会受多种因素的影响，比如不同 X 射线敏感器的探测能段和仪器响应不同，X 射线光子入射方向不同，脉冲星轮廓也不同，甚至随着 X 射线敏感器长时间运行后的性能改变，会使得其探测到的脉冲星轮廓发生改变。如果使用预先设定的“标准脉冲星轮廓”，必然会影响到脉冲星导航的精度，甚至会产生难以估计的系统偏差。中国科学院高能物理研究所提出的新 X 射线脉冲星导航直接对不同轨道参数下得到的脉冲星轮廓进行显著性分析，搜索确定最优轨道参数值，而非使用脉冲星 TOA 作为导航测量值，因此也不再依赖于标准脉冲星轮廓，有助于应用到不同 X 射线敏感器、不同任务场景中，而且得到的结果也不会受到脉冲星测量条件以及 X 射线敏感器性能变化的影响。

未来，随着研究的深入，将有更多的空间干扰被证实对脉冲星导航的精度产生较大影响，如脉冲星本身的计时噪声、周期跃变现象等。科学家需提出能抑制实际干扰的 X 射线脉冲星信号处理方法。

（2）智能化

近年来，智能信号处理技术取得了快速发展，并在深空探测自主导航智能化体系的

构建与智能技术的应用中获得广泛重视。由于空间 X 射线探测受多种因素的影响，且空间环境特殊，未知因素多，X 射线脉冲星导航对智能信号处理技术提出了极为迫切的需求。目前，X 射线脉冲星导航领域智能信号处理技术的发展总体上尚处于起步阶段，其未来发展与应用任重道远。

本书在此方面做了有益的尝试，如将 GA 应用于 CS 的优化，以提高脉冲星 TOA 估计的精度和实时性。宁晓琳教授利用群智能方法优化导航滤波器，取得了较为满意的效果。

(3) 轻量化

深空探测任务不同于近地轨道探测，其难点和需求体现在：深空探测任务飞行距离遥远，X 射线敏感器重量受限；飞行器与地面实时测控数传受限；飞行器上能源受限，即使采用核动力，有限规模下可产生的能源也有限；飞行环境严酷，飞行器上各类器件性能与地面相比有较大差距[43]。

针对深空探测任务的特点和实际需求，需要考虑信号处理方法提升 X 射线脉冲星导航性能所面临的资源消耗代价和整体评估。即信号处理方法在 X 射线脉冲星导航中的应用要权衡资源约束条件，实现航天器自主导航能力的提升。因此，脉冲星信号处理轻量化是必须考虑的约束条件。本书也在这方面做了有益的尝试，如计算复杂度高的优化过程在地面执行，而器载计算机仅运行轻量级的、优化后的脉冲星信号处理方法。

X 射线脉冲星导航正以其独特的魅力吸引世界航天大国的积极关注与大力投入，发展势头如火如荼，技术细节日臻完善。随着我国火星探测、小行星探测等深空探测工程的深空探测任务的开展，X 射线脉冲星导航必将在可以预见的未来于深空乃至星际探测任务中扮演不可或缺的角色。未来，我们力求攻克 X 射线脉冲星导航的技术难关，使脉冲星信号处理方法朝着工程化、智能化、轻量化的方向推进，争取早日实现实时高精度的 X 射线脉冲星导航，为我国航天事业的发展做出自己的贡献。

参考文献

［1］房建成，宁晓琳，刘劲. 航天器自主天文导航原理与方法［M］. 2 版. 北京：国防工业出版社，2017.

［2］ZHENG W，WANG Y D. X-ray pulsar-based navigation：theory and applications［M］. Beijing：Science Press，2020.

［3］葛平，张天馨，康焱，等. 2021 年深空探测进展与展望［J］. 中国航天，2022（2）：9—19.

［4］孙泽洲. 砥砺八载 圆梦火星［J］. 宇航学报，2022，43（1）：3-4.

［5］我国首颗探日卫星“羲和号”发射成功［EB/OL］. ［2021-10-15］. http：//www. spacechina. com/n25/n2014789/n2888836/c3334547/content. html.

［6］VOISIN G，MOTTEZ F，BONAZZOLA S. Electron-positron pair production by gamma rays in an anisotropic flux of soft photons，and application to pulsar polar caps［J］. Monthly Notices of the Royal Astronomical Society，2018，474（2）：1436-1452.

［7］COLES W，HOBBS G，CHAMPION D，et al. Pulsar timing analysis in the presence of correlated noise［J］. Monthly Notices of the Royal Astronomical Society，2011，418：561-570.

［8］张大鹏. X 射线脉冲星导航数据处理与验证评估技术研究［D］. 长沙：国防科技大学，2018.

［9］ROWAN D M，GHAZI Z，LUGO L，et al. A NICER view of spectral and profile evolution for three X-ray-emitting millisecond pulsars［J］. Astrophysical Journal，2020，892（2）：150-166.

［10］郑世界，葛明玉，韩大炜，等. 基于天宫二号 POLAR 的脉冲星导航实验［J］. 中国科学：物理学力学天文学，2017，47（9）：116-124.

［11］张大鹏，王奕迪，姜坤，等. XPNAV-1 卫星实测数据处理与分析［J］. 宇航学报，2018，39（4）：411-417.

［12］ZHANG S N，LI T P，LU F J，et al. Overview to the hard X-ray modulation telescope（Insight-HXMT）satellite［J］. Science China：Physics，Mechanics & Astronomy，2020，63（4）：1-19.

[13] HUANG L, SHUAI P, ZHANG X, et al. Pulsar-based navigation results: data processing of the X-ray pulsar navigation-I telescope [J]. Journal of Astronomical Telescopes Instruments and Systems, 2019, 5 (1): 018003.

[14] DONOHO D L. Compressed sensing [J]. IEEE Transactions on Information Theory, 2006, 52 (4): 1289-1306.

[15] HUANG N E, SHEN Z, LONG S R. A new view of nonlinear water waves: the hilbert spectrum [J]. Annual Review of Fluid Mechanics, 1999, 31 (1): 417-457.

[16] YANG X S. Nature-inspired optimization algorithms [M]. Amsterdam: Elsevier Science Publisher, 2014.

[17] KLAMBAUER G, UNTERTHINER T, MAYR A, et al. Self-normalizing neural networks [J]. In advances in Neural Information Processing Systems, Long Beach CA, USA, 2017: 971-980.

[18] CIOFFI J, KAILATH T. Fast recursive-least-squares transversal filters for adaptive filtering [J]. IEEE Transactions on Acoustics, Speech and Signal Processing, 1984, 32 (2): 304-337.

[19] SLOCK D T M, KAILATH T. Numerically stable fast transversal filters for recursive least squares adaptive filtering [J]. IEEE Transactions on Signal Processing, 2002, 39 (1): 92-114.

[20] KALMAN R E. A new approach to linear filtering and prediction problems [J]. Journal of Basic Engineering, 1960, 82 (1): 35-45.

[21] SCHMIDT S F. Kalman filter: Its recognition and development for aerospace applications [J]. J. Guidance and Control, 1981, 4 (1): 4-7.

[22] JULIER S, UHLMANN J, DURRANT-WHYTE H F. A new method for the nonlinear transformation of means and covariances in filters and estimators [J]. IEEE Transactions on Automatic Control, 2000, 45 (3): 477-482.

[23] SHAKED U. H-infinity minimum error state estimation of linear stationary processes [J]. IEEE Transactions on Automatic Control, 1990, 35 (5): 554-557.

[24] SARKKA S. Unscented Rauch-Tung-Striebel smoother [J]. IEEE Transactions on Automatic Control, 2008, 53 (3): 845-849.

[25] CARLSON N A. Federated filter for fault-tolerant integrated navigation systems. IEEE PLANS—Position Location and Navigation Symposium Record: Navigation into the 21st Century, New York, USA: IEEE, 1988: 110-119.

[26] LIU L L, LIU J, NING X L, et al. Real-time and accurate pulsar time-of-arrival estimation using GA-optimized EMD-CS [J]. Optik-International Journal for

Light and Electron Optics，2021，225（2）：165871.

[27] KANG Z W，HE H，LIU J，et al. Adaptive pulsar time delay estimation using wavelet-based RLS [J]. Optik-International Journal for Light and Electron Optics，2018，171：266-276.

[28] 康志伟，吴春艳，刘劲，等. 基于两级压缩感知的脉冲星时延估计方法 [J]. 物理学报，2018，67（9）：279-286.

[29] RAO Y，KANG Z W，LIU J，et al. High-accuracy pulsar time delay estimation using an FRFT-based GCC [J]. Optik-International Journal for Light and Electron Optics，2019，181：611-618.

[30] WU Y K，KANG Z W，LIU J，et al. A fast pulse time-delay estimation method for X-ray pulsars based on wavelet-bispectrum [J]. Optik-International Journal for Light and Electron Optics，2020，207：163790.

[31] WU D L，WU J，LIU J，et al. Quick X-ray pulsar positioning and velocimetry approach based on quantum CS [J]. Optik-International Journal for Light and Electron Optics，2021，241：166649.

[32] LIU J，WU J，XIONG L，et al. Fast position and velocity determination for pulsar navigation using NML and LSM [J]. Chinese Journal of Electronics，2018，26（6）：1325-1329.

[33] LIU J，LIU L L，NING X L，et al. Fast butterfly epoch folding-based X-ray pulsar period estimation with a few distorted profiles [J]. IEEE Access，2020，8（1）：4211-4219.

[34] LIU J，MA J，TIAN J W. Pulsar/CNS integrated navigation based on federated UKF [J]. Journal of Systems Engineering and Electronics，2010，21（4）：675-681.

[35] LIU J，MA J，TIAN J W. CNS/pulsar integrated navigation using two-level filter [J]. Chinese Journal of Electronics，2010，19（2）：265-269.

[36] LIU J，KANG Z W，PAUL W，et al. Doppler/XNAV-integrated navigation system using small-area X-ray sensor [J]. IET Radar，Sonar and Navigation，2011，5（9）：1010-1017.

[37] 康志伟，徐星满，刘劲，等. 基于双测量模型的多普勒测速及其组合导航 [J]. 宇航学报，2017，38（9）：964-970.

[38] 喻子原，刘劲，宁晓琳，等. 面向编队飞行的天文多普勒差分/脉冲星组合导航 [J]. 深空探测学报，2018，5（3）：212-218.

[39] 武达亮，吴谨，刘劲，等. 复合测速 X 射线脉冲星导航方法 [J]. 深空探测学报（中英文），2021，8（6）：632-640.

[40] 康志伟，刘拓，刘劲，等. 基于自归一化神经网络的脉冲星候选体选择 [J]. 物

理学报，2020，69（6）：276-283.

［41］ MORELLO V，BARR E D，BAILES M，et al. SPINN：a straightforward machine learning solution to the pulsar candidate selection problem［J］. Monthly Notices of the Royal Astronomical Society，2014，443（2）：1651-1662.

［42］ LYON R J，STAPPERS B W，COOPER S，et al. Fifty years of pulsar candidate selection：from simple filters to a new principled real-time classification approach［J］. Monthly Notices of the Royal Astronomical Society，2016，459（1）：1104-1123.

［43］ 叶培建，孟林智，马继楠，等．深空探测人工智能技术应用及发展建议［J］. 深空探测学报，2019，6（4）：303-316.